裂谷盆地沉积体系

龚福华　关　欣　李笑天　郑海妮　郭　强　等著

石油工业出版社

内 容 提 要

本书对全球主要裂谷盆地分类与分布进行了分析,针对典型裂谷盆地,系统总结了被动裂谷盆地与主动裂谷盆地沉积环境与沉积体系的差异,重点剖析了主要裂谷盆地与被动裂谷盆地在沉积体系、沉积模式、石油地质条件等方面的异同。

本书可供从事地质勘探研究人员及高等院校相关专业师生使用。

图书在版编目(CIP)数据

裂谷盆地沉积体系/龚福华等著. —北京:石油工业出版社,2022.6

ISBN 978 – 7 – 5183 – 5388 – 0

Ⅰ. ①裂… Ⅱ. ①龚… Ⅲ. ①裂谷盆地 – 沉积构造 Ⅳ. ①P544

中国版本图书馆 CIP 数据核字(2022)第 086226 号

出版发行:石油工业出版社

(北京安定门外安华里 2 区 1 号　100011)

网　　址:www. petropub. com

编辑部:(010)64523708　图书营销中心:(010)64523633

经　销:全国新华书店

印　刷:北京中石油彩色印刷有限责任公司

2022 年 6 月第 1 版　2022 年 6 月第 1 次印刷

787×1092 毫米　开本:1/16　印张:15

字数:360 千字

定价:90.00 元

(如出现印装质量问题,我社图书营销中心负责调换)

版权所有,翻印必究

目　　录

第一章　绪　论

最近二三十年,随着裂谷构造、裂谷盆地沉积充填的研究和裂谷盆地中矿产资源的开发与利用,特别是在全球范围内开展起来的油气资源勘探与利用,大大促进了裂谷盆地综合勘测技术方法和裂谷盆地石油地质论认识的发展。

裂谷指两条大致平行断层之间的地壳陷落而成的断陷带。Gergory 于 1894 年描述东非裂谷时首先使用裂谷这一词。近年来板块构造学说者用此名词来描述由地壳拉张作用产生的有地震火山活动的断陷带。目前认为裂谷是地壳在伸展减薄过程中形成的狭长而深陷的大型断陷构造,并且对应于这种在地壳中上部产生的断陷构造,在其下方的地壳深部,普遍存在莫霍面与上地幔的隆起。

第一节　裂谷盆地研究现状

裂谷在地貌上的主要特征是具有中央深陷的谷地,两侧为大致平行的正断层,或兼有剪切滑动的正断层。裂谷中常堆积巨厚的沉积物,厚度可达数千米。裂谷内一般存在负布格异常和负磁异常,浅源地震活动频繁,热流值高。有一定成因联系的裂谷组合称裂谷系,包括大洋裂谷系、大陆裂谷系和陆间裂谷系。各裂谷系常是相互联系而构成全球范围的裂谷系。上述三种裂谷系代表了全球裂谷系发育的三个阶段。岩石圈板块分裂的初期阶段发育大陆裂谷系,稍后是陆间裂谷系,最晚是大洋裂谷系。

1981 年 12 月 3 日至 5 日在美国地球物理联合会的年会上,对“行星裂谷作用”问题进行了专题讨论,会上提出两种试验性的分类,即把裂谷分成两种基本类型:主动型裂谷作用和被动型裂谷作用。当代国内外学者对裂谷盆地的研究,主要集中在裂谷盆地形成的地球动力学机制、裂谷盆地分类学、裂谷盆地层序地层学和裂谷盆地成藏动力学及油气分布方面,并且先后有大量的论文和专著问世。

中国现代石油地质理论是在中国东部裂谷盆地的勘探开发过程中形成和发展起来的,是一部主动裂谷盆地石油地质学的形成过程。在 20 世纪 50—60 年代松辽盆地的勘探生产中,提出了“源控论”等油气成藏和勘探理论(李德生,1981)。20 世纪 70 年代以来,在中国东部陆相裂谷盆地,尤其是渤海湾盆地勘探实践的基础上,提出了复式油气聚集(区)带理论(李德生,1981;胡见义等,1991)。随着地球物理勘探技术的提高,非构造油气藏逐渐成为东部裂谷盆地的重要勘探目标。在复式油气聚集理论和含油气系统思想的指导下,又提出了“满凹富油”论,为富油气凹陷的勘探提供了新的思路和方法。

目前国内外对被动裂谷盆地的研究和认识相对不足,被动裂谷盆地的勘探多借鉴主动裂谷盆地的勘探经验,其成因机理、分类学及地球动力学特征研究尚待深入,成(控)藏机理与针对性的勘探理论和技术急需总结和深化。

中国石油在中亚、中西非等地区的重点裂谷盆地几乎都是被动裂谷盆地。2000 年以来,在苏丹 Muglad 盆地勘探实践的基础上,总结了苏丹被动裂谷盆地的油气成藏模式,指导了苏丹三大项目的勘探,但乍得、尼日尔和哈萨克斯坦等被动裂谷盆地与苏丹被动裂谷盆地不同,不仅苏丹被动裂谷盆地的勘探理论和经验需要总结深化,其他被动裂谷盆地的勘探也需要有针对性的理论指导。

现阶段针对裂谷盆地的研究工作主要体现在以下几个方面。

一、裂谷盆地形成的地球动力学机制研究

裂谷盆地形成的地球动力学机制,一般可以归结为地壳的拉张、挤压及剪切三种主要的构造应力。

(1)地壳拉张论:裂谷是地幔软流圈主动上涌、形成上地幔隆起、引起地壳热扩张和产生拉张断陷的结果。上地幔隆起是其形成的主动应力,地壳的伸展减薄和拉张断陷是上地幔隆起的被动响应,故属于主动裂谷生成模式。

(2)地壳挤压论:地壳受到挤压,产生地表隆起和地壳增厚;挤压应力松弛或停止,岩石因与软流圈密度差使重力不稳,造成地幔拆沉和岩石圈减薄,从而引起地壳伸展塌陷成为裂谷。这种裂谷成因机制,也有人称其为"去山根"模式。

(3)地壳走滑拉分论:地壳受到不均衡挤压,常沿其薄弱部分产生大型的走滑断裂带,而沿走滑断裂带的多旋回强烈剪切活动,势必在走滑断层的端部形成拉分断陷,并引起上地幔物质和中—下地壳软流层物质沿断裂带向上涌入,从而产生裂谷盆地。地壳走滑拉分是其主动应力,而地幔隆起和地壳伸展减薄是强烈走滑拉分断陷的被动响应,属于比较典型的被动裂谷生成模式。

近年来,以大量的地质、地球物理资料为基础的盆地形成机制和演化过程的研究不断深化。自 Mckenzie(1978)提出一维的定量拉伸盆地模型以来,裂谷盆地动力学研究取得了巨大的进展,如 Wernicke(1981)提出并改进的简单剪切模型,Barbier(1986)提出的联合剪切模型,Kusznir(1992)等提出的悬臂梁模式,林畅松、张燕梅(1995)以中国东部裂陷盆地研究为基础提出的多幕式盆地拉伸模型等,对盆地的沉降机制、深部作用及热体制有了深入的认识。这些模型都可借助于计算机技术进行模拟分析,使盆地研究向定量和动态过程分析发展。

强调盆地动力学过程分析而避免简单地分类是近年来盆地机制研究的一个新动向(Dickinson,1993)。许多盆地形成演化都与多种机制的联合作用有关。中国东部中、新生代一些裂陷盆地的形成演化就与伸展和走滑的联合作用,或深部过程与区域应力状态的叠加等机制有关。如位于红河走滑断裂带上的莺歌海盆地,位于郯庐走滑断裂带的伊通断陷、渤海湾盆地,东海的西湖断陷盆地等的形成都反映出走滑—伸展联合作用的成因机制(李思田等,1998)。Ben Avraham、Zoback等在1992年以死海盆地为例讨论了走滑伸展作用与拉伸盆地形成机制的差异。

在盆地演化过程中的动力学机制也可变化,不同演化阶段可具有特定的动力学机制。最近的研究表明,东海西湖凹陷的演化就以多阶段或多幕式的动力学过程为特征,裂陷过程表现为多幕伸展,坳陷阶段发生多幕挤压或左旋挤压反转,处于多个板块共同作用的构造背景是造成这种复合过程的原因。

二、裂谷盆地的充填模式

基于裂谷盆地的发育历史,一般地裂谷盆地的充填分为两个阶段:前期裂陷期充填和后期坳陷期充填。不同的裂谷盆地其裂陷方式、裂陷时间不同,所以其充填也有所不同。

主动裂谷盆地常由于强烈的地幔物质上涌，造成其充填过程中沉积岩与火山岩间互，而对于被动裂谷盆地，则较少发育火山岩。主动裂谷盆地的裂陷过程常可划分为初始裂陷期、强烈裂陷期、稳定裂陷期等几个阶段，但对于不同的裂谷盆地其各阶段的发育时间并不确定。而且其不同裂陷期又是由多个更小期次裂陷构成，因而常构成多旋回的沉积充填模式。被动裂谷盆地其裂陷相对简单，多是一个大周期的裂陷，因而更易于发育粗—细—粗的单旋回充填模式。

三、裂谷盆地层序地层

层序地层学是 20 世纪 80 年代后期由 Exxon 公司 Vail 等创立并发展起来的，国内也仅是最近 10 多年来才开始研究，是处于发展过程中的一门科学，其研究范围是地球发展史上的时间域和空间域，基本理论是具有陆架坡折背景的沉积层序展布规律。层序作为一个地质单元，其上、下界面均为不整合面，内部由低位体系域、海进体系域、高位体系域或陆架边缘体系域组成。层序地层学起初是在稳定的大陆边缘背景上建立起来的，后来许多学者发现其经典模式在一些地区并不适用，于是就不断地修改已有的模式或提出新的模式。目前，主要有三大学派：Vail 等的经典层序地层学、Galloway 的成因层序地层学、Cross 的高分辨率层序地层学。从裂谷盆地分类来讲，目前主要有三类模式。

（1）大陆边缘裂谷模式：当海平面急剧下降并且下降速率大于构造沉降速率时，海水退到陆架边缘之下的沉积为低位体系域的产物，以深切谷充填、三角洲间湾、低位三角洲、滑塌、河谷充填、三角洲前缘、盆底浊积岩、盆底扇为主；如果海平面下降速率小于陆架边缘处的构造沉降速率，未导致海平面下降，或者由于海平面缓慢下降，内陆架暴露侵蚀面外陆架仍然出现缓慢沉积，以构成陆架边缘体系域沉积；之后海平面出现上升，当海平面上升速率大于构造沉降速率而引起海水漫过大陆架时，形成海进体系，以近海陆棚、海岸带砂、深切谷充填、河口湾潟湖、沼泽与湖泊等沉积为主，并在海盆或湖盆沉积中发育深水还原相沉积的烃源岩；随着海平面升高，相对上升减慢，在沉积物供给速率维持原状时，单位时间内产生的可容纳空间减少，则由浅海相和非海相沉积组合的岸线向盆地方向推进，从而形成高位体系域沉积，以河流平原、三角洲、海岸平原、海岸带砂、近海粉砂和泥为主，发育砂岩类储集岩。

（2）陆内裂谷盆地模式：裂谷初期由于总体处于裂谷断陷分割性较强、入湖水系不发育和近源快速堆积状态，发育以冲积扇、膏盐、火山岩等为代表的沉积物充填类型：早期陡坡主要形成冲积扇，缓坡则为滨岸沉积和碳酸盐岩沉积；中期陡岸主要形成近岸水下扇；晚期陡坡主要形成水进型扇三角洲。深陷扩张期湖盆范围大，水体达到最深，因此在深湖—半深湖背景下，斜坡带发育了各种扇体，洼陷带则充填了大量深色质纯的湖相泥岩与浊积岩：早期陡坡边缘形成近岸水下扇，缓坡形成斜坡扇或远岸浊积扇，可发育下切谷，洼陷区则发育有半深湖泥岩沉积；中期陡坡主要形成水下扇，当后期断裂活动与前期发生分叉或出现断阶时，水下扇的前端多形成近岸浊积扇；晚期在陡坡发育了水退型扇三角洲，与初期一样在其前端有时可以发育远岸浊积扇，缓坡主要形成正常细粒河控三角洲。到了抬升收缩期，构造运动使得盆地再次整体抬升，湖盆逐渐变浅。物源供给充足，斜坡带发育了各种三角洲或扇体；洼陷带则主要发育沉积色浅质杂的泥质岩类。

（3）大洋裂谷盆地模式：无论是以浅海沉积还是以深海沉积为特征，其沉积物供给均可分为过充填型、均衡充填型、欠充填型和饥饿型。过充填型和均衡充填型表现为砂—泥—砂三重序列的沉积充填特征,代表了裂谷高峰期;欠充填型表现为砾岩、砂岩—泥岩的双重演变特征,而饥饿型一般表现为泥岩的单一特征,两者均代表了随后的裂谷期或稳定期。

四、裂谷盆地构造沉积耦合关系

构造活动是控制沉积作用的关键因素,为沉积提供了可容纳空间,同时也改变了沉积物的供给。在裂谷盆地发育的不同时期,受构造作用控制的基底变化造就了可容纳空间不断发生变化,进而决定了不同时期沉积物的分布和沉积体系的发育。在强断陷期,大量可容纳空间的增加,使得沉积物快速堆积,形成近源粗粒堆积,而在远离湖岸地区,由于粗粒沉积物难于到达形成了深湖相的泥岩,常成为主力烃源岩。在平稳裂陷期,由于可容纳空间的分布相对较为均匀,常形成分布相对较为广泛的三角洲和扇三角洲沉积体系。而不同时期不同部位裂陷的差异也造就了不同的最大可容纳空间位置的迁移,进一步造就了沉积中心的迁移。

五、裂谷盆地沉积体系油气成藏

从全球范围来看,大多数裂谷盆地具有优越的油气成藏条件,包括:高沉积速率,多旋回还原环境下沉积的富有机质泥页岩层,多物源的三角洲砂体与浊积岩体,高温高压条件下生成并向泄压带排驱运移的烃类,多种类型同生背斜圈闭与地层岩性圈闭等。因此,大多数中、新生代裂谷盆地都有丰富或比较丰富的油气资源,尤其是三叠纪—古近纪形成的大型裂谷,其含油气量更为可观。此外,还有一部分二叠纪形成的古裂谷盆地,经过沉积间断,晚期坳陷下沉而被深埋,长期处于低温高压条件下,仍可赋存较丰富的石油。少数新近纪以来形成的年轻裂谷盆地,处于高温高压条件下,主要产出天然气。裂谷地层单元只占世界盆地面积的5%,但油气储量却占世界储量的10%(12%的石油储量和4%的天然气储量)。

含油气的裂谷盆地中,油气藏类型相当丰富,可达数十种之多。常见的油气藏类型有基岩油气藏、披覆背斜油气藏、逆牵引(滚动)背斜油气藏、拱张背斜断块油气藏、盐背斜断块油气藏、挤压与逆冲背斜断块等构造油气藏;同时还存在大量的浊积砂体、河道砂体、生物礁滩、火山岩体等多种类型的岩性油气藏,以及地层不整合油气藏等。在不同类型构造与沉积特征的裂谷盆地内,主要的油气藏类型常常是有区别的。

第二节　裂谷盆地沉积学发展趋势

从裂谷盆地地层发育和沉积演化角度看,盆地沉积学领域的研究方法主要体现在以下三个方面。

一、构造沉积耦合关系研究

阐明盆地演化的阶段性和不同阶段构造作用对盆地沉积充填演化的控制作用是盆地构造地层分析的一个基本内容,也是建立盆地沉积模式和进行资源预测的重要基础。在不同的演化时期,盆地独特的沉积、充填作用对构造的活动与演化给予了积极的响应,体现了两者间清楚的耦合关系。

构造与沉积的关系研究主要集中为构造控盆、盆控相、盆地演化与盆地充填作用、"盆山耦合"及"盆山转换"等。研究采用的方法为多学科相结合的盆地分析:物源分析、相分析、沉(堆)积体的序列和叠置,露头与地震、钻井资料相结合,利用平衡剖面分析及盆地模拟的引入等。强调盆地中堆积体或沉积物的沉积作用方式、类型和几何型态;同时盆地充填物又能反映构造演化。在盆地分析中,盆地构造研究与地层学、沉积学研究密切结合,并且得到后者的推动而向前发展。现在普遍认为:构造作用对沉积有控制作用;沉积盆地的地层形态、岩相类型以及空间配置样式是构造事件的重要标识。

构造活动控制了盆地沉积建造。经典层序地层学将构造运动作为影响层序发育四大因素的首要因素,不仅控制可容纳空间,盆地的产生、发展与演化都受控于不同时期的构造运动,还通过改造地貌特征等方式间接影响剥蚀速率、沉积物类型、沉积物供给速率,甚至局部的气候条件(Vail、Audemard,1991;VanDerZ,1993;解习农,1996;池英柳,1996;LiHouJ,1996;Alan、Carrol&Kevin、Bohacs,1999;林畅松,2000)。沉积作用的旋回性是与幕式构造运动有着密切关系的,盆地区域构造动力学机制控制着低频层序的发育,盆地局部构造动力学控制着高频层序的发育(李思田,1992;王英民,1992;Posamentier、Allen,1993;Yoshida等,1996;Gawthorpe等,1997;Ito等,1999)。可容纳空间和沉积物供给的速率比值决定沉积体系的叠置形式,而地貌对层序地层的影响也越来越引起人们的重视。不同的盆地原型,其构造动力学机制不同,将不同程度地影响沉积物供给、可容纳空间和自然地理面貌。而地貌特征主要表现为不同构造应力背景下的构造样式的展布,基于此林畅松(1998,2000)、王英民(2000)提出了构造坡折带的概念,构造坡折的展布样式将很大程度上决定沉积体系和沉积层序的发育和演化。纵向上层序内部主要表现为不同时期地层的叠置形式的变化,而地层的形成与破坏受可容纳空间大小的控制(Jervey,1988);地层叠置模式受可容纳空间变化速率和沉积物供给速率之间的比值的控制(Posamentier,1988;Cross,1998;邓宏文,1996、2000;郑荣才,2000);而可容纳空间的大小由基准面与初始沉积地表(地貌)的差值所决定。在任一位置,基准面与地表面都随时间而变化,这决定了可容纳空间随时间而变化(Wheeler,1994;Cross,1998)。沉积物供给对地层叠置样式的控制,主要是基于可容纳空间与沉积物供给量的比值的变化。

在构造作用对沉积作用的控制方面,Miall(2000)强调构造对全球旋回及沉积物的控制,诸多学者认为构造活动对盆地沉积体系的发育及沉积地层样式有明显的影响,并提出了不同类型盆地的构造—沉积作用模型。Palladino(2002)论述了背驮式逆冲构造对沉积的控制,Sabato讨论了断槽隆升构造对前陆盆地的最后阶段充填作用的控制作用,Gabaldol(2004)则讨论了斜压造山带幕式演化及其对沉积的控制特点,Scisciani(2004)对亚德里亚海前陆盆地沉积序列进行了研究,建立了挤压构造与同沉积盆地的耦合关系,Maisaze(2004)通过同新代地层岩相分析、造山作用—沉积过程研究,结合构造与古地理分析,发现沉积作用与造山幕的关系非常密切:"在拉张阶段为大陆边缘分离,形成大陆斜坡沉积;在关闭阶段形成复理石盆地,在造山停止阶段形成磨拉石盆地";刘和甫(2003)针对走滑盆地,提出"卸车沉积"模式;李思田(1997)认为受走滑伸展构造运动的影响,莺歌海盆地的沉积和沉降中心依次向西南方向迁移;庄锡进(2004)认为:随着北天山山前走滑断裂的活动,准噶尔盆地南缘古近系的沉积中心有向西迁移的趋势;Gupta和Cowie(2000)提出在伸展断陷盆地内一方面断层活动(包括其形成、生长、消亡等)影响沉积体系的发育,另一方面沉积地层响应记录了不同阶段的构造活动特征;Gawthorpe和Leeder(2000)对这一过程进行总结,并分别研究了海相和陆相断陷盆地内构造活动的沉积响应特征及其三维演化模式。

构造活动对层序的影响主要体现在:(1)构造活动控制着可容纳空间的变化,尤其是沉积期前构造对沉积空间的影响,而且沉积物供给速率也受其控制影响;(2)构造在同沉积期对层序有控制作用——尤其是层序内部构成、垂向叠加样式、沉积体系分布等的控制作用;(3)沉积期后构造影响沉积物的保存状况。(4)构造运动形成的界面常作为层序界面。20世纪90年代以来,国内外对构造活动盆地的构造地层分析取得了显著进展,揭示了构造作用在层序和沉积体系形成过程中的重要作用。盆地构造性质的转换及沉积古地理的变化,在盆地不同部位的表现有所差异。

反过来沉积盆地的地层形态、岩相类型以及空间配置样式是构造事件的重要标识。沉积记录中的岩相变化、陆源物质的出现及构造—沉积转化界面的识别是盆地古地理及构造性质变化的最有力证据:沉积序列中特征岩石组分的出现标志着毗邻造山带隆升的初始启动时间,与物源区地层单元垂向叠置序列相反或相同的岩屑组分剖面分布则是幕式构造旋回的反映(王成善,2003)。

构造与沉积作用关系研究的趋势是越来越精细化。计算机技术的进步在这一过程中发挥了重要作用。Tavani(2004)运用 HCA(Hybrid Cellular Automata)数值动态模拟算法模拟沉积演化对伸展盐丘构造的响应,取得了较好的效果。

二、层序地层学分析方法是沉积体系研究的重要方向

沉积体系指由现代或古代沉积作用和沉积环境联系在一起的三维岩相组合(Fisher 等,1967)。它与一组特定的沉积过程有关,分析这些沉积过程是沉积体系研究的中心内容。层序地层学是近30年来地质科学中最重要的突破之一,作为一种油气勘探、开发中的必需技术,在油田地质研究中广泛应用。

沉积体系旋回性的发育过程早为人们所认识,并早已用于划分沉积层序,从而将沉积层序纳入到层序地层框架内。Galloway(1988)等把沉积体系的一个沉积旋回称为一次沉积事件。在 Vail 的层序系统中,一个准层序组大体相当于一个沉积体系的完整发育旋回相一致。也有人把准层序看作是构成沉积体系域的基本单元,称为体系单元。但应指出,沉积体系的相构成研究应在等时地层格架中进行,这样才能更好地阐明沉积过程及其演化。

层序地层学的发展,主要体现在以地震和钻井资料为基础的大区域层序地层分析技术、岩心、钻井资料为基础的小区精细地层格架及基于陆相地层复杂性的陆相层序地层划分和对比技术等几个方面,同时基于计算机技术发展的层序模拟技术也受到了很大的关注。

然而传统层序地层学基于海平面的变化、稳定构造沉降等区域性的地质因素为背景建立的层序模式,在解决大规模的地质单元时其有效性得到了充分的验证,但对于裂谷盆地复杂而多变的构造背景,层序地层一直没有很好的层序模式来指导沉积体系的分析。尽管已有数种裂谷盆地的层序地层样式,其适用性还需进一步验证。同时对于被动裂谷盆地和主动裂谷的差异,从层序形成机制上进行进一步细分和刻画。

三、比较沉积学研究方兴未艾

比较沉积学是一门在地貌学、沉积学和沉积岩石学等学科基础上发展起来的边缘学科,其核心是利用现代沉积环境所建立的沉积模式对地层单元的古地理环境进行综合解释。这类研究的意义早在19世纪就由瓦尔特(J. Walther)提出。比较沉积学思想是一种新的科学哲学。它的理论基础是自然界的有序性和系统性。瓦尔特相律是这种有序性在沉积学中正确的表达形式。其方法学特点是通过模式对比来正确解释古代的沉积记录。建立相模式

时,要注意沉积物的旋回性,剔除事件沉积记录,研究沉积物的保存条件和保存概率,把环境作为三维空间的整体加以考虑。应用比较沉积学原理进行相分析时,要遵循"描述—解释—预测"的思维路线,从单井分析入手,然后通过建立相剖面寻求沉积相的三维分布格局。在比较沉积学中,现代沉积物与古代沉积物的对比、不同沉积环境之间的类比、环境变化的类比等,将为准确描述解释沉积物的分布及其组合提供有力的工具。

第二章 裂谷盆地分类及分布

第一节 裂谷盆地分类的意义

在全球众多的沉积盆地中,具有工业价值的、有一定开发储量的盆地有限。裂谷地层单元只占世界盆地面积的 5%,但油气储量却占世界储量的 10%。因此裂谷盆地的类型划分是石油地质学研究的重要内容,也是当今油气资源评价的重要依据之一。因此,石油地质工作者为了系统地研究和对比未勘探盆地的远景储量,需要将未知含油气裂谷盆地的主要地质条件与已知的同类型含油气盆地进行类比分析,从而做出初步评价。这在油气勘探的初期尤为重要,甚至成为经济评价的主要依据。

因此,对裂谷盆地进行归纳、分类是十分必要的,特别是对构造演化和动力机制的研究,不仅有助于裂谷盆地形成和演化的理论研究,而且对进一步油气勘探具有指导理论和实际意义。这也是长期以来许多学者都十分重视裂谷盆地分类的原因。

裂谷盆地是地壳演化过程中形成的一种独特的、复杂的地质实体。在分类研究中,由于着眼点不同和所持观点的差异,研究者各自从不同的方面强调了盆地的某些特征。随着勘探的进展和地球科学的发展,关于裂谷盆地新的特征和分类标志不断出现,并成为裂谷盆地分类研究的依据。这种研究有助于对裂谷盆地成因的认识。因此,研究含油气裂谷盆地的分类历史对认识不同类型盆地之间的相互关系及盆地的分类具有重要的意义。

第二节 裂谷盆地分类

一、前人对盆地分类的简述

1894 年,Gregory 开始关注裂谷盆地,自 20 世纪 70 年代开始,国内外一些地质家对裂谷盆地的分类进行了详细分析,多数盆地分类的理论基础是板块构造,但分类的原则却很多,下面介绍几种典型分类。

Halbouty 等(1970)根据地壳的结构提出了盆地分类方案,以后 Klemme 又做了多次修改,在分类方案中,裂谷盆地作为八类盆地中的一类单独列出。

Poulet 等(1975)按大地构造位置将盆地分为陆内、稳定边缘和活动边缘三大类,但也有成因机制和动力学缺陷。

Mail(1984)根据大洋 Wilson 旋回和板块边缘性质将盆地分为五大类:离散型板块边缘盆地、汇聚边缘盆地、转换边界盆地、碰撞边界盆地和克拉通盆地。其中离散型板块边缘盆地进一步分为裂谷盆地、大洋边缘盆地、拗拉谷和衰退裂谷等。

Klein(1987,1989)根据地球动力学的性质、地球物理描述特征和力学成因特征提出了一个分类方案,其分类原则是依据大陆边缘性质、盆地所处的板块位置、地壳类型和地球动力学类型。其中在被动大陆边缘之上又细分为裂谷盆地、拗拉谷盆地和挠曲盆地三类。

Ingersoll 和 Busby(1994)强调沉积盆地的板块构造模式和控制盆地形成、演化的板块构造环境因素,这些因素包括盆地类型、距板块边界的远近和板缘类型,将盆地分为五大类:离散环境、板内环境、聚敛环境、转换环境和混合环境。其中离散环境一类中又包括大陆裂谷和初始大洋裂谷,在混合环境一类里还细分了拗拉槽和撞击裂谷等。

国内学者吸取了国外盆地分类的精华,着重考虑了中国大陆所处的特殊的大地构造背景也提出了很多盆地分类方案。孟祥化(1982)根据国外盆地分类的基本原则,结合盆地充填特征及其稳定性,尤其是依据沉积建造的性质,将盆地分为五大类型:稳定陆壳、被动边缘、活动边缘、转换断层盆地和洋壳区盆地,其中被动陆缘区的裂谷——拉张盆地进一步又划分为陆壳内裂谷断陷盆地、原始大洋裂谷盆地、被动边缘盆地和陆缘裂陷海槽。

陈发景(1986)首先将盆地按照板块运动形式分为三大类:与离散板块运动有关的盆地、与汇聚板块运动有关的盆地、与转换断层和平移断层有关的断陷盆地。在与离散板块运动有关的盆地一类中分出了陆内裂谷,在与汇聚板块运动有关的盆地一类中分出了与碰撞作用有关的碰撞裂谷盆地。

罗志立等(1988)根据中国板块构造运动和陆相盆地形成的特点,根据地壳动力可分为:挤压和拉张两大类,又根据所处的地壳构造单元进一步划分为四类十种,其中在地壳拉张动力区主要是裂谷类盆地,又细分为弧后陆内裂谷盆地、弧后陆缘拉开盆地、弧内盆地和弧内断裂复活盆地。

甘克文(1992)所编制的《世界含油气盆地图》中按照"两种世代"的观点划分了古生代和中—新生代盆地的基本类型,将古生代的盆地按照盆地形成的构造背景分为克拉通内部盆地、克拉通上与活动带相邻的盆地和活动带上的盆地,依据盆地成因机制在克拉通内部盆地中划分出了热力破裂盆地即裂谷或拗拉谷,其中包括衰亡裂谷也就是断陷盆地和夭折的裂谷。在中—新生代盆地的基本类型中克拉通内部盆地也就是初始裂谷。

限于篇幅,这里选择有代表性的裂谷盆地分类方案,简述如下。

(一)Dickinson 的盆地分类

迪肯森以板块构造理论对盆地形成演化进行分类,认为沉积盆地发生在两大类地球动力环境中,即以离散运动为主的裂陷环境盆地和以聚敛运动为主的造山环境盆地(Dickinson,1974,1976),根据板块的开合和盆地形成的地球动力学环境将盆地分为:裂谷型盆地和造山型盆地两大类,其中裂谷盆地的主要包含了表 2 – 1 所分的亚类,具体实例见表 2 – 1。

表 2 – 1 Dickinson 的盆地分类

类	亚类	实例
裂谷盆地	克拉通盆地	北海、西西伯利亚
	边缘拗拉谷盆地	贝努埃
	原始大洋裂谷盆地	红海
	冒地斜棱柱体盆地	北美大西洋沿岸
	陆堤	墨西哥地区
	新生大洋盆地	大西洋
	张扭性盆地	圣安德列斯
	弧间盆地	汤加、马克德克、马里亚纳

（二）Bally 的盆地分类

Bally(1975)的分类相对要科学得多。他把盆地按大地构造位置分为三大类,再按具体的构造特性和成因机制进行次级分类。

Bally 从板块构造理论出发,主要依据盆地位置与巨型缝合带的相互关系来划分盆地类型。巨型缝合带是指板块碰撞缝合的活动边界,具有褶皱作用、冲断作用和岩浆活动,以及蛇绿岩的出现,是碰撞所形成的广阔缝合带。与巨型缝合带有关的边界,主要有 B 型俯冲带和 A 型俯冲带及与转换断层有关的构造。

B 型俯冲带是大洋岩石圈向大陆俯冲而产生的毕尼奥夫带。A 型俯冲带是指与 B 型俯冲同时期发生的共轭事件。据此将盆地分为三大类(Bally,1980)(表 2 - 2)。

表 2 - 2 Bally 的盆地分类

大类	亚类	细分	
位于坚硬岩石圈之上的盆地,与巨型缝合带的形成无关	与洋壳形成有关的盆地	(1)裂谷 (2)与大洋转换断层有关的盆地 (3)大洋深海平原	
		(4)大西洋型被动边缘(大陆棚、大陆坡、陆隆),跨越陆壳和洋壳	(1)上覆在早期裂谷系之上 (2)上覆在早期转换断层系之上 (3)上覆在早期潘农型和西地中海型弧后盆地之上
	位于前中生代大陆岩石圈之上的盆地	克拉通盆地	(1)位于早期裂谷之上 (2)位于以前的潘农型弧后盆地之上
位于坚硬岩石圈之上的缝合带边缘盆地,与压性巨缝合带的形成有关	位于洋壳上邻近 B 型俯冲带边缘的深海沟		
	位于陆壳上邻近 A 型俯冲带边缘的前渊和下伏地台沉积物	(1)具有潜伏地垒而无断块作用的斜坡 (2)以断块作用为主	
	与压性或巨缝合带有关的远端块状断裂的中国型盆地,与 A 型俯冲带边缘无关		
位于压性巨缝合带之上的缝合带上叠盆地	与 B 型俯冲带有关的盆地	(1)弧前盆地 (2)环太平洋弧后盆地	(1)在洋壳之上并与 B 型俯冲带有关的弧后盆地(严格含义为边缘海) (2)在陆壳或过渡壳之上并与 B 型俯冲带有关的弧后盆地
	与大陆碰撞有关的位于 A 型俯冲带凹侧的弧后盆地	(1)在陆壳上的或潘农型盆地 (2)在过渡壳或洋壳之上的或西地中海型盆地	
	在缝合带上与巨型剪切带有关的盆地	(1)大盆地型盆地 (2)加利福尼亚型盆地	

（三）Miall 的盆地分类

Miall 于 1984 年根据板块内部和板块边缘相互关系及其发育情况,划分出五类盆地,并于 1990 年做了部分补充(表 2 - 3)。根据大洋 Wilson 旋回和板块边缘性质将盆地分为五大类:离散边缘盆地、汇聚边缘盆地、转换边界盆地、碰撞边界盆地和克拉通盆地。其中离散边缘盆地进一步分为裂谷盆地、大洋边缘盆地、拗拉谷和衰退裂谷等。

表 2 - 3　Miall 的盆地分类

大亚	亚类	细分
离散边缘盆地	裂谷盆地	（1）拱隆裂谷盆地 （2）边缘盆地 （3）凹陷盆地 （4）半地堑盆地
	大洋边缘盆地	（1）红海型盆地（"年轻的"） （2）大西洋型盆地（"成熟的"）
	拗拉谷或衰退裂谷盆地	
	大洋岛屿、海山、海底高原盆地	
汇聚边缘盆地	1. 海沟和俯冲杂岩体 2. 弧前盆地 3. 弧间盆地和弧后盆地 4. 弧后（前陆）盆地	
转换边界盆地	盆地构造背景	（1）板块边界转换断层 （2）离散边界转换断层 （3）聚敛边界走向平移断层 （4）缝合带走向平移断层
	盆地类型	（1）网状断裂系中的盆地 （2）断裂终端盆地 （3）雁列断裂系中的拉分盆地 （4）扭动旋转盆地
碰撞边界盆地	1. 周缘前陆（peripheral foreland）或周缘前渊（peripheral foredeep）盆地 2. 在缝合带内的海湾盆地（embayment basin）（残留洋盆地） 3. 内陆前陆（hinterland and foreland）盆地,走滑盆地和地堑盆地	
克拉通盆地		

（四）全球构造分类

目前广为流行的全球构造裂谷盆地分类法主要是遵循板块构造离散或聚敛的活动规律,按裂谷盆地所在的板块构造位置,把裂谷盆地分为稳定大陆边缘裂谷系列和活动大陆边缘裂谷系列(谯汉生、于兴河,2004)。

稳定大陆边缘裂谷系列为:陆内裂谷(板内)→陆缘裂谷(陆壳)→边缘海裂谷(过渡壳)→原洋裂谷(包括小洋盆和洋中脊裂谷等洋壳型)。

活动大陆边缘裂谷系列为:陆内裂谷(板内)→弧后裂谷(陆壳)→弧间裂谷(过渡壳)。

由此不难看出,全球构造裂谷系列的盆地分类有明显的规律性,即从大陆板块内部开始到板缘,再到大洋板块,裂谷出现的位置从大陆内部移向大洋内部,裂谷的地壳伸展程度逐渐增强,地壳逐渐变薄,热流逐渐升高,沉积物由陆相渐变为海相,沉积物的时代越来越新,最终裂谷的基底由陆壳渐变为过渡壳或洋壳。

从上面分类可以看出,裂谷盆地作为离散背景下被动陆缘区很重要的一类盆地,在盆地分类中占有很大比重,但是在实际勘探中,却无法确定盆地发育的地质背景和油气富集的必要地质条件。

二、裂谷盆地的动力学分类法

随着岩石圈构造及其动力学理论不断发展,新观点、新内容、新概念、新模式不断涌现。中外学者已经将裂谷盆地的研究视为对一个地球动力学实体的研究,把裂谷盆地与地壳的拉张断裂联系起来。裂谷的地球动力学分类是以裂谷的构造地质特征、构造应力场和深部地质特征综合对比提出的反映裂谷形成机制的分类。裂谷地球动力学分类主要成果发表在20世纪80年代,代表人物包括 Mackenzie、Wernicke、Lister、Barbier 等。

以地球动力学为基础的盆地分类方案也是多种多样。但它们都是以盆地形成的力学环境为基础,首先分出了:张裂环境盆地(拉张—裂陷盆地)、挤压环境盆地(挤压—裂陷盆地)、剪切环境盆地(走滑—裂陷盆地)、重力环境盆地或克拉通盆地。然后再对每一种类型进行细分。就前三种类型盆地的成因许多学者都达成了共识。

按照裂谷盆地的构造成因进行分类这一种方法,已经为一部分学者采用。主要有以下几类分类。

(一)Sengor 裂陷盆地分类

Sengor 和 Burke(1978)根据现今地壳表面裂陷盆地的分布状况,从构造动力学成因、板块构造位置及板块运动学特征、盆地平面上的几何学特征等方面讨论了裂陷盆地的差异性,并提出了相应的分类原则(表2-4):

表2-4 Sengor 关于裂谷盆地分类表

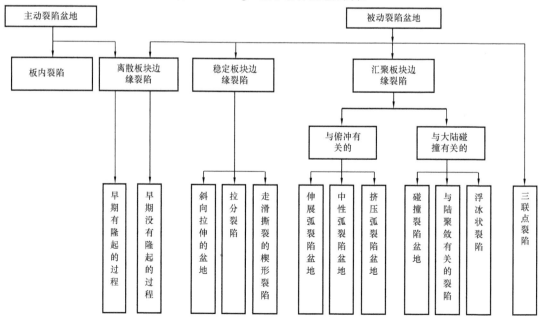

同样,几何特征相同的裂陷盆地可以出现在不同的构造环境中。从板块构造运动与裂陷盆地的关系方面将裂陷盆地分为:板内裂陷(k_1)、离散板块边缘裂陷(k_2)、保守(稳定)板块边缘裂陷(k_3)、聚敛板块边缘裂陷(k_4)和三联点裂陷(k_5)五类,其中有些运动学类型还包括若干亚类。从动力学机制方面看,所有的裂陷盆地都属于主动裂陷盆地(d_1)和被动裂陷盆地(d_2)两大类。从裂陷盆地平面分布的几何特征上将裂陷盆地分为:孤立裂陷盆地(g_1)、星状(放射状分叉的)裂陷盆地群(g_2)、链状(线性串联的)裂陷盆地群(g_3)、丛状(近平行并联的)裂陷盆地群(g_4)和网状裂陷盆地群(g_5)五类。

sengor 的这种分类虽然过于烦琐,但将裂陷盆地的基本构造特征总结得相当具体。

(二)国内外对裂谷盆地类型的总结和划分

裂陷盆地的成因是复杂多样的,它直接起因于地壳的拉张断裂,然而,引起张裂的构造环境和动力学背景有可能属于拉张型、走滑型,甚至挤压型。多年来,众多研究者就裂陷盆地的成因机制提出了各种不同的模型。其中 Neugebauer(1978,1983),McKenzie(1978),Turcotte and Ewerman、Morgan(1983),Keen(1985),Bott(1981,1992),Latin 和 Waters(1990,1991,1992),Eaton(1980),马杏垣(1983,1984,1985),Christic – Blick、Biddle(1985),Biddle、Christic – Blick(1986),Xu、Ma(1992)等结合构造动力学成因、运动学特征及盆地构造演化特征,并分析了盆地形成机制,以裂陷盆地的成因对裂谷盆地进行划分,按照驱动背景的不同主要可分为拉张—裂陷、走滑—裂陷和挤压—裂陷三大类,根据具体作用机制和作用方式的不同,又可区分为若干类别(表2-5)。

表2-5 裂陷盆地的成因模型分类

驱动类型	成因机制	裂陷伸展模型		参考文献
拉张—裂陷	主动裂谷	地幔热作用与重力作用	地幔底辟模型	Burke 等,1973
			重力均衡扩张模型	Neugebauer,1978,1983;Bott,1981,1992
			地壳与地幔转换模型	Latin 和 Waters,1990,1991,1992
			岩石圈软流圈转换模型	Crough 等,1976;Zorin,l981,1989,1991;Spohn 等,1982,1983;Mareschal 1983;Mareschal 等,1991
			自限式伸展模型	Houseman 和 Eengland,1986
	被动裂谷	拉张作用与重力作用	纯剪切 壳幔均匀伸展模型	McKenzie,1978
			纯剪切 壳幔非均匀非连续伸展模型	Royden 和 Keen,1980;Hellinger 和 Sclatet,1983
			纯剪切 壳幔非均匀连续伸展模型	Beaumont 等,1982;Rowley 和 Sahagian,1986
			简单剪切模型	Wernicke,1981
			悬臂梁弯曲模型	king 等,1988
			组合剪切 简单剪切/纯剪切模型	Eaton,1980;马杏垣,1983,1984,1985;Lister 等,1986
			组合剪切 简单剪切/悬臂梁弯曲模型	Kusznir 等,1992

驱动类型	成因机制	裂陷伸展模型	参考文献
走滑—裂陷	剪切拉张	走滑拉分模型	Christie-Blick、Biddle,1985；Biddle、Christie-Blick,1986
		走滑/斜向伸展模型	Ben Avraham Zvi,1992
		共轭断裂拉张模型	Xu,X 和 Ma,X,1992
挤压—裂陷	纵向挤压横向拉张	横向张裂	马杏垣等,1985
	弯曲拉张	挤压背斜轴部拉张断陷	崔军文、史金松,1997

根据裂陷盆地动力学特征,拉张—裂陷盆地模型可分为主动裂谷盆地和被动裂谷盆地(Sengor、Burke,1978；Baker、Morgan,1981；Turcot te、Ewerman,1983；Morgan,1983；Morgan、Baker,1983；Keen,1985)。

1. 主动裂谷盆地

主动裂谷盆地是地幔热作用的结果(Burke、Whiteman,1973；Dewey、Burke,1974；Bott、Kusznir,1979；Bott,1981,1992；Spohn、Schubert,1982,1983)(图2-1)。

地幔热传导、热对流等引起地幔底辟上隆,或者热对流引起软流圈存在横向温度梯度,使岩石圈底部的正应力发生变化(Houseman、England,1986),导致岩石圈机械上隆,上隆幅度取决于热流值的大小,上隆作用可以将热能传递给隆起区,同时,由于隆起区的密度差,使之在临界面上产生张应力,引起岩石圈伸展。因此,在主动裂谷盆地中,地幔上隆和火山作用是盆地形成的第一阶段,岩石圈伸展减薄和均衡上隆是第二阶段。大洋中脊就是地幔主动上隆的典型例子。

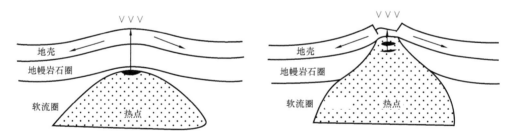

图2-1　主动裂谷:初始阶段—发育阶段(据 Burke 等,1973)

主动裂谷盆地模型主要有以下几种。

(1)地幔底辟模型:该模型强调热作用使地幔上隆(Burke 等,1973)或熔融作用使地幔柱上隆(李继亮等,1980；Li 等,1991),从而导致岩石圈伸展。典型例子有东非肯尼亚裂谷(Jone,1988；Tarsumi 等,1991；Keller 等,1991；Achauer 等,1992)。中国地质学家刘和甫也利用 Burke 的观点在主动与被动裂谷的动力学模式及运动学机制等方面进行了研究(图2-2)。

(2)重力均衡扩张模型:热作用使岩石圈深部发生部分熔融,改变了岩石圈密度结构,在重力均衡作用下地幔上隆(图2-2)(Bott、Kusznir,1979；Neugebauer,1983；Bott、Dean,1973；Bott,1981,1992)。

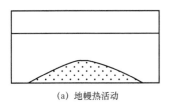 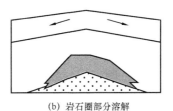 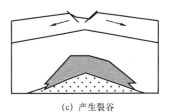

（a）地幔热活动　　　　　　　（b）岩石圈部分溶解　　　　　　　（c）产生裂谷

图2-2　主动裂谷的重力均衡扩张模型（据 Burke 等,1973）（灰色区表示熔化地壳）

（3）岩石圈软流圈转换模型：通过热梯度使岩石圈和软流圈发生阶段性转换,为岩石圈伸展提供了主动机制（Crough 等,1976；Zorin,1981,1989,1991；Spohn 等,1982,1983；Mareschal,1983；Mareschal 等,1991）。

（4）地壳地幔转换模型：幔源岩浆侵入下地壳,实现下地壳与地幔的转换,使莫霍面升高,在重力均衡作用下形成盆地（Latin、Waters,1990,1991,1992；Baldridge 等,1991）。

（5）自限式伸展模型：Houseman 和 England（1986）在综合地幔底辟上隆和重力均衡扩张等模型的基础上,根据热流量、隆起和岩石圈减薄之间的关系,提出岩石圈主动裂谷的综合模型,即自限式模型（图2-3）。该模型强调地幔上隆产生驱动力的大小影响岩石圈的伸展程度。当上隆产生的驱动力超过岩石圈强度极限值时,岩石圈加速伸展,最终形成被动大陆边缘；当驱动力小于极限值的二分之一时,岩石圈的伸展量可以略忽不计；在中等驱动力下,岩石圈表现为自限式伸展。因为岩石圈流变性质是随温度变化的,所以伸展应变率取决于上隆产生的驱动力大小和热作用程度。地幔隆起,温度升高,活化了塑性流变层,使下地壳和岩石圈地幔有效强度降低,伸展速率增大；但由于上隆使莫霍面升高,岩石圈开始冷却,引起岩石圈有效强度增大,伸展速率减小,两种作用互相制约,调节岩石圈伸展。上地幔持续不断的冷却使得有效强度恢复到隆起前的水平时,标志着伸展作用不再进行。

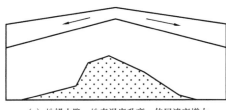 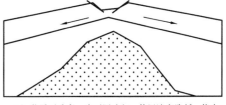

（a）地幔上隆,地壳温度升高,伸展速率增大　　　　　（b）莫霍面升高,岩石圈冷却,伸展速率降低、停止

图2-3　主动裂谷的自限式伸展模型（据 Houseman 和 England,1986）

2. 被动裂谷盆地

被动裂谷盆地是区域拉张应力场作用的结果（Baker 等,1972；McKenzie,1978；Mohr,1982,1992；Mc Kenzie、Bickle,1988；Khain,1992）（图2-4）。

 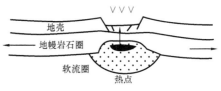

图2-4　被动裂谷:初始阶段—发育阶段

大陆岩石圈内的张应力使岩石圈厚度减薄,强度降低,从而使地幔物质侵入地壳中,显然,在被动裂谷盆地中,首先发生裂谷作用,地幔均衡上隆和火山作用是第二阶段,对于伸展减薄的机制存在不同的认识:(1)脆性地壳直接受到拉张;(2)脆性中上地壳和延性下地壳与岩石圈地幔一起受到拉张,产生均匀细颈化;(3)脆性中上地壳受到拉张产生伸展断裂,延性下地壳与岩石圈地幔受到拉张,形成细颈化或发生韧性(延性)剪切。这种区域拉张可能来自板块内部(Cloeting 等,1992),或板块间相互作用(张文佑,1983;Ziegler,1992;万天丰,1993),包括板块离散和汇聚作用,其中后者表现为弧后扩张(Karig 等,1971;Sleep 等,1971;Turcotte、Oxburgh,1973;Uyeda 等,1979,1983;许靖华,1979;Turcotte 等,1982)或俯冲带后撤(Toksoz、Bird,1977;Chase,1978;Otsuki,1989;石耀霖等,1993;高祥林等,1994)。弧后扩张作用可能与地幔底辟有关(Karig 等,1971)或俯冲诱导二次地幔对流有关(Sleep 等,1971;Turcotte、Oxburgh,1973;Toksoz、Bird,1977;Turcotte 等,1982);俯冲带后撤与板块扩张及俯冲速度变化有关(Toksoz、Bird,1977;Chase,1978;石耀霖等,1993)。

被动裂谷盆地模型最初由 Artemjev 和 Argushkov(1971)提出。后来,Salveson(1976,1978)提出定量解释大陆裂谷盆地和大陆被动边缘沉降史的岩石圈伸展模型,并以此为基础逐渐发展出众多相关模型,其中均匀伸展的纯剪切模型(McKenzie,1978)和非均匀伸展的简单剪切模型(Wernicke、Burchfiel,1882;Wernicke,1981,1985)代表了两种端元模式(Govers、Wortel,1995)。

下面介绍被动裂谷盆地的主要模型。

(1)纯剪切伸展模型:用纯剪切概念来解释地壳或岩石圈的伸展变形就是纯剪切伸展模型。

纯剪切变形现象在野外地质露头中常能发现,如岩层破裂成两组共轭节理或共轭断层。岩石力学实验也容易重现这一现象。在水平引张力作用下,地壳或岩石圈的纯剪切伸展变形产生两组相向或相背倾斜的共轭正断层,并在运动过程中导致断块体相对上升和下降,从而形成地堑和地垒构造,并使地壳产生水平伸展。这种机制形成的地堑和地垒通常都是近似对称的。

在引张力作用下,地壳或上地壳发生脆性破裂,而下地壳和上地幔岩石圈在地壳破裂的相应部位发生韧性伸展,岩石圈发生均匀的"细颈化"或"颈缩作用";上部地壳以脆性共轭正断层作用形成地堑与地垒并造成地壳的水平伸展,下部地壳及壳下岩石圈(上地幔)则可能是以韧性流动方式造成透入性的韧性伸展减薄,软流圈在地壳均衡过程中上升,并导致岩石圈的部分熔融和火山作用的发生。进一步的裂陷伸展使岩石圈减薄直至完全破裂形成新的大洋地壳。

纯剪切伸展模型有三种类型,它们都属于纯剪切伸展(图 2-5),但岩石圈各层次伸展有一定差别。

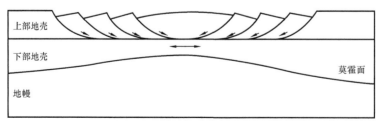

图 2-5 被动裂谷纯剪切伸展模型(据 McKenzie,1978)

① 均匀伸展模型:岩石圈在拉张应力作用下发生细颈化,细颈化包括上地壳对称的脆性断块作用和伸展减薄,以及下地壳和岩石圈地幔延性拉伸和伸展减薄(McKenzie 1978)。地壳和岩石圈地幔伸展是均匀的、对称的,而且具有相同的伸展量,McKenzie(1978)用该模式解释了北海裂谷的伸展机制;Shedlock 等(1985)用该模式解释了辽河坳陷西部凹陷的伸展沉降过程;Kool 等(1992)用该模式解释了法国 Lions 海湾的伸展沉降过程。

② 非均匀非连续伸展模型:地壳与岩石圈都是纯剪切对称细颈化伸展(Royden、Keen,1980;Beaumont 等,1982;Hellinger、Sclater,1983),上地壳伸展量小,下地壳和岩石圈地幔伸展量大,中间有大的滑脱面(拆离面)。Hellinger 和 Sclater(1983)用该模式解释了 Rhinegrab-cn 盆地、泰国的大海槽、北海 Viking 中部凹陷及辽河盆地。

③ 非均匀连续伸展模型:地壳和岩石圈地幔都是纯剪切均匀细颈化伸展,但伸展量是深度的连续函数,伸展量随深度而增加。该模型不需要地壳与地幔之间的拆离(Rowley、Sahagian,1986;White 等,1986,1989;White、McKenzie,1987,1988,1989)。Shedlock 等(1985)用该模式解释了辽河坳陷东部凹陷的伸展沉降过程;Karner 等(1992)用该模式解释了巴西 Tucano 盆地和 Sergipe – Alagoas 盆地的伸展沉降过程。

许多地质学家和地球物理学家用纯剪切伸展的思想解释地堑型盆地的形成机制,如张文佑(1981)、Bott(1976)、Illies(1981)。此外,Artyuskov(1987,1991,1992)提出在没有大规模伸展作用的情况下通过软流圈的流体作用使下地壳矿物相变,体积收缩,岩石圈发生细颈化而形成地堑,它的实质也是纯剪切模型。

(2)简单剪切模型:岩石圈规模的低倾角滑脱断层(剪切带)将岩石圈分为上盘和下盘,下盘岩石圈的伸展减薄沿滑脱面发生非对称转移,使伸展作用从一个地区的上地壳转移到另一个地区的下地壳和岩石圈地幔,甚至出露变质核杂岩体;上盘相对隆升,形成隆起区,如图 2 –6 所示(大型断块山脉)(Wernicke,1981,1985;Buck,1988;Buck,等,1988)。该模型是Wernicke(1981,1985)研究美国盆岭地区伸展构造时提出的,它较好地解释了裂陷盆地区伸展构造的非对称性,并且把盆地和相邻隆起区有机地联系在一起,因此得到广泛应用(Lister 等,1986,1989;Etheridge 等,1985,1988,1989)。

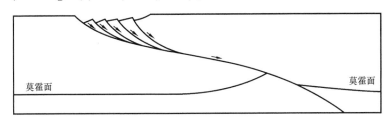

图 2 –6　简单剪切模型(据 Wernicke,1981)

东非裂谷西支(Ebinger 等,1991)和中西非裂谷(Fairhead,1992)具有类似的特征. 地球物理探测资料表明,许多盆地区并不存在岩石圈规模的拆离断层,上地壳中的断裂在某一深度消失,即使断裂继续向深部延伸,也转变为延性剪切,因此 Wernicke 模型逐渐发展为岩石圈分层伸展,即岩石圈可以有水平分层,各层都存在低倾角滑脱断层,出现多层拆离和不对称伸展。

(3)悬臂梁弯曲模型:地壳内存在面状断裂,下降盘由于沉积物重力作用而发生弯曲,上盘抬升剥蚀,出露基底(图 2 –7)(King,1988;Buck 等,1988;Weissel 等,1989;Kusznir 等,1991,1995;李扬鉴,1996;Beek 等,1997),如 Tucano 盆地(Kusznir 等,1992)。

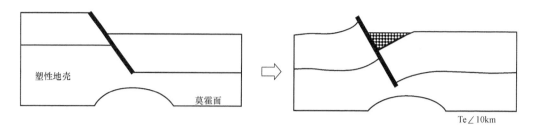

图 2 - 7　悬臂梁弯曲模型(据 Beek Van、Der Peter,1997)

悬臂梁弯曲模式大陆伸展构造表明当下地壳和地幔被塑性变形拉伸断裂后,上地壳由于断层平面断裂而发生变形。岩石圈的伸展产生下盘隆起和上盘的沉降(Beek Van、Der Peter,1997)。

(4)分层组合伸展模型:广义讲,这类模型是上述几种模型的互相组合,它可以是分层纯剪切组合、分层简单剪切组合或纯剪切与简单剪切的组合,其特点是强调岩石圈的分层性及层间近水平拆离滑脱面(层)在伸展过程中的作用(Slaveson,1979;Eaton,1980;Lister 等,1986,1989)。狭义讲,特指简单剪切和纯剪切组合模型,即上层简单剪切,下层纯剪切或多层组合模型,它强调上地壳的伸展构造是大型拆离断裂控制下的简单剪切伸展,下地壳和岩石圈地幔是纯剪切延性伸展和岩墙群(Eaton,1980;马杏垣,1983,1984,1985)。这种伸展构造模型既突出了大型拆离断裂在上地壳伸展中的关键作用,又充分考虑岩石圈在伸展过程中的细颈化作用,因此该模型得到国内外众多学者的赞同与响应,如马杏垣(1983,1985)、Ma(1987)对中国东部中—新生代盆地的解释,徐杰等(1985,1986,1992)对渤海湾盆地的解释,以及漆家福、陈发景(1995)对辽河—辽东湾盆地构造的解释。

如图 2 - 8 所示,拆离断层原始产状近水平;在伸展拆离中变成犁式,上盘多发育多米诺式断层组合,在变质核杂岩周缘出现箕状盆地—半地堑,其中常常堆积一套粗碎屑沉积,低角度正断层构成了许多伸展构造区内的主体构造。这种断层可以发育在中地壳构造层内,也可以切穿整个岩石圈(Lister 等,1986)。

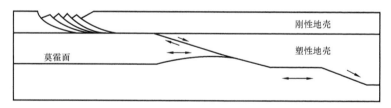

图 2 - 8　分层组合伸展模型(简单剪切/纯剪切模式)(据 Lister 等,1986)

简单剪切产生强烈不对称构造,壳幔明显拆离,地壳变薄区和地幔变薄区位置显著不同,岩石圈的伸展作用通过低角度的剪切带从一个地区的上地壳转移到另一个地区的下地壳或地幔岩石圈中,这就必然会导致断层控制的伸展带软流圈的上涌带发生分离。

McKenzie 模式假设缓倾的剪切面切过地表,穿过整个岩石圈进入软流圈(假设岩石圈是局部均衡,且随深度均匀拉伸),忽略了基底断裂在岩石圈伸展过程中的作用。

深层反射资料表明,在大陆岩石圈伸展和裂谷盆地的形成过程中,基底深大断裂非常重要,控制了不对称盆地的发育。这些大的基底断裂一般局限于上地壳层内,延伸到下地壳后,脆性破裂变形被弥散式韧性变形作用所代替(Barbier,1986;Kusznir 等,1991)。

在下地壳和地幔韧性变形区,岩石圈伸展是通过纯剪切作用完成(即上述弥散式韧性变形),而岩石圈上部则通过简单剪切作用来完成的。因此,大陆岩石圈的变形是简单剪切作用和纯剪切作用共同作用的结果。

(5)简单剪切与悬臂梁弯曲组合模型:岩石圈上层发生简单剪切,下层是悬臂梁弯曲模型和纯剪切的组合模型,如 Tanganyka 裂谷盆地(Kusznir 等,1992)。Kusznir 等(1991)综合考虑了上地壳的简单剪切、下地壳和上地幔的纯剪切及挠曲均衡作用提出了简单—纯剪挠曲悬臂梁模式。

被动裂谷简单剪切与悬臂梁弯曲组合模型一般具有以下沉积物特征:断陷规模小、沉积薄;同沉积构造活动强烈;后裂谷期沉降较小;边界断层一般比较陡,滑脱面深度大,湖相沉积分布面积和发育持续时间相对较长,砂体局限发育在湖盆的边缘。

这些盆地分类方案,确实从不同方面反映了盆地发育的某些特征,反映了盆地发育的构造地质背景和油气富集的必要地质条件,但没有针对裂谷的亚类进行详细的分类方案,对被动裂谷盆地的油气勘探没有针对性和实用价值。

随着全球范围对油气的需求越来越紧张,对裂谷盆地的勘探程度也越来越深,根据Mann(2007)对全球 945 个大型油气田的盆地类型统计与分析,裂谷盆地所含的大型油气田283 个,约占全球大型油气田的30%,可见裂谷盆地是重要的含油气盆地类型,并且分布广泛,是海外油气勘探的重点。

目前,中国在海外被动裂谷盆地中陆续发现了油气资源,并在油气勘探开发方面有重大突破,急需对被动裂谷进行详细的亚类划分,以满足海外裂谷盆地的油气勘探开发需要。因此,对被动裂谷的亚类进行详细分类具有重大的现实意义。

(三)本书对裂谷盆地分类

在前人的研究基础上,建议将裂谷盆地按其成因也分为两类:主动裂谷和被动裂谷。

主动裂谷需要有热源,如地幔柱、热点或地幔隆起,上升的热对流使岩石圈变软、变薄产生拉伸应力。这种裂谷形成初期常伴随着区域规模的穹隆、拱起、隆升作用。被动裂谷是起因于板内应力,使岩石圈拉伸减薄,引起热软流的被动上拱,早期张裂表现下沉而不是上隆,张裂之后出现热事件、穹隆作用和火山活动。

在主动裂谷中,岩石圈发生裂陷作用可能起因于软流圈热隆起,软流圈热隆起的底辟作用及岩石圈在隆起过程中的重力侧向扩展作用使整个岩石圈发生水平引张(图 2—9),从而发生破裂、下沉并形成裂谷,这种裂谷的地壳薄(厚 25~30km),裂陷期间存在多个次级旋回,夹多套火山岩,地热梯度一般在 4℃/100m 以上。如渤海湾盆地古近纪的三个火山活动次级旋回对应孔店组—沙四段、沙三段—沙二段和沙一段—东营组沉积期的三期裂陷活动,盆地热流值平均为 65mW/m^2。

就主动裂谷而言,地球动力是控制裂谷演化的关键因素(Khain,1993)。大陆裂谷是超大陆裂解初期或裂解过程中的产物,或是岩石圈拉张裂解的产物。超大陆是大型低热导率的岩石圈板块,在超大陆下方可以形成上升的地幔对流系统。这种软流圈的热对流导致了岩石圈的伸展分离,致使地壳和岩石圈的减薄,形成盆地。

在研究被动裂谷盆地成盆过程时,研究者发现,导致岩石圈发生裂陷的动力源可能并非软流圈热隆起,而是由于区域张应力作用下导致软流圈的减薄和被动上拱,使得地壳发生裂陷伸展,这种裂谷是由地壳引起软流圈减薄并被动上拱造成的,裂谷作用是区域应力场变化的响应,穹隆和火山活动是次要的,主要形成模式有纯剪模式和简单剪切模式(图2-10),被动裂谷的特征是地壳减薄程度相对较低(厚35~40km),通常只发育一个明显的粗—细—粗的沉积旋回,热流值平均为50mW/m²,地热梯度一般小于3℃/100m。

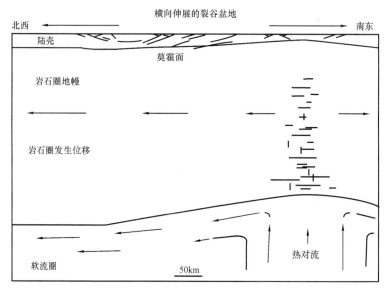

图2-9 裂谷盆地的伸展机理(据 Withjack 等,1998)

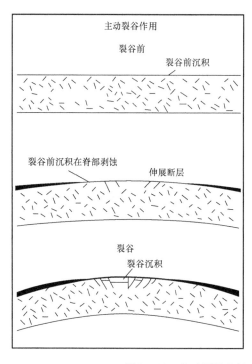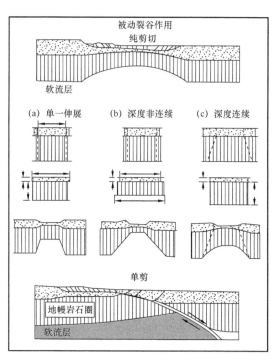

图2-10 主动裂谷和被动裂谷作用(据 Susan 等,2001)

以上两种裂谷的主要差别在于热源和应力两者具有相反的因果关系。它们具有不同的构造演化、构造样式、岩浆活动和沉积充填方式。据此,将全球的裂谷盆地进行简单分类

（图2-11）。全球裂谷盆地按形成机制总体可以划分为三大裂谷系：大西洋型裂谷系、西太平洋型裂谷系、板块碰撞有关的裂谷系。其中大西洋型裂谷系包括了南美东海岸裂谷盆地、西南非海岸裂谷盆地及非洲大陆裂谷系，主要是大陆板块开裂时期形成的裂谷盆地和由于剪切带的走滑伸展作用形成的裂谷盆地；西太平洋型裂谷系主要包括了中国东部裂谷盆地、东南亚裂谷盆地、东北亚裂谷盆地，是太平洋板块向欧亚板块俯冲的结果；板块碰撞有关的裂谷系则主要包括了秘鲁的塔拉拉盆地、中欧莱茵地堑，主要是陆—陆碰撞过程中和随后的应力场衰减过程中局部伸展形成的裂谷。

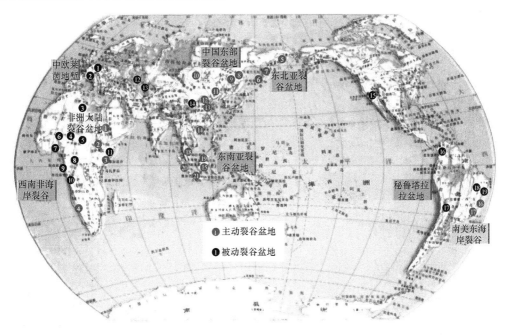

图2-11　全球主要裂谷盆地分布示意图

（主动裂谷盆地：1 红海裂谷系；2 东非裂谷系；3 埃塞俄比亚裂谷；4 西南非洲海岸盆地；5 阿纳德尔盆地；6 东萨哈林—鄂霍茨克盆地；7 科曼多尔盆地；8 上布列亚盆地；9 吉雅—布列亚盆地；10 贝加尔裂谷系；11 松辽盆地；12 渤海湾盆地；13 华北盆地；14 珠江口盆地；15 打拉跟盆地；16 坎波斯盆地；17 桑托斯盆地；18 泰国湾盆地；19 西北巴拉望盆地；20 苏门答腊盆地；21 西爪哇盆地）

（被动裂谷盆地：1 英荷盆地；2 莱茵河地堑；3 锡尔特盆地；4 乍得盆地；5 苏丹盆地；6 尼日利亚盆地；7 尼日尔三角洲盆地；8 刚果盆地；9 宽扎盆地；10 赤道几内亚盆地；11 索马里盆地；12 滨里海盆地；13 南图尔盖盆地；14 汾渭裂谷系；15 盆岭省盆地；16 马拉开波盆地；17 马拉农盆地；18 托卡路盆地；19 雷空卡诺盆地）

这种主动裂谷盆地和被动裂谷盆地的分类是两类理想化的端元组合。实际的裂谷系统，可以同时展现出主动与被动机制的成分。裂谷伸展停止后，软流圈在冷却的同时发生热收缩，产生后裂谷期坳陷型盆地，如松辽盆地等。有些盆地在后裂谷期往往叠置新的裂谷盆地，如苏丹 Muglad 盆地和 Melut 盆地在晚白垩世和古近纪有两个弱的裂谷期，裂谷的性质由被动裂谷转化为主动裂谷，火山活动相对频繁，后期伸展方向、断层活动与早期的裂谷既有继承性又有明显的新生性，在 Muglad 盆地，古近纪的裂谷主要转移到 Kaikang 坳陷。

以弧后裂陷盆地为例，五种弧后裂陷盆地分属主动和被动两个大类。

模式1：俯冲板块诱发岩浆上涌模式。

由于板块俯冲摩擦产生岩浆作用，使地幔物质上涌，岩浆的底辟使弧后地区发生裂陷作用。对于弧后岩石圈而言是一种主动裂陷机制（图2－12）。

模式2：地幔热柱注入模式。

热地幔柱沿俯冲板块的顶面"注入"弧后地区，并使弧后岩石圈裂陷形成裂陷盆地。属于主动裂陷机制（图2－13）。

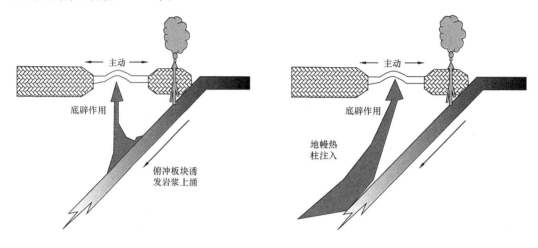

图2－12　俯冲板块诱发岩浆上涌模式　　　　　图2－13　地幔热柱注入模式

模式3：弧后板块的后退运动。

由于上覆板块在俯冲作用过程中发生"后退"运动，使弧后地区岩石圈产生被动的裂陷伸展（图2－14）。

模式4：软流圈流动模式1——向洋流动的软流圈引起海沟后退。

可能与地球自转有关的向东流动的软流圈物质遇到向西俯冲的大洋板块根部后，推动大洋板块后退，在弧后造成伸展裂陷的构造环境（被动裂陷作用）（图2－15）。

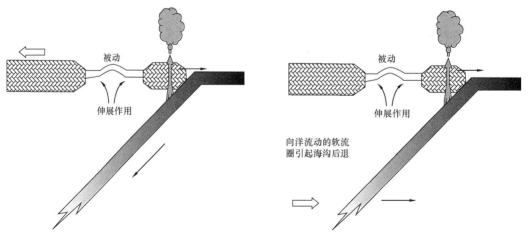

图2－14　弧后板块的后退运动　　　　　图2－15　软流圈流动模式1

模式5:软流圈流动模式2——向下流动的软流圈引起海沟后退。

岩石圈下伏的软流圈的下降流使俯冲板块发生"滚动"后退,并诱导出弧后的伸展裂陷(被动裂陷作用)(图2-16)。

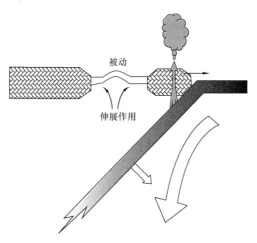

图2-16　软流圈流动模式2

第三章　裂谷盆地沉积体系特征及其主控因素分析

裂谷盆地虽然只占世界盆地面积的 5%,但其油气储量却占世界油气储量的 10%。按成盆机制可将裂谷分为两种类型:一类是在板块演化过程中由差异应力引起的裂谷("被动地幔假说"),即被动裂谷;另一类是地幔对流上涌产生的裂谷("主动地幔假说"),即主动裂谷。中国东部渤海湾盆地、东非裂谷系、苏伊士湾等裂谷盆地是已经发现的、研究程度很高的主动裂谷盆地。但是,作为裂谷盆地的重要类型之一,被动裂谷盆地的研究程度较低。由于被动裂谷和主动裂谷的动力学机制不同,它们产生的裂陷盆地的特征是不同的。

无论是主动裂谷盆地还是被动裂谷盆地,其盆地的结构样式均以箕状单断型(半地堑型)为主,裂谷内的地垒、地堑等构造单元凸凹相间,按着一定的构造应力场排列。盆地构造性质及构造演化的不均衡,造成盆地一侧发育断层,而相对一侧则为缓倾斜的斜坡。陡坡断裂带常常控制着巨厚的扇带的发育,包括冲积扇、扇三角洲或近岸水下扇以及滑塌浊积扇等多种沉积体系,其构造样式也相应地发生改变,在古地貌、水深、坡度等因素的影响下,裂谷盆地不同构造单元的构造沉积响应也不同,造成了沉积体系的差异,从而影响了储层的差异和成藏的差异,最终导致了不同裂谷盆地含油气性的差异。

第一节　裂谷盆地沉积充填特征

一、垂向旋回特征明显

沉积作用的补偿性是构造差异运动速度与沉积速度之间的补偿关系的概括(图 2 - 1),其判别标志就是沉积相在纵向上的演化序列。当构造差异运动与沉积作用速度基本达到平衡的条件下,形成补偿型沉积,在垂向序列上表现为沉积相类型的一致性。

裂谷盆地的沉降作用可以划分为裂陷与坳陷两期,这两个阶段的构造活动反映在沉积结构上旋回性特征明显。

裂陷期的充填主要为断层作用所控制的初始沉降,较年轻地层不断向盆地边缘超覆,由于主动裂谷盆地早期地幔对流导致的弯曲隆起作用,地壳随之减薄和扩张,加上轴部的快速下降,沉积物来不及补偿沉降的幅度,形成非补偿的沉积建造,岩性一般较细。

坳陷期的充填主要来自挠曲作用所控制的热沉降,属于挠曲均衡补偿的后裂谷期,此时构造作用不再强烈,大量沉积物快速堆积,沉积物堆积速度大于构造差异沉降速度,一般可形成超补偿型沉积,岩性一般较粗。因此由断陷期到坳陷期,岩性整体上由细到粗。

裂谷盆地的裂陷期(同裂谷期),一般可以分为同裂谷期的初始期、同裂谷期的扩张期以及同裂谷期的萎缩期三个阶段,沉积一般由粗—细—粗的完整性旋回组成。沉积作用与沉降作用的补偿关系在纵向上的演化序列依次表现为补偿型沉积—非补偿型沉积—超补偿型沉积。

古裂谷发展的晚期阶段,由于裂谷群中的某一支发育成为大洋,其他裂谷支因大洋快速扩张的影响受到挤压,从而结束其裂谷演化史,成为废弃的古裂谷或称裂陷槽(图3-1)。于是,沉积盆地的沉降趋势为升隆作用所代替,沉积作用亦由非补偿型转变为超补偿型。

在时间关系上,古裂谷沉积的开始时间一般早于毗邻大洋的扩张时期,而结束时间一般发生在大洋开始扩张以后。

世界上的许多古裂谷沉积都具这种沉积旋回性,即扩张阶段非补偿型沉积与压缩阶段超补偿型沉积的纵向叠置关系。

二、横向相变快

剧烈相变是裂谷盆地沉积的重要特征。

裂谷盆地一般都是线状的狭长盆地,大多数均为陆相沉积物所充填。典型的相包括洪积扇相或冲积扇相、辫状河流相、三角洲相、湖泊相(包括浅湖泊相、深湖泊相)及浊积岩相。早期和晚期往往发育有红层及蒸发盐岩沉积,中期或出现海相夹层。这些相带大致沿盆地轴向呈带状延伸。由于地形梯度大,相带很窄,粗粒的冲积扇沉积物在近断层边界处厚度显著增大,侧向渐变为较细的河流相和湖相体

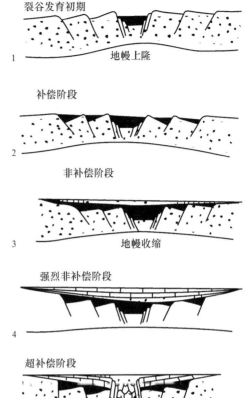

图3-1 古裂谷的两个演化阶段及相应的纵向序列双层结构

1、2、3、4—古裂谷发展早期由于扩张、深陷而出现的强烈非补偿沉积;5—古裂谷发展晚期由于压缩、消亡而出现的超补偿沉积

系,相变剧烈。冲积扇相往往在横向上直接过渡为深湖相,出现极高能沉积与极低能沉积"两极"共生的现象,由于湖盆深度大,水体分层明显,常常在湖底形成滞流环境,有利于有机质的富集。坦噶尼喀湖的现代沉积中,有机物的含量可高达5%~10%。因此,裂谷盆地是可能的生储油盆地。气候对沉积物有明显的影响。低纬度的古裂谷盆地中,常常出现蒸发环境。含煤沉积也极为常见。由于沉积/沉降补偿关系及气候条件的变化,沉积作用在空间上发生进积和退积,在纵向上就会造成上述诸相交替的复杂的韵律组合。

剧烈的相变和相的穿时性给裂谷区域地层工作带来了极大的困难。岩石地层单位的界线与时代界面往往是不一致的,甚至是高角度斜交的(图3-2)。因此只有在搞清裂谷盆地纵横相序的基础上,才有可能恰当地解决裂谷区域的地层关系。

裂谷盆地的强烈下陷和快速堆积作用,形成了巨厚的沉积柱。在许多现代裂谷中,沉积物的厚度常常超过5~7km。

裂谷盆地都是一些线性的狭长盆地,因而其沉积物具有极大的厚度梯度。东非裂谷长3000km,但宽度只有40~50km。

— 25 —

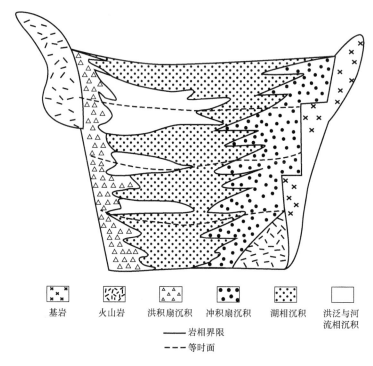

基岩　火山岩　洪积扇沉积　冲积扇沉积　湖相沉积　洪泛与河流相沉积

——— 岩相界限

- - - 等时面

图 3 - 2　裂谷区复杂的相变与相的穿时性

图 3 - 3　南图尔盖盆地 J_1^2 铸体薄片照片

由于裂谷盆地受断层控制,存在相变剧烈、沉积厚度大等特征,裂谷沉积物在成分上和结构上都表现出高度的不成熟性。复杂的地形条件和沉积物的近源性限制了沉积物的搬运距离,快速的堆积作用又排除了沉积物再改造的可能性。因此,裂谷沉积物的磨圆度、分选性都很差,一般都具有较高的黏土基质,即使是非浊积岩,其基质含量亦可达 10% 左右,如图 3 - 3 所示。反映在成分上,不稳定组分含量高,$Q/(F+R)<1$。裂谷沉积物成岩作用的特点是钙质、硅质胶结物相互交代的现象常见,溶蚀作用产生较多的次生孔隙(图 3 - 3)。较强的胶结作用与裂谷内较高的地热梯度有关。

三、断层控砂

裂谷盆地的同沉积断裂活动发育,尤其是正断层纵向上的差异运动,而裂谷盆地的断层倾角一般可达 20°以上,砂体一般靠近断层分布于下降盘之上,砂体的展布和规模与断层密切相关(即"断层控砂"),这是裂谷盆地的重要特征之一。

断层控砂最重要的沉积相是冲积扇和近岸水下扇,他们都发育在断层的下降盘之上或前缘,由碎屑流沉积、洪漫沉积、筛选沉积及浊流沉积组成。如果没有同沉积断裂活动保持必要的地形落差,填平补齐的沉积作用将会使冲积扇的发育趋于停歇,并形成一个自下而上由粗变细的正粒序剖面(图 3 - 4)。在裂谷沉积中,由于同沉积正断层差异运动幅度的不断加大,常可以见到反粒序剖面。挪威西部 Hornelen 盆地的泥盆系是一套巨厚的冲积扇沉积,具有粒度向上变粗的反粒序,每一个粒度旋回的厚度达 100m,其中又有 10～25m 的次级粒度旋回。反映了差异运动幅度的加大,是同沉积断裂活动的有力证据。该盆地泥盆系陆屑堆积的总厚度达 25km,差异运动规模大。

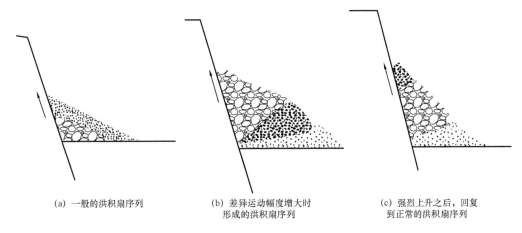

(a) 一般的洪积扇序列　　　(b) 差异运动幅度增大时　　　(c) 强烈上升之后,回复
　　　　　　　　　　　　　　　形成的洪积扇序列　　　　　　到正常的洪积扇序列

图 3－4　不同构造条件下,冲积扇序列的粒度变化

断层控砂的另一个重要标志是滑塌堆积及共生浊积岩的存在。在沉积过程中半固结沉积物由于受到地震或其他原因的影响,发生重力滑塌形成变形构造,小规模的重力滑塌作用可导致半固结沉积层中的柔性变形褶皱,规模较大的重力滑塌作用则可形成大型的滑塌。重力滑塌作用比较强烈时可使固结沉积层形成滑塌角砾岩。在攀西裂谷带的江舟盆地具有晚三叠世阵发型浊积岩与厚度变化很大的滑塌角砾岩。

在地层记录中,多数浊积岩总是发生在裂谷盆地扩张最大时期。阵发型浊积岩发生在裂谷强烈拉张的下降时期,因此常与滑塌堆积共生。现代坦噶尼喀湖是一个深达千米的裂谷湖盆,其中亦可见与滑塌作用有关的阵发型浊积岩(Degens,1971)。

四、沉积间断和火山岩

强烈的火山活动,尤其是主动裂谷盆地扩张初期的沉积非补偿阶段的火山活动,已被公认为是地壳伸展作用的重要特征之一。东非裂谷系东支的埃塞俄比亚裂谷和肯尼亚裂谷都是著名的火山活动区(图 3－5)。早期有玄武岩、霞石岩、响岩,后期有粗面岩、碱流岩、流纹岩及相应的熔结凝灰岩(Barker 等,1972)。贝加尔裂谷早期有玄武岩,晚期有粗面玄武岩(Florensov,1966)。

但是,不同裂谷系的火山作用并不一致。如贝加尔裂谷的火山活动就不如东非裂谷系东支强烈,而东非裂谷系的西支几乎没有火山作用。在中国松辽盆地裂谷早期的侏罗纪就有大量的火山作用,表现为大量的火山碎屑沉积。

岩浆活动在沉积剖面中的反映,除了火山熔岩外,还有巨厚的火山碎屑岩系,从而构成陆源—火山碎屑沉积岩系。对肯尼亚裂谷的研究还发现,随着与裂谷轴部距离的增大,火山活动的年龄有逐步变老的趋势。Girdler 等(1969)认为,这是裂谷侧向扩张的证据。

碱性岩浆活动是裂谷断裂切穿地壳深入到上地幔的表现,因此被认为是鉴别古裂谷的主要依据之一。但火山活动的强度受多种因素的影响,并非所有裂谷都一样,在分析资料时

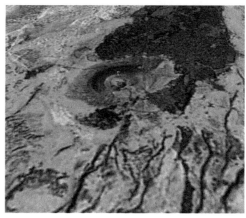

图 3 - 5　东非裂谷系东支的埃塞俄比亚裂谷卫星图片(图中可见火山活动过的痕迹)

要结合区域地质构造的特点做具体分析。

主动裂谷盆地早期隆升遭受剥蚀,常存在不整合面,沉积地层保存困难,裂谷期前的地层常常缺失,导致与上覆地层不整合接触。

五、蒸发岩沉积及底辟构造

后裂谷期巨厚的蒸发岩主要表现为无水石膏(封闭环境),可以形成良好的盖层(图 3 - 6),底辟构造发育。

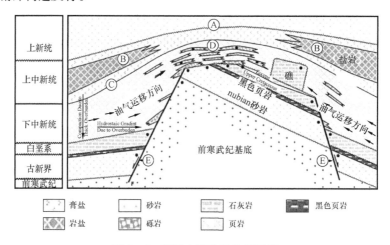

图 3 - 6　苏伊士湾盆地地层层序

Ⓐ生长断层和结构差异形成的背斜;Ⓑ蒸发岩形成的有效盖层;
Ⓒ由于连续下陷的前沉积低点形成的厚蒸发岩和页岩的沉积序列;
Ⓓ作为生油岩、盖层的页岩;Ⓔ在 fuxta 区域断层引发的 nubian 砂岩成为储层

第二节　裂谷盆地沉积充填主控因素分析

裂谷盆地断陷过程中断裂作用强烈,沉积充填作用伴随着断层控制的断陷过程。盆地的古地貌通过断裂、坡度及水系等多种因素来影响沉积体系的类型与堆积样式。断裂的生长、转移、连接与死亡控制了古地貌的周期演化,对沉积体系的演化起着决定性作用;坡度决

— 28 —

定了沉积体系的类型;转换带控制了沉积体系的展布规模;水系则控制了沉积的物源方向。因此要弄清楚裂谷盆地沉积体系的发育特征,就必须厘清断层、坡度、转换带以及汇水体系等多个影响古地貌的因素,进而明确各个因素对沉积体系发育过程的控制作用。

在裂谷盆地中,构造运动是控制盆地充填序列的第一重要因素。构造运动(包括基底沉降和断裂活动)控制下的可容纳空间决定了沉积体系的展布特征及其规模。断裂活动产生的古地貌背景(陡坡、洼陷、缓坡)对沉积体的类型及其形态有重要影响。

一、断层对沉积体系的影响

在裂谷盆地中,断裂作用对沉积体系的形成起着决定性的控制作用。研究发现惠西中央隆起带沙三段沉积期的三角洲发育特征与断裂演化及断层的走向密切相关:

(一)沉积砂体的展布跟主断层走向一致

在沙三段沉积早、中期,临邑断裂带中的北东向断裂体系活动较强烈,是控制沉积体系发育分布的主要断层。因而自西南至东北方向在肖庄、唐庄、大芦家和临邑等地区发育了四个三角洲朵叶体,其展布方向与临邑断裂带的走向基本一致(图3-7)。

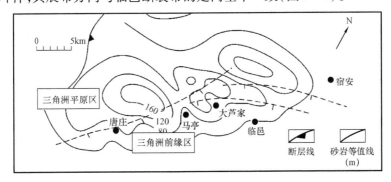

图3-7 惠西中央隆起带沙三段沉积早期三角洲朵叶分布图

惠西中央隆起带沙三段沉积晚期,临邑断裂带派生的帚状断裂体系已经形成,故在帚状断裂体系展布区内,特别是在1号、2号弧形断层下降盘发育了马亭和大芦家等三角洲朵叶体。它们的展布线由北东东向转为北西向,呈弧形展布,与弧形断层延伸方向基本一致,显示了弧形断层对它们的控制作用(图3-8)。

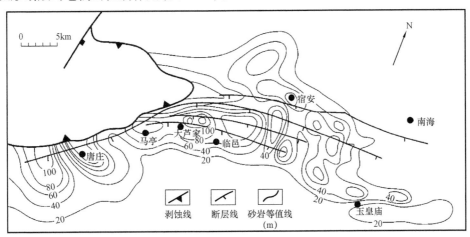

图3-8 惠西中央隆起带沙三段沉积晚期三角洲朵叶分布图

（二）断层的构造样式和运动方式控制沉积相的展布

裂谷盆地中的主断层两盘运动方式直接影响着盆地的形态及盆地中沉积体系的分布，也控制了沉积相带的展布。如渤海湾盆地古近纪经历了不同运动学特征的三个裂陷伸展期（漆家福等,1994），古新世中期—始新世中期的伸展 I 期，盆地区内以断块间差异升降运动为主要特征，多形成相对闭塞的地堑式和不对称地堑式盆地，物源区较近，多发育近岸湖底扇沉积体系，深湖部位位于盆地中心，发育深湖相泥岩；始新世中晚期的伸展 II 期，盆地区内以断块掀斜运动为主要特征，多形成相互串通的半地堑式盆地，缓坡多发育扇三角洲沉积体系，盆地陡坡则发育湖底扇沉积体系，盆地的长轴端部还常发育正常三角洲沉积体系，深湖部位位于主边界断裂旁侧并发育深湖相泥岩夹浊积扇沉积；渐新世的伸展 III 期，由于基底断块的掀斜运动被盖层断块的反向掀斜运动抑制，盆地沉降较均衡，同时由于走滑构造带的影响，盆地的沉积作用在伸展 II 期的基础上又有一些新的特征。总之，构造作用控制着沉积作用，并影响着沉积序列、沉积体系的分布。

惠西中央隆起带沙三段沉积期，在主断层的上升盘常发育三角洲平原和近端三角洲前缘亚相，在下降盘则常发育远端三角洲前缘和前三角洲亚相。

在沙三上亚段沉积时期，无论是沿着临邑断裂带的唐庄至临邑地区发育分布的四个朵叶体，还是沿帚状断裂体系 1 号、2 号弧形断层分布的马亭、宿安等三个朵叶体，它们的特征和亚相带的分布与前者均类似，充分证实了主断层两盘分别控制着不同亚环境的展布。自老至新，三角洲发育的位置向断层倾斜方向迁移，即向洼陷方向迁移（图 3 - 8）。

（三）主断层活动强度控制沉积砂体的位置

惠西中央隆起带沙三段沉积期临邑断裂，当断裂活动较强烈时，常常发育较大的三角洲朵叶体，砂层厚度也较大；而在断裂相对微弱地段，三角洲朵叶体相对不发育，规模较小，砂层厚度也较小。

沙三上亚段沉积时期，临邑断裂带北东向断裂体系比帚状断裂体系弧形断层的活动强度和断层落差要大，因而受北东向断层控制的古斜坡比受弧形断层控制的古斜坡要陡，形成的朵叶体规模相对小，而砂层厚度大。此时，临邑断裂带中发育在北东间断裂带上的肖庄、唐庄和大芦家三个朵叶体的砂层最大厚度为 $120 \sim 140m$，$60m$ 以上砂层等厚线面积为 $30 \sim 50km^2$，分布在断层的下降盘。在断裂活动强度大、落差大的地段，往往地势高差也大，因而水动力条件相对较强，易形成砂多泥少的沉积。

（四）断层对沉降中心的控制作用

东非裂谷系 Tanganyika 湖发育多个受断层控制的沉降中心，包括 FIT1、FIT2、FIT3A、FIT3B（图 3 - 9）。FIT1 受断层 UBFS 向北伸展迁移而持续沉降；FIT2 由 PMF 断层向北伸展而

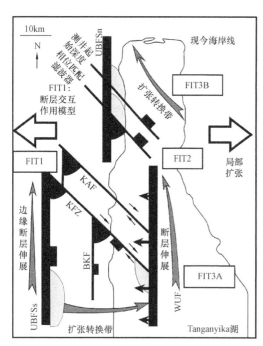

图 3 - 9　东非裂谷系 Tanganyika
湖沉降中心位置图

形成;FIT3A 受 WUF 断层南部边缘的向北伸展持续沉降;FIT3 受次级断层 LMF 断层的影响发生快速沉降(图 3 - 10)。

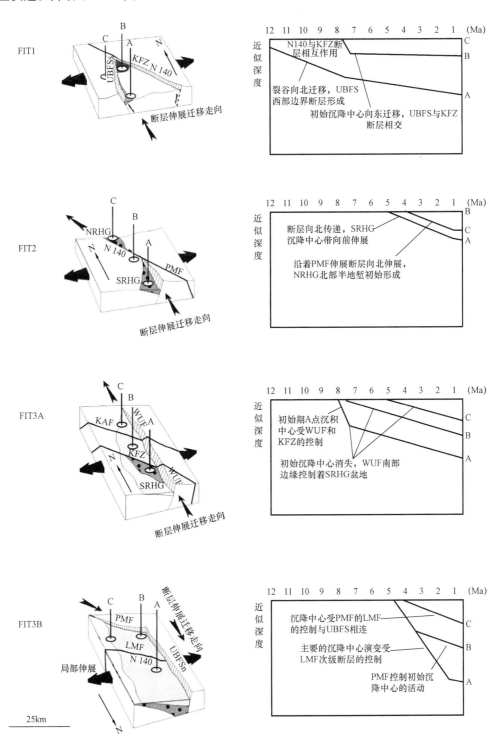

图 3 - 10　东非裂谷系 Tanganyika 湖不同的断层特征控制了不同类型的沉降中心

二、坡度、粒度以及水深等因素对沉积体系的影响

通过水槽实验研究三角洲前缘斜坡的构造坡或沉积坡,发现地形坡度是控制滑塌作用和形成滑塌浊积岩的关键因素之一。前缘斜坡的坡度决定了前三角洲外侧坡度转折点的位置,坡度越大,转折点越靠近前缘斜坡带(图3-11)。

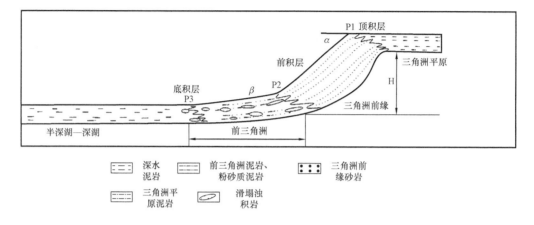

图3-11 东营三角洲地形坡度变化与沉积物类型

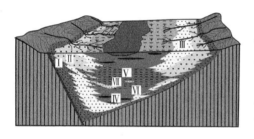

图3-12 渤海湾裂谷湖盆坡度
变化与沉积物类型关系
Ⅰ—冲积扇;Ⅱ—水下扇;Ⅲ—扇三角洲;
Ⅳ—浊积扇;Ⅴ—河沼扇;Ⅵ—半深湖相;
Ⅶ—深湖相

三角洲前缘斜坡角越大,滑塌体分布面积越小,滑塌体主要分布于斜坡角附近。断层作用使坡度超过20°时,则出现"断坡控砂"(冯友良,2001)。受断层影响,裂谷盆地一侧往往形成陡坡,发育厚的冲积扇、扇三角洲、近岸水下扇等砂砾岩体群,且相变快,相带窄(图3-12),沿着深大断裂有玄武岩喷溢或侵入,在凹陷中央主要发育湖相泥岩及浊积砂体,缓侧主要发育河流、三角洲体系及滨浅湖滩坝。

水槽实验表明,沉积体前缘斜坡的坡度(沉积坡)与底形的坡度无关(图3-13),而与沉积物的组成密切相关(操应长,2007)。

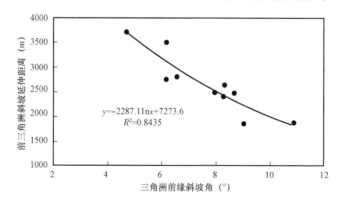

图3-13 东营三角洲前缘斜坡角与前三角洲斜坡延伸距离关系图

在实验过程中,通过改变沉积物粒度,发现不同粒度的沉积物所形成的沉积体前缘斜坡的坡度角不同,并且沉积物越粗,坡度角越大,而粒度越细时,坡度角越小。

(1)当沉积物含较多砂砾岩时,沉积体前缘斜坡的最大坡度角为40°±5°;

(2)当沉积物是以中粗砂为主的混合砂时,沉积体前缘斜坡的最大坡度角为30°±5°;

(3)当沉积物以细粉砂为主时,沉积体前缘斜坡的最大坡度角为27°±5°;

(4)当前积体为砂泥互层时,最大坡度角为20°±5°。

因此,粒度越大,沉积体前缘形成的坡度角越大;反之越小。所以近源堆积在盆地陡坡带的扇体往往表现为粗而窄的相带特征,这种特征在被动裂谷盆地中尤为典型。

三、水深对沉积体系的影响

水槽模拟实验(操应长,2007)表明,随着水深增加,沉积体前缘斜坡角也增大,且水深相对较浅时,增大幅度明显(图3-14)。

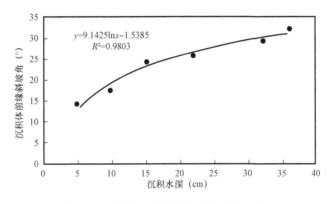

图3-14　沉积水深与沉积前缘斜坡角关系

图3-15是水槽模拟实验中不同沉积水深与前积层坡度角的关系图。由该关系图可以看出,随着水深增加,沉积体前缘斜坡角也增大,且水深相对较浅时,增大幅度明显;水深较深时,增大幅度较小,同时该回归线趋于平缓,说明当水深到增加一定深度时,沉积坡度将保持一定的角度,该角度就是此类沉积物的最大堆积角度或稳定坡度角。图3-15所示的水槽实验沉积剖面显示的水槽实验经历了五个阶段:第一阶段为闭流状态,水平面处于上升阶段的实验过程;第二阶段为敞流状态,水平面处于稳定阶段的实验过程;第三阶段为闭流状态,水平面处于上升阶段的实验过程;第四阶段为改变沉积物供给方向,继续保持闭流状态的实验过程,水平面持续上升,但剖面处沉积速率滞后水平面的上升速率;第五阶段为改回沉积物的初始供给方向,继续保持闭流状态的实验过程,水平面持续上升。通过对该实验沉积剖面上沉积纹层的产状、沉积水深等参数的测量,结合东营三角洲的三层结构特征分析,探讨了三角洲沉积体中前积层坡度的控制因素。水体深度不仅控制了沉积体推进速度,同时也控制了沉积坡折带的位置,进而控制沉积类型的边界。

沉积剖面的第三阶段为绝对水平面持续上升状态下形成的,由其可以看出,前积层的倾角从下向上存在逐渐增大的趋势。

水槽实验表明,水体很浅时可发育浅水三角洲(图3-16)。

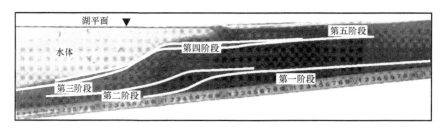

图 3 – 15　在单一水流和物源供给条件下三角洲形成过程的剖面图

图 3 – 16　水槽实验浅水三角洲平面展布照片

　　浅水三角洲的特征有如下几点:(1)相对发育的水下分流河道砂岩;(2)不甚发育的河口坝沉积;(3)不连续的垂向沉积层序;(4)类似于三角洲沉积的砂体形态等特征;(5)三层式沉积结构不明显;(6)以滨、浅湖相为主的前三角洲沉积;(7)前三角洲中极少发育重力流性质的砂体。

四、水系对沉积充填的控制作用

(一)横向水系发育

　　裂谷盆地沉积物的发育不仅受控于构造过程,也受控于地表水系。汇水体系在地表流经过程中,顺着断裂生成的地形可以释放出沉积物,并重新分布至沉积凹陷中,即在裂谷盆地上升盘的侵蚀和进入下降盘盆地的沉积物流是通过在裂谷盆地内或邻近裂谷盆地的断控(fault – controlled)地形演化而联系起来(于秀英,2004)。

　　在苏伊士湾,大量的横向水系携带沉积物进入盆地内,形成河流沉积,或者在盆地的边缘形成各种扇体(图 3 – 17)。由于脊状基底断块对物源区的碎屑物质有阻挡作用,控制了物源的走向,粗粒沉积物往往在背向裂谷一侧呈线状富集,面向裂谷一侧有横向断层通过时可出现扇。这些基底断块的主断层通常是线性的,常被横断层错开(与先存构造线有关),非平行排列,横断层断距可达 2km,侧向位移明显。

　　通过对苏伊士湾半地堑(图 3 – 17)和美国死亡谷的汇水体系(图 3 – 18)的分析,结果表明,裂谷盆地的轴向水系不发育,且均以横向水系为特征。

图 3 – 17　苏伊士湾现代裂谷在横向水系的作用下形成扇

美国死亡谷处于干旱至半干旱环境,轴向水系对盆地充填的贡献不大,盆地沉积充填以横向小型河流沉积为主,大量的横向水系(横向河)形成冲积扇(图 3 – 18a),因此轴向河流沉积在干旱裂谷沉积模式中不重要。由于干旱区裂谷水系较短,影响了岩相的空间分布。因此,气候明显控制了干旱区裂谷各个发展阶段的物源流向和岩相(图 3 – 18b、图 3 – 19)。

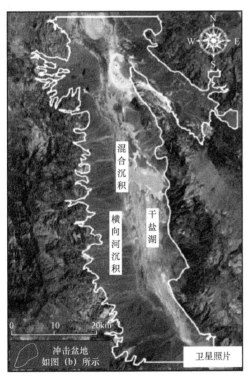

(a) 卫星照片

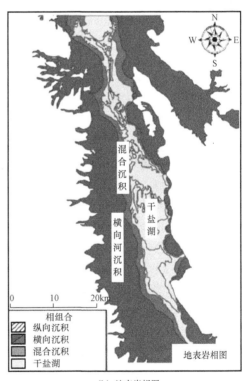

(b) 地表岩相图

图 3 – 18　死亡谷(Southern Death Valley Basin)横向水流沉积特征

纵向河流沉积的发育程度受断层活动性影响较大,随着断层活动的减少,垂直断距越来越小,死亡谷的横向冲积扇发育达到 74.9%,干盐湖沉积达到 25%,轴向的冲积扇沉积几乎不发育,另外两个裂谷盆地 Railroad Valley 和 Ralston Valley 均反映了轴向水系不发育的特征,只有在构造稳定的地区,才有纵向河沉积(图 3 – 20)。在被动裂谷盆地的洼陷带,由于纵向水系的控制,可发育轴向三角洲,而主动裂谷盆地洼陷带常发育浊积扇或者细粒滑塌沉积物。

在裂谷盆地中,横向水系一般偏向于主要构造线,具有线状物源的特点,由于受同沉积断层的控制,横向水系多呈多级断阶状,断阶上盘的砂体沉积厚度小,宽度小,断阶下盘的砂体沉积厚度大,宽度大,沿着每一条水系,沉积相类型变化明显。

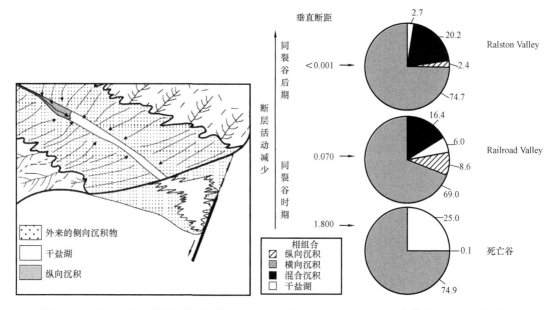

图 3-19 死亡谷地区裂谷萎缩期的岩相分布图

图 3-20 死亡谷岩相与其他地区对比饼状图

(二)双水流体系

裂谷区古水流。一个是内部水流系统。水流由周围的分水岭发源,流入裂谷湖盆,其中尤以沿裂谷轴向流入湖盆的经常性和暂时性河流为最重要。另一个是外部水流系统或区域水流系统。水流由隆升的裂谷发育区呈放射状向周围的海盆泄流。例如在东非裂谷带,尼罗河、谢贝利河、鲁伍马河、林波波河、赞比西河及刚果河等,都由东非隆升外流,分别流入地中海、印度洋和大西洋,属外部水流系统;另有一些小河流入卢多尔夫、维多利亚、坦噶尼喀及尼亚萨等高原深湖,属内部水流系统。这两个水流系统对沉积作用有着巨大的影响。

在隆升作用或裂谷扩张的早期阶段,地形梯度的总趋势是由隆起区指向外围的陆缘海的。剥蚀碎屑大量地向外倾泻,因此在外围海盆中保存有前裂谷期的沉积纪录。只有裂谷发展到扩张阶段,裂谷带内出现比较显著的垂直差异运动并产生一定规模的裂谷湖盆,形成局部性的侵蚀基堆面,隆起的轴部才会变成沉积环境形成自己的内部水流系统,开始堆积陆相河湖体系的沉积物。两个反向水流体系的出现,决定了裂谷湖盆只能有规模不大的陆源区。因此只有垂直差异运动的幅度达到足以维持很高剥蚀速率的规模时,才能保证裂谷的连续沉积作用。

由于差异运动幅度的变化,裂谷盆地中沉积物匮乏的情况屡见不鲜。这也是裂谷早期,沉积作用经常处于非补偿状态的原因之一。剥蚀/沉积关系的节奏性变化,导致了沉积剖面复杂的韵律性。裂谷沉积物的近源性是普遍性的特征之一,也是由双水流系统这种特殊的环境因素决定的。

两个水系对沉积物的争夺,取决于区内外构造运动的特点,对裂谷剖面的发育无疑有着巨大的影响。因此,要全面地恢复裂谷区的地质历史,就必须同时研究裂谷内外的沉积纪录,并对古水流系统及区域斜坡进行仔细的研究。反之,在分析裂谷沉积的纵横方向上的变化时,也要考虑双水流系统这一地理因素。

由于主动裂谷和被动裂谷盆地的动力机制的不同,从而导致了裂谷盆地形成初期汇水体系存在较大的差异。

被动裂谷盆地多为内向性水系,在早期断陷阶段,断裂发育,向心水流导致沉积物供给充足,如莱茵地堑裂谷期为汇水体系,大量横向水系携带沉积物进入盆地内形成河流沉积体系或在盆地边缘形成扇(图3-21a、图3-22)。

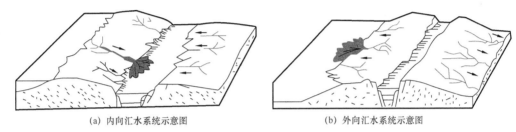

(a) 内向汇水系统示意图   (b) 外向汇水系统示意图

图3-21 双水流系统示意图

主动裂谷盆地在裂谷早期地势较高常发育外向性水系,由穹隆区向两侧的低地泄流,如东非裂谷汇水系统,流入裂谷的水系小而少,导致沉积物缺乏而形成欠补偿性沉积体系(图3-21b、图3-23)。

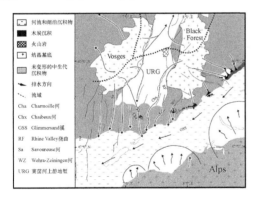

图3-22 莱茵地堑裂谷期汇水系统

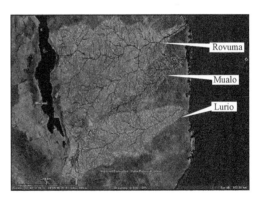

图3-23 东非裂谷汇水体系

在许多裂谷盆地中,都发现过海相夹层。莱茵地堑就有中—晚渐新世的海侵作用,但仅限于下莱茵及 Hesse 一带。在四川的攀西裂谷带,西昌以北耗牛山附近亦见有分布局限且厚度不大的海相夹层,直接覆盖在冲积相的砾岩之上。其中含菊石,来自西部的特提斯海。这些短暂的海侵纪录,是裂谷强烈下陷,陆源区急剧抬升,两个水系溯源侵蚀而使裂谷与外海沟通的结果。

两个水系并存的局面,存在于裂谷发展过程的大部分时间内,是控制裂谷沉积作用的重要杠杆。只有到了裂谷演化的晚期,即收缩挤压阶段,内部水系才会趋于消亡。全区沉积格局也随之发生根本性的改变。上覆的新沉积物将有自己的古水流体制。因此,水流体制发生区域性改变的时期,应当也就是古裂谷消亡的时期。

五、坡折带对沉积充填的控制作用

(一)构造坡折带与沉积体系的关系

在裂谷盆地中,凹陷内部的同沉积断裂在沉降、沉积和古地貌上易形成坡折,即构造坡折带(李思田,1988)。

近年来对裂谷盆地的研究发现,沉积期地貌的明显变化主要与规模较大的同沉积断裂(带)的活动有关。在拉伸作用下,裂谷盆地内各种断裂作用,如"多米诺骨牌"式断块、铲式断裂、反向调节断裂作用、走滑拉伸作用等可形成一系列同沉积断裂或同沉积断裂带。这些断裂一旦形成,在整个裂陷期由于应力易于集中而长期活动,导致明显的差异沉降,长期构成构造古地貌单元和沉积相域的边界。我们把规模较大的长期活动的同沉积构造(断裂)所形成的古地貌突变带或斜坡带称为构造(断裂)坡折带。

"构造坡折带"(tectonic slope – break)指由同沉积构造长期活动引起的沉积斜坡明显突变的地带(林畅松,1988)。裂谷盆地的构造坡折带一般是由规模较大的同沉积断裂活动而形成,它们是不同级别构造单元的边界,如凸起与斜坡,斜坡与洼陷之间的边界。由于同沉积构造的长期活动,构造坡折带对盆地充填的可容纳空间和沉积作用可产生重要的影响,制约着盆地沉积相域的空间分布。构造坡折带的基本特点如下:

(1)构造坡折带是构造活动产生明显差异升降的古构造枢纽带,一般受控于长期活动的同沉积断裂或断裂带。这些断裂一旦形成,由于应力易于集中在整个裂陷期而长期活动。构造坡折带主控断裂的上、下盘,沉积地层厚度发生突变。如渤海湾盆地古近纪在沙河街组沉积期,由于同沉积断裂的频繁发育,在盆地内可发育多个构造坡折带。在半地堑裂谷盆地中,可划分出凸起—缓坡边缘、缓坡—洼陷边缘、凸起—陡坡边缘、陡坡—洼陷边缘等断裂坡折带(图3-24)。这些坡折带常是沉积相带和沉积厚度发生突变的地带,在不同的盆地演化阶段控制着特定的沉积相域的展布。

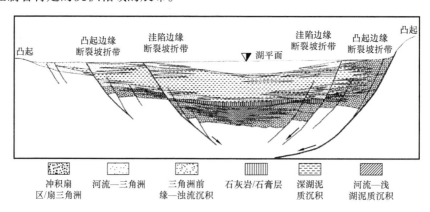

图3-24 半地堑断陷湖盆构造坡折带与沉积体系分布示意图

(2)不同构造坡折带上的沉积旋回及沉积体系域分布,除受构造作用的控制外,还与物源供给、沉积基准面或湖平面变化等有关。因此,在进行砂体预测时,需要对不同坡折带进行综合分析。

(3)构造坡折带是极其重要的油气聚集带。不同的同沉积断裂系决定着不同的沉积坡折带样式,形成不同的沉积古地貌特征,从而对盆地的充填产生不同的控制作用。研究表明,同沉积断裂系与同裂陷期的砂体分布密切相关,反映了构造坡折样式对水系和堆积过程的控制。这种内在联系的确定,有利于砂体的预测。

(二)断裂坡折带与沉积体系分布样式

同生断层断裂的频繁活动可在盆地内发育多个断裂坡折带。不同坡折带可能控制不同时期的砂体分布,具有多种组合样式,如帚状断裂系、梳状断裂系、叉形断裂系等组合样式可形成复杂的古地貌特征,控制着特定的砂体分散体系和分布样式。因此断坡带对沉积相和砂体的控制作用是多样化的,如 Muglad 盆地和 Bongor 盆地是断裂非常发育的裂谷盆地,多数的断裂为同沉积断裂,古地貌的突变多由断裂作用形成。具体可以分为以下四种:

(1)交叉状同沉积断裂构造砂体发育模式,主要是由两条同沉积断层相交形成的断裂面的三维组合。其内叉角是构造低部位,多发育较厚的"断角砂体",控制着沉积中心,常形成局部的沉降中心,是古水流的优选方向,故该处常发育沿断层走向分布的低位体系域砂体(图 3 - 25a);

(2)断阶状同沉积断裂构造砂体发育模式,表现为走向一致的同沉积断裂阶梯状排列,形成断阶状构造坡折带,发育于张性构造背景之下,其中心部位断距大、断面陡,两侧断距小、断面缓,在断阶带的中心部位有利于发育低位体系域砂体(图 3 - 25b);

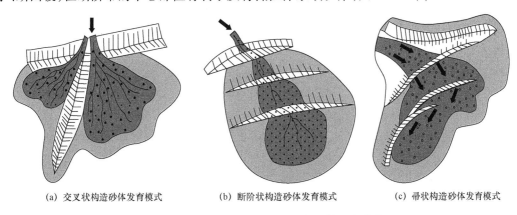

(a) 交叉状构造砂体发育模式　　(b) 断阶状构造砂体发育模式　　(c) 帚状构造砂体发育模式

图 3 - 25　滩海西部断裂构造控制砂体发育模式

(3)帚状同沉积断裂砂体发育模式,主要是由主干断裂的末端发散的一组呈帚状排列的次级断裂组成的断裂系及其断阶面的三维组合。主干断裂系发散的部位控制着砂体沉积中心,主要断裂的延伸控制着碎屑体系向盆内的推进方向(图 3 - 25c)。

(4)梳状断裂砂体发育模式:梳状断裂可能形成单一的油气封存系统,独立油水界面的构造—岩性油气藏,如沾化凹陷五号桩—长堤断裂坡折带梳状构造,控制了沙四段和沙三段层序湖底浊积扇和扇三角洲沉积相带的分布(图 3 - 26)。

以渤海湾盆地为例,在古近纪,渤海湾盆地处于快速沉降的断陷湖盆发育期,主要沉积体系包括冲积扇、扇三角洲、水下扇或湖底扇、辫状河三角洲、滑塌浊积扇、滨浅湖及深湖泥岩等,而这些不同都是由凹陷内断裂坡折带的配置样式决定的。

沿凹陷的陡坡带,主要发育冲积扇、扇三角洲或近岸湖底扇沉积。扇三角洲是由冲积扇直接进积到湖泊形成的粗碎屑沉积体,一般具有向上变粗的三角洲垂向序列,由近端水上冲积扇砂砾岩和扇三角洲前缘砂质沉积以及前三角洲砂、泥质沉积所组成,在地震剖面上显示

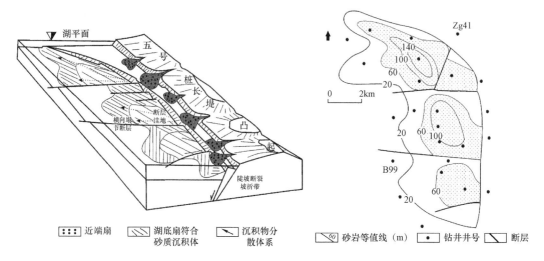

图3-26 梳状构造坡折带的古地貌与湖底扇分布的关系

为具前积结构的楔状沉积体。

当湖平面较高和沉积斜坡陡峭时,大量粗碎屑以重力流方式被搬运至湖底堆积,形成以重力流沉积为主的近岸水下扇或滑塌浊积扇。滑塌浊积扇主要由水下泥石流角砾岩、重力流水道砂砾岩及发育递变层的浊积砂岩等组成,与深湖、半深湖暗色泥岩共生。研究表明,在凹陷陡坡带同沉积断裂活动形成的多级断裂坡折,在盆地不同的充填演化时期控制着多个相带的展布。东营、沾化凹陷内的陡坡带一般发育二级或三级断裂坡折带。在孔店组至沙河街组沙四下亚段沉积期,凸起与陡坡边缘的断裂坡折带一般控制着冲积扇或浅水扇三角洲沉积;从沙四上亚段到东营组沉积期,陡坡边缘断坡带主要控制着扇三角洲及近岸水下扇近端的粗碎屑沉积相分布,而二、三级断阶构成的洼陷边缘断坡带则控制着扇三角洲前缘至远端砂质沉积,以及湖底浊积扇的发育。

在凹陷的缓坡带,主要发育河流或辫状河三角洲、滨浅湖和湖湾沉积等。缓坡带广泛发育的调节性反向同沉积断裂形成的断裂坡折带对沉积体系的发育分布也起着重要的控制作用。

在缓坡与凸起过渡带上,有时发育规模较小的同沉积断裂或断阶,形成缓坡与凸起边缘的断裂坡折,控制着局部的沉积中心。在缓坡与洼陷过渡带上,常发育洼陷边缘断阶坡折带,构成盆地充填早期或低水位期的沉积边缘。由于差异沉降和脉冲式的断裂活动,洼陷边缘坡折带可保持较大的可容纳空间和构造低地貌,导致沉积厚度、沉积旋回和砂体层数及厚度的明显加大,控制着高位体系域三角洲前缘加厚带和低位体系域扇沉积楔状体的发育部位。这些三角洲主要为辫状河三角洲(来自缓坡)或河流三角洲(轴向),一般粒度较细,具有典型的向上变粗的三角洲沉积序列。

盆地中部的洼陷带事实上是由缓坡和陡坡的洼陷边缘断阶坡折带所限定的相对深水的、沉降较大的沉积区带,以深湖、半深湖、湖底浊积扇以及三角洲等沉积为主。沉积物可来自盆地两侧或来自轴向。在洼陷带内,也常发育有多个次级断槽或断阶,这些次级断槽常控制着湖盆中部重力流或浊流沉积的分布,特别是来自纵向砂分散体系的沉积。

这几种断裂构造模式总体特征表现为同生断裂构造的活动强度控制着砂体的厚度,在断裂下降盘砂体厚度明显加大,断裂的走向控制砂体的展布方向。

六、构造转换带对沉积体系的影响

构造转换带是发育于不同半地堑间的、为保持区域伸展应变守恒而产生的伸展变形构造的调节体系。转换带的几何形态分类主要是考虑在伸展盆地的两个大断层之间,当垂直落差从一个大断层向另一个大断层转换时的平面和剖面形态来区分。如福拉(Fula)凹陷的南部坳陷和北部坳陷之间,即两个半地堑极性发生变化之部位,发育 Fula 中部转换带,是 Fula 中部构造带的主要组成部分。

Faulds 和 Varga(1998)认为转换带多由陡斜断层(或者断层带)组成,是一种构造体系的统称,主要是调节断层和调节背斜等多因素组合的转换带。断裂调节带是两条断层的过渡部位,它对河流入湖有明显的控制作用(图3-27),在同向平行断裂调节带易发育扇体。因此,不难得出结论:断裂转换带决定了扇体发育的位置,而坡折带决定了砂体的厚度(冯友良,2006)。断裂转换带既可以发育在盆缘,也可以发育在盆地内部。

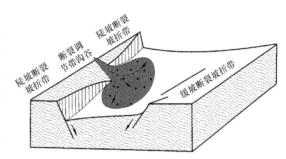

图 3 - 27　断裂调节带与扇体发育示意图
（据冯友良,2006)

(一)转换带的分类

Morley(1998)提出如下的分类方案。根据有关断层的相对倾向基本分为同向型和成对(共轭)型(图3-28),其中的"同向"表示倾向相同的断层之间的位移转换关系,"成对"表示反倾向的主断层。

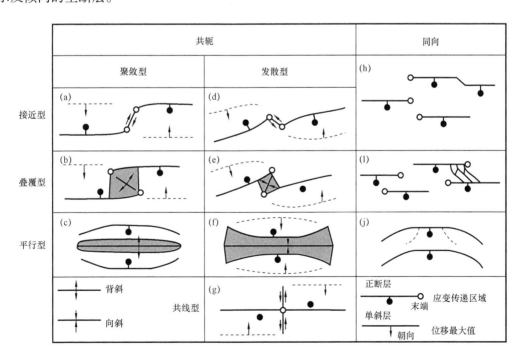

图 3 - 28　转换带按照几何形态分类方案,其类型用平面图表示(据 Morley 等,1988)

共轭转换带又可根据主断层的倾向细分为两种类型:(1)发散转换带产生在反向倾向的边界断层;(2)会聚转换带产生在相向倾向的边界断层。转换带的断层在平面上有四种表现形式:趋近、超接、同线和平行。趋近型的转换带产生在停止相互超越的两条断层处;超接转换带产生在两条断层末端已互相超过处;同线转换带产生在两条断层走向完全相互呈直线处;平行断层在平面图上呈相互平行,其位移转换产生在整个超接断层段,而不是在断层末端。

(二)转换带对沉积体系的控制作用

1. 转换断层对沉积体系的重要作用

裂谷盆地沿走向的变化起因于变换断层两侧盆地结构的变化和变换断层本身的存在。变换断层带能作为输入半地堑沉积物的原始物源区,由此产生各种类型的碎屑冲积扇裙;也可能为半地堑提供沿走向的障壁,形成有限的生油岩的理想沉积环境,并且引起从一个伸展间隔到下一个伸展间隔沉积环境的急剧变化;此外,也影响了沉积物搬运过程。

2. 转换带对沉积体系的重要作用

变换带对构造样式有更大的影响。下盘隆起发生在响应大边界断层位移的挠曲均衡区中。与热隆起不同,这种机制下的隆起持久,在断层形成和同裂谷期地层沉积时产生。因此,挠曲均衡隆起可对同裂谷期沉积型式有重要影响。这种隆起成为大河流水系进入裂谷的排水坝。在离散超接情况下,下盘隆起更为急剧,因为背对背的边界断层上的挠曲均衡隆起影响着同一个窄的下盘断块。因此,侵蚀的大隆起可能成为局部砂质沉积的物源区。在边界断层消失的地方,隆起不是很急剧,从而给从另一侧进入裂谷的大河水系提供了通道。因此,这些变换带通常可能就是增加的粗碎屑进入裂谷的场所,因而是较好储集岩的汇集点。大规模变换带的一侧或多侧,可能是深部基底上的宽阔构造高地。因此,可能具有大量构造圈闭的这类地区与生油区相邻,且有连接两者的有利油气运移通道。

具体分类有如下特征:

(1)侧列状同向接近型或叠覆型断层系对古地形和构造高差有重要影响。

随着断层垂直位移从两条断层中部向端部(调节带)逐渐减小,断层中部上盘半地堑凹陷与下盘半地垒凸起之间的地势和构造幅度均向调节带方向变小。因此,在横向调节带处形成地势和构造高差都要比断层段中部小的平缓区域。这里也是转换带下盘的地形比断层段中部要低的区域,主水系通常利用横向调节带下盘相对较低的地形作为通道进入上盘凹陷,从而在横向调节带上盘凹陷处分布有冲积扇、扇三角洲和浊流砂砾岩体。

如果横向转换带是大型高幅度凸起,它们将起障壁堡的作用,分割两侧的盆地。

(2)侧列同向叠覆型调节带对走向斜坡的影响。

对于侧列同向叠覆型调节带处分布的走向斜坡而言(图3-29a),低地形发育在侧列正断层叠覆带的下盘中。主水系从裂谷的肩部(高地形处)沿此低地形进入盆地中。例如,苏伊士湾西奈一侧海岸略图也显示了走向斜坡和横向凸起调节带与海底扇砂体分布的关系(图3-30)。

苏伊士湾由于脊状基底断块对物源区的碎屑物质有阻挡作用,粗粒沉积物往往在背向裂谷一侧呈线状富集,面向裂谷一侧有横向断层通过时可出现水下扇。

在反向情况下(图3-30b),一条断层的下盘在叠覆的调节带中与倾向相反的断层上盘相连。由于叠覆的倾向相反的正断层上盘落差减小,主水系因此会从反向调节带的两侧进入各自的裂谷盆地中。发育在相反倾向断层上盘的盆地中间山脊或凸起调节带,起到两个对向的半地堑间的分水岭作用。

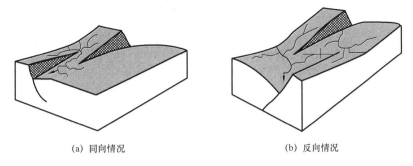

(a) 同向情况   (b) 反向情况

图3-29 同向叠覆型走向斜坡调节带和对向叠覆型凸起调节带中
趋于低地形和相关水系的立体图解(据Faulds等,1998)

 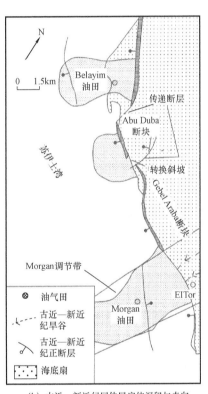

(a) 苏伊士湾西奈一侧海岸图   (b) 古近—新近纪同伸展扇体沉积与走向
(转换)斜坡和横向调节带的关系

图3-30 苏伊士湾西奈一侧海岸图及古近—新近纪同伸展扇体沉积与走向
(转换)斜坡和横向调节带的关系(据Faults和Varga,1998)

东非裂谷系中鲁济济裂谷盆地与坦噶尼喀湖断层盆地之间的对向(也可能是背向)叠覆型凸起调节带可能是这种起到分水岭作用的实例(图3-31),但与图3-30(b)描述的主水流流入盆地的方式不同,主水流沉积物经鲁济济河沿盆地轴边缘及经几条小河沿盆地挠曲边缘输入鲁济济伸展裂谷盆地,它的水体比南部湖泊浅。地震资料表明,厚的砂层已部分充填了此盆地。在鲁济济盆地被不断充填过程中,由于调节带凸起起分水岭作用,南边紧邻的坦噶尼喀湖伸展裂谷盆地处于沉积物补给不充足状态,因而主要沉积细粒沉积物。当鲁济济伸展裂谷盆地充填达到邻近调节带的高度时,沉积样式发生很大变化,沉积物不再受到调节带的限制而被搬运到相邻的盆地中。已充填的上游盆地成为河流平原,沉积作用依次向下游移动,盆地充填作用沿着裂谷系统依次进行,直到所有的调节带几乎被淹没为止(窦立荣,1994)。

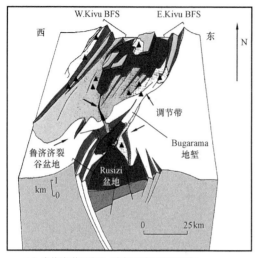 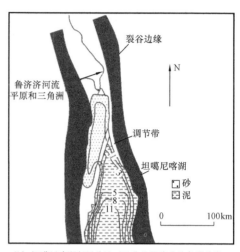

(a) 鲁济济裂谷盆地(中间有转换断层连接)　　(b) 坦噶尼喀湖断层盆地(以北的断陷盆地充填砂岩;而以南的断陷盆地充填泥岩)

图 3 – 31　叠覆型凸起调节带起分水岭作用实例

七、裂谷盆地古地貌对沉积充填的影响

陆相的断陷盆地是在岩石圈裂陷作用过程中形成的。裂陷作用控制着盆地的构造样式和沉积样式的形成与演化,从而影响着烃源岩、储层的发育与分布,并制约着生烃过程以及油气的运移、聚集和保存。盆地边缘主干断层较陡、拆离面较深的裂谷盆地发育良好的烃源岩。由平面式正断层控制的地堑或简单半地堑演变为由铲式正断层或坡坪式正断层控制的复式半地堑,有利于油气圈闭的形成。陆相断陷盆地往往具有明显的分带性,根据各二级构造带的构造演化、地层沉积体系发育特征,一般可将一个发育完善的陆相断陷盆地划分为陡坡带、中央隆起带、缓坡带、洼陷带和凸起带五个带(图 3 – 32)。

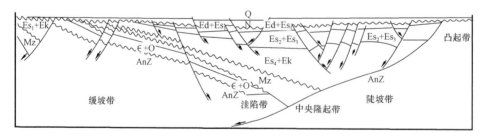

图 3 – 32　陆相裂谷盆地构造样式剖面模式(据张永刚等,2006)

(一)陡坡带

习惯上,将陆相裂谷盆地控盆断层及其控制的上盘断超带称为陡坡带。该带上接凸起下临洼陷,古近系沿陡坡带发育众多的冲积扇—扇三角洲沉积体系。由于主断裂长期持续活动,在断层内侧便形成了多个大型滚动背斜构造;又因为主断裂分阶,便形成了断块山等。

该二级构造带可进一步细分为内带和外带,内带以大滚动背斜圈闭为主,外带主要发育各种类型冲积扇形成的砂砾岩体岩性圈闭、断块山—披覆圈闭。

这些控盆断层为分割凸起和凹陷的基底断层,倾角陡、落差大,上升盘凸起一端为物源提供区,可形成超覆、披覆、断块、断鼻等构造和岩性圈闭;下降盘则为地层崩塌滑落而形成的砂砾岩扇体等构造岩性圈闭为主,成分主要为砾岩、含砾砂岩,厚度较大(图3-33)。

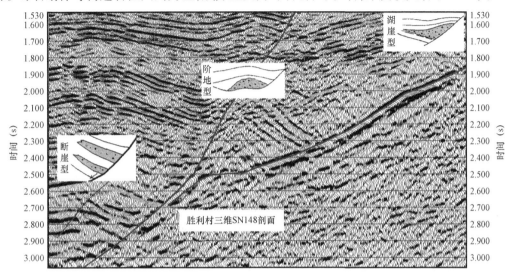

图3-33 陆相裂谷盆地构造样式剖面模式(据张永刚等,2006)

陆相裂谷盆地陡坡带一般由1~2条主干断层及它们所控制的构造圈闭和一系列次级断层及所控制的更次级构造共同组成。该带断层上陡下缓,且具同沉积特征,易产生滚动背斜构造、断裂鼻状构造等,常是油气富集的构造带之一,面积约占盆地总面积的1/4。如济阳坳陷的陡坡带有崔什—大王北陡坡断裂带、义南—埕南陡坡断裂带、陈南断裂带等。

不同地区陡坡带构造样式及其活动规律不同,导致形成的砂体类型、规模以及油气富集程度有明显的差异,特定的断裂及其组合方式控制了特定的各类砂体乃至特定的圈闭发育。根据陡坡带的几何特征及其对沉积圈闭的控制作用,陆相裂谷盆地陡坡带可以划分为以下五种类型(表3-1,图3-34):

表3-1 陆相裂谷盆地陡坡带五种类型

类型	物源	粒径	规模	分选	沉积类型	备注
板式	近	粗	大	极差	近岸水下扇、洪积扇	Y形断层,牵引背斜,垂向加积,平面相带窄,扇根发育,期次不明显,难成藏
铲式	较远	较粗	较大	较差	冲积扇、扇三角洲、辫状河三角洲	上陡下缓,可发展为阶梯组,断块圈闭,同沉积型,平面分布面积大,期次明显,能成藏
阶梯式	远	细	较小	较好	滑塌浊积扇、深水浊积扇	多米诺构造,形成盆倾断阶带,断层向盆方向的断层变新,最有利成藏
座墩式	较远	较粗	较小	较差	洪积扇、扇三角洲	基岩潜山,潜山与陡坡间的沟谷充填洪积扇,潜山向盆方向发育扇三角洲,新生古储易成藏
马尾式	近	粗	较大	差	砂砾岩扇	一组断层与主断层顺向斜交,多条断层向下收敛成马尾状,向陡坡方向断层变新,断裂切割使扇破碎,次生溶孔,易成藏

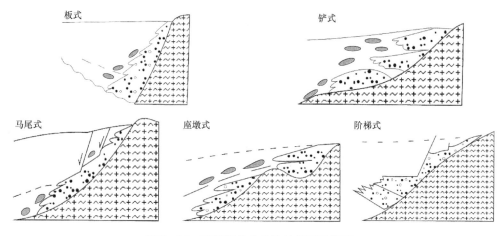

图 3 - 34　陆相裂谷盆地陡坡带五种类型

1. 板式

板式陡坡带主断面陡峭而平直,断面倾角在 60° 以上,呈平板状。为单条控带断层。该类陡坡带仅是断层面之上的块体发生旋转而断层面不动。虽然断层面固定不动,但由于其倾角向深处不断减小,当下降盘块体沿此曲面向下滑动时,由于上盘块体的转动与沉积物的重力作用,部分靠近断面的沉积物向断面回倾或塌落,在断面附近拉开的裂缝带中逐渐积累生长成逆牵引背斜。逆牵引背斜沿板式断层面继续伸展滑移,在它翼部形成应力集中,沿着纵向的张剪裂可发育与板式正断层反倾的对偶断层,形成 Y 形断层。

一般地,Y 形断层从裂谷边缘向裂谷内部盆地倾斜的顺向断层逐渐变新,断层倾角逐渐变陡,断层的水平断距变小,垂直断距增大,当断层的倾角增大到接近或超过 45° 时,在断层上盘的顶部就开始出现 Y 形陷落的地堑,而且在 Y 形地堑的深部,往往正好是裂谷边界主干铲式断层由陡变缓的转折部分,这说明 Y 形地堑的形成与主断层的垂直滑移分量增大有关。Y 形断裂构造多出现在裂谷陡坡边缘,也可以出现在裂谷内中央背斜构造带的主断裂附近。

由于坡陡水急,山洪暴发时泥石流沉积分布,沉积物颗粒粗、大小混杂、分选极差,多发育近岸水下扇和洪积扇沉积,沉积类型单一,沉积作用主要表现为垂向加积,垂向上为一套连续的粗粒碎屑沉积,中间缺少隔层,叠合厚度在 1000m 以上,但平面上分布窄,围绕凸起呈窄条状分布,宽度仅 1~3km,相带变化快,扇根大而厚,扇中及扇端分布范围很小。

2. 铲式

铲式陡坡断面呈铲状,断层面与上覆块体同时发生旋转,上部倾角为 45°~60°,下部为 30°~45°。当断层面与下降盘块体同时旋转时,往往发展为铲形断层组和断阶带,形成一系列的断块或断鼻圈闭。发育在新生代地层内部的铲式断层基本上是同沉积型的,它们沿古近—新近系基底或古近—新近系内部的某些软弱层发生拆离。此类断层的形成主要受构造应力和重力的双重作用,而并非直接受下部岩石圈拉伸的控制。

相对而言,该类陡坡沉积区距离物源区较远,碎屑物经一定距离的搬运沉积下来,有一定的分选性,沉积类型较丰富。除了发育冲积扇外,还发育扇三角洲,甚或小型的辫状河三角洲,扇体规模较大,期次较明显,扇与扇之间可被泥岩分隔。沉积作用主要表现为侧向加积,垂向上厚度并不大,但平面上展布范围较大,扇体分布宽度一般在几千米以上。由于期次明显,分选较好,易形成有效的储盖组合,成藏条件较好。

3. 阶梯式

阶梯式断裂带由铲状主断面与多条次级顺向断裂构成,这些次级顺向断裂相互平行成阶梯状,节节下掉,共同控制一个具有成因联系和相似形态的阶梯型构造带。该构造带亦称"多米诺构造"。

其沉积特点是源远流长、沉积类型丰富、期次特征明显。从物源区到沉积物的最前端绵延长十几千米,在最前端可发育滑塌浊积扇和深水浊积扇,中部可发育水下冲积扇,垂向上砂砾岩扇体的厚度并不大,一般几十米,最大不超过200m。由于期次特征明显,储盖组合有利,再加上多条顺向断裂的构造匹配,成藏条件最为有利,可在多个台阶上形成油气富集。此类陡坡带发育广泛,如济阳坳陷胜北地区、滨南地区均较典型。

4. 马尾式

马尾式断裂带由呈铲状主断层和与其斜交的一系列顺向断层组合而成,多条断层向下倾方向收敛构成马尾状。此类陡坡带断层向盆地陡坡边部断层变新,说明盆地沉积速度小于沉降速度,一系列断层是在控盆断层下滑力为主营力逐渐向陡坡带方向次第产生。其特点是多条断裂的切割使近岸水下扇或扇三角洲体破碎,沿断裂破碎带构造裂缝发育,地下水的活跃使溶蚀孔洞较易产生,从而改善砂砾岩扇体的储集性能(尤其是以下古生界石灰岩为母岩的砂砾岩体),造成油气沿断裂带富集。

5. 座墩式

座墩式陡坡带的特点就是在呈铲状的主断面上残留一个基岩潜山,高差也较小,比正常的陡坡多一个"座墩",潜山面积仅 $3 \sim 7km^2$,高差仅几百米。在潜山与后侧主断面之间形成沟谷(为早期断层面风化淋滤作用形成),其中充填了厚数百米的洪积扇沉积,之后在潜山上方和前方可发育扇三角洲沉积。此类陡坡上的残丘型潜山由于遭受长期的风化剥蚀,孔洞缝较发育,而填满了沟谷的洪积扇颗粒大小混杂,岩性致密,成为其良好的盖层或侧向遮挡层,因此成藏条件优越,而后期的扇三角洲体在此有利的构造背景配合下也易成藏。此类陡坡尽管范围较小,但油气极易富集。

(二)缓坡带

陆相裂谷盆地以斜坡形式与凸起相连的超、剥单斜带称缓坡带,约占盆地总面积的2/5,其边缘部位翘起较高,受到较强烈剥蚀,形成宽窄不一的剥蚀带。一般地,缓坡带的构造走向线、断层走向线及超覆尖灭线(俗称"三线")近乎平行,多形成较小的鼻状构造。

缓坡带外接凸起内临洼陷地层现今坡度小(0°~30°),构造变形持续缓慢地层超复不整合发育,由于构造带宽,构造带演化与沉积平面上存在不均衡性,从洼陷向凸起方向可进一步划分出内带、中带、外带。外带紧临凸起,发育众多大型缓坡冲积扇,同时存在多个地层不整合和地层尖灭带,中带为缓坡主体,断层较发育,是河流相最发育地区,断层与河流相砂体配合,多形成中小型岩性—断块圈闭,还可形成中小型断块潜山。内带为沉降中心,邻近洼陷沉积,盆倾断层较发育,而且断层对沉积具有一定的控制作用,缓坡带靠近湖岸,河流作用和物源的影响特别明显。在河流作用强、粗碎屑物质供应充足的地带,形成各种近岸浅水砂体,如济阳坳陷各凹陷南部缓坡带;若物源区水动力很弱,供应的是大量泥质物质,则沉积大量的泥滩,如松辽盆地东半部。

根据箕状裂谷的构造特征及层序发育特征,裂谷盆地缓坡带划分为宽缓斜坡带、窄陡斜坡带及双元斜坡带3种类型(图3-35,表3-2)。

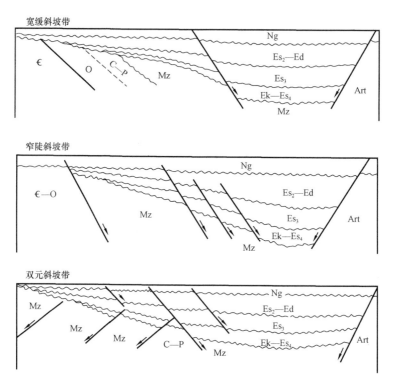

图 3 – 35　盆地缓坡带划分类型

表 3 – 2　裂谷盆地缓坡带划分类型

类型	沉积类型	备　　　注
宽缓斜坡带	（1）滨浅湖相 （2）河流三角洲 （3）湖岸滩坝砂体 （4）泥滩	开阔箕状断陷，距深比大于7，古隆起背景，地层层序不全，向盆方向层序增多，发散状，古地貌控制沉积与圈闭，可有坡折带
窄陡斜坡带		狭长箕状断陷，距深比小于5或地层倾角大于10°，发育盆倾断层并节节下掉，或形成同向（常见；生长断层）、反向（差异负荷）、复合断层组合
双元斜坡带		盆地基底的反向断层，断陷期顺向断层，地层缺失明显，有利成藏

1. 宽缓斜坡带

宽缓斜坡带是指箕状断陷中宽度比较大、坡度较缓的地段，一般指凸起至湖盆中心水平距离与湖盆深度的比值大于7（地层倾角小于8°），通常是在前古近系古地貌背景上发育起来的斜坡，其层序发育不全，超覆现象明显，而古近系断层较少发育，古地貌形态控制着古近系的沉积发育和圈闭形成。如煌东北坡发育了两个较明显的北东倾的鼻状构造，在两个鼻状构造之间则发育了沙河街组的水下冲积扇砂砾岩体，形成地层超覆不整合圈闭，新近系形成了古地貌背景上的构造—岩性圈闭。东营凹陷南部斜坡带发育了金家及王家岗两个大型继承性鼻状构造，而惠民凹陷南部斜坡带则发育了钱官屯及曲堤二个大型继承性鼻状构造。

2. 窄陡斜坡带

窄陡斜坡带是指箕状断陷中比较窄、坡度较陡的地段。一般指凸起至湖盆中心水平距离与湖盆深度的比值小于5（地层倾角大于10°），以发育一系列盆倾断层为特征，向洼陷方向节节下降,向凸起方向呈台阶式上升,这些断层在断陷早期产生,中期强烈活动,落差多在百米以上,断陷末期活动减弱,这些断阶带控制了构造坡折带的形成及展布,断层两盘的沉积厚度、储层厚度有明显差别,主控同沉积断层的生长系数为 1.4~1.6。如孤北斜坡断阶带、曹家庄断阶带、罗家鼻状构造带都是典型的构造坡折带,窄陡斜坡带层序发育较全,无显著缺失,但各层序厚度逐渐变薄。

按照断层导致的断块掀斜方向与地层产状的关系,可分为同向断层组合、反向断层组合和复合型断层组合。

3. 双元斜坡带

双元斜坡带以发育基底反向断层为特征,这些断层大多只活动至断陷早期,它控制了基岩反向屋脊断块形成,同时影响着断陷期地层发育及圈闭形成,从层序构成上,双元斜坡带往往有明显的层序缺失,超覆现象显著。如义和庄北坡,从南到北发育了 3~4 排基岩反向屋脊断块山,沙河街组超覆其上,有利于圈闭的形成。

(三)洼陷带

洼陷带夹持于陡坡带和缓坡带之间,是裂谷湖盆长期性的沉降带,也是盆地烃源岩的主要发育区域,是盆地的沉积中心,多为深湖相沉积区,因此往往也是盆地的油源中心。缓坡带、中央隆起带的三角洲和扇三角洲前缘砂体等储集体在洼陷带垮塌沉积可发育大量浊积砂体,并形成众多的岩性相对较细的岩性圈闭。

洼陷带与缓坡带和陡坡带之间并没有严格的划分界限,其划分仅以沉积相带与构造样式为依据,总体上,单断盆地洼陷带的面积小于盆地总面积的 1/2。狭窄的洼陷带断裂构造不发育,洼陷带以深湖和半深湖亚相为主。其岩性以灰黑、深灰、深褐灰色泥页岩为特征,常见油页岩、薄层泥灰岩或白云岩夹层。

(四)中央背斜带

受箕状断陷湖盆主体的差异升降沿主断面深部产生的上供力和盆地断陷、扩展、沉积压实的不均衡等在盆地中央产生的挤压力的影响,开阔的湖盆多发育中央断裂背斜构造带。该类构造带在盆地演化早期与洼陷为一体,由于塑性拱张或地壳局部抬升,在中后期易形成背斜带。此类背斜带多发育于大型凹陷的中部、两侧临洼,中央背斜带演化具有与邻近洼陷同沉积拱升的特点,一般处于沉积盆地浅湖—深湖区,往往又是大型三角洲沉积的有利地区,对沉积储层发育非常有利。如果中央背斜带主断层活动剧烈,可造成深部岩浆活动,并沿大断层两侧常出现火成岩岩性圈闭。中央背斜带走向一般平行于盆地轴向,区域构造位置靠近陡坡带。

根据中央背斜带结构和成因不同,可细分为中央拱张背斜带、中央断裂半背斜带和中央构造背斜带 3 种类型。

1. 中央拱张背斜带

中央拱张断裂背斜带发育莲花瓣式断裂组合,整个背斜带呈长轴背斜形态,这是因为控盆断层较陡,断层下盘块体向侧下方滑动过程中随着断层面的变缓使沉积物可容纳空间减小,对凹陷中央部位地层产生侧向挤压力,缓坡带一侧则有逐渐抬高的刚性老地层遮挡,在双向挤压力及流动性较高的厚层膏、泥岩的上浮力共同作用下,应力向顶部释放,自下而上可容纳空间逐渐增大,使洼陷中央部位地层边抬升边陷落,形成该类断层。该断裂带内地层倾向与断层倾向相反,断层断距越往上越大,背斜两翼形成对称型屋脊断块。

2. 中央断裂半背斜带

该类型背斜带主要见于济阳坳陷惠民凹陷。惠民型中央断裂半背斜带南界以临邑断层等一系列南倾正断层为主,整带呈长轴半背斜形态。主断层对地层产生的侧向滑脱挤压力转换为非主断层的强烈抬升力,加剧了中央半背斜带的地形起伏,在重力翘倾作用下伴生了一系列与主断层同向断层。

3. 中央构造背斜带

该类型背斜带以东淄凹陷为代表,是双断凹陷中的"凹中隆"。随着断陷活动的加剧,盆地形态不断发展,从而在斜坡带上产生了重力调节断层,形成中央翘倾断块,凹陷进入双断期。中央背斜带就不断隆升,发育成了以基岩隆起为背景的中央构造背斜带。在老地层抬升的作用下,背斜带上部也形成了莲花瓣式断裂组合。

(五)凸起带

凸起也称高潜山,多发育于沉积盆地内部,从而形成"群山环湖""群湖抱山"的基本构造格局。该构造在盆地沉积演化过程中长期处于剥蚀区,只是盆地进入坳陷阶段后期才同凹陷一起沉入地下,因此,其结构为新近系直接覆盖于残丘潜山之上,而且无披复背斜构造特征。

(六)缓坡带与陡坡带特征对比

缓坡带的沉积物通常较细、类型较多(表3-3),这与缓坡带的沉积条件有关。

表3-3 缓坡带与陡坡带的沉积特征对比

类型	缓坡带	陡坡带
坡折带影响程度	较大	大
低位体系域发育	不发育	发育
断阶落差	小	大
主要相类型	辫状河三角洲、滩坝	扇三角洲、近岸水下扇
扇体分布范围	范围广	范围窄
相带宽度	宽	窄
厚度大小	小	大
沉积物粒度	较细	较粗
沉积物性质	分选、磨圆较好	分选、磨圆较差
构造活动	弱	强
沉降剖面斜率	小	大
物源区势能	小	大
汇水区势能	低	高
水动力条件	较弱	较强

第一,缓坡带的水体浅。在气候较干燥时期可能有大部分缓坡部位暴露于地表没在气候潮湿期较浅的水体覆盖于缓坡带之上;

第二,缓坡带的水动力条件不强,但由于水体较浅,波浪作用相对较强,因此,水动力条件较复杂,此外,受到河流的影响,在缓坡带可出现双重水动力条件;

第三,缓坡带受古气候影响大,气候的变化易导致缓坡带水体的变化,从而改变沉积环境,影响沉积作用;

第四,缓坡带的构造运动较弱,沉积环境相对稳定。

1. 陡坡带沉积体系

沉积上各种成因的砂砾岩扇体极为发育,垂向上沉积厚度巨大,横向上各沉积相带变化快:在近距离湖相体系为主的背景下,裂谷盆地的湖盆陡坡带主要发育有各种重力流、冲积扇和扇三角洲等沉积体系,与沉积体系相对应,在不同部位分别形成了六类砂砾岩扇体:辫状河三角洲、扇三角洲、洪积扇、近岸水下扇、陡坡深水浊积扇、近岸砂体前缘滑塌浊积扇,其中以近岸水下扇和扇三角洲最为发育。

2. 缓坡带沉积体系

沉积上发育了滨浅湖背景下的各种成因的储集体,垂向上沉积厚度较小,呈互层状,横向上各沉积相带较稳定:冲积扇、辫状河三角洲、扇三角洲、远岸浊积扇、滨浅湖、滩坝及河流相砂体等储集体在不同部位广泛发育,其中尤以远岸浊积扇、滨浅湖、滩坝及河流相砂体发育为特征。

八、构造演化对沉积体系的影响

裂谷盆地的形成和演化一般经历了早期初始期、中期扩张期和晚期萎缩期三个阶段,在垂向上相应形成了三套理想的地层层序(图3-36)。各个不同时期的裂谷层序的沉积特征可以依次划分为三期:(1)前裂谷期层序,主要为裂谷前基岩或克拉通层序;(2)同裂谷期层序,主要为正断层所控制的沉积,也称为断陷期,盆地快速沉降;(3)后裂谷期层序,主要为挠曲作用所控制的热沉降,也称为坳陷期。

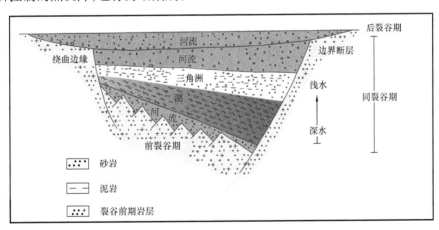

图3-36　陆相裂谷盆地理想的地层沉积充填层序(据宋建国等,1994)

(1)在层序下部为冲积层序,冲积层序的形成原因是可充填的沉积物体积超过盆地的可容纳空间。因此,盆地总是充填至最低溢出点处,过剩的沉积物和水将越过此带排出,沉积环境以河流相为主。

(2)在层序中段为湖相层序,通常发育深湖—半深湖相。这是由于随着持续伸展作用和盆地溢出点的增高,沉积物体积沉积速率小于盆地可容纳空间增长速率。因此,盆地处于饥饿状态,进入盆地的所有沉积物都被保存下来。如果水的供给速率大于蒸发和潜流排泄速率,湖水就会充满沉积面和最低溢出点之间的空间。盆地此时以湖相沉积为主,在盆地边缘发育冲积和河流三角洲体系。

(3)在层序上部为三角洲相和河流相层序,在河流冲积平原和滨岸沼泽化地带发育含煤地层。

一个大陆内裂谷完整旋回的地层层序一般由三个基本单位组成,按其沉积先后顺序,依次是下部河流相砂岩、中部湖相页岩、上部河流三角洲相复合体和河流相砂岩(图3-36)。下部和上部发育储集岩,中部发育烃源岩和盖层。

在平面上,这套河湖相沉积体系也由三部分组成:(1)盆地中心一般为湖泊体系,由于气候不同,可以是淡水湖泊或咸水湖泊,后者发育蒸发岩(膏盐层);(2)在缓坡和盆地端部为河流和三角洲体系,河流类型可以是曲流河、辫状河或网状河,三角洲体系由三角洲水上平原、水下平原、三角洲前缘组成;(3)在盆地陡坡,严格地说在与调节带—河流入口处相对应的陡坡,发育冲积扇和扇三角洲,进入湖盆中心为浊积扇体系。因此,在湖盆中心发育烃源岩和盖层,湖盆边缘发育储层。

以上讨论的是裂谷中一个旋回的河湖相沉积层序,如果裂陷作用多期发育,将出现两个或两个以上旋回的沉积层序。例如,在纽瓦克、苏丹和西非裂谷盆地,由于有两期裂陷活动,因而在上述第一个旋回完整层序之上,出现第二个同样的完整层序(图3-37)。

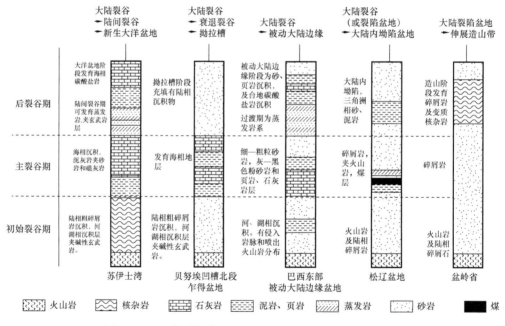

图3-37 五个裂谷盆地的地层层序对比(据窦立荣,1994)

第四章 典型主动裂谷盆地
沉积体系研究及实例分析

主动裂谷由地幔上拱形成,经历主动上拱、裂谷初始形成、地壳均衡上拱和热收缩坳陷,地幔上拱量 = 主动上拱 + 地壳均衡上拱(图4-1)。

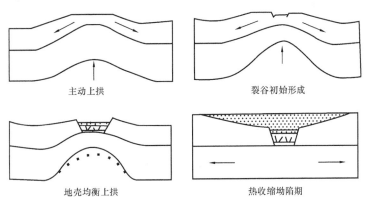

主动上拱   裂谷初始形成

地壳均衡上拱   热收缩坳陷期

图4-1 主动裂谷盆地的形成过程模式图

中生代以来,由于太平洋板块向西俯冲,使中国东部陆壳产生一系列北北东向的微型扩张。上地幔沿着地壳破裂带隆升。在大型地幔隆起区的上部发育了近乎平行的两个裂谷盆地系统:一是从松辽盆地、渤海湾盆地、苏北—南黄海盆地、江汉盆地延伸到北部湾盆地的大型陆内裂谷盆地系统,盆地的地壳厚度为29~37km,其形成时间从侏罗纪到新近纪;二是从东海盆地、台湾盆地、珠江口盆地延伸到莺歌海盆地的大陆边缘裂谷盆地系统,地壳厚度为28~30km,其形成时间从白垩纪到第四纪。这些中、新生代盆地可能经历了多期的裂陷—坳陷阶段。这种构造发展史上断坳交替的活动性,为中国东部含油气盆地内多层系含油创造了有利的条件(李德生,1986)。

中国中—新生代陆相盆地油气资源十分丰富,特别是东部地区的松辽盆地和渤海湾盆地。深入研究和系统总结这些盆地的构造特征、演化规律、形成机制对油气的生成、运移、聚集的控制作用,对于"稳定东部",开拓油气勘探新领域,选定有利勘探区带和预测油气资源将起到重要的指导和推动作用,为增储上产提供可靠的科学依据。

中国新生代主动裂谷盆地一般有裂陷期及坳陷期两个演化阶段,裂陷期可细分为三个发育阶段,即裂陷早期、扩张期及萎缩期。在中生代,一般裂陷期为中—晚侏罗世,形成中生代的裂陷盆地;早—中白垩世转化为坳陷期,形成巨大的中生代坳陷盆地。新生代,古近纪为裂陷阶段,形成裂陷盆地;而新近纪转化为坳陷期,沉积充填形成大范围的准平原。松辽盆地是中生代最好的实例,渤海湾盆地属古近—新近纪盆地。在这些盆地中,沉积了巨厚的沉积岩,其中以陆源碎屑沉积为主,湖泊相淡水碳酸盐岩沉积不足1%。在裂陷盆地的早期发育阶段,有大量火山喷发活动。这些特征明显不同于中非被动裂谷盆地裂谷早期缺乏不整合和火山活动。

第一节　中国东部裂谷盆地的基本构造特征

一、中国东部裂谷型盆地的层序

裂谷由断裂系统控制。大型裂谷型盆地通常由若干裂谷支组成，它们在平面上排列呈线形、狭长形、锯齿状、雁列状、交叉式或"狗腿"式等。单个裂谷由若干地堑或半地堑裂陷组成，正断层控制着盆地的形成和演化。有些裂谷支只有一侧发育边界断裂，称为半地堑或箕状盆地。有些裂谷支两侧边界都发育断裂，称为地堑盆地。大多数盆地是先出现一侧的边界断裂，随着拉张作用的进行再在另一侧边界产生反向调节断层。初始的裂谷常发育于隆起的背景上，其基底不尽相同。裂谷的张裂活动对于盆地的层序、沉积系统、分散路径、相带和结构有明显的控制作用。

一般将裂谷—坳陷盆地的演化分为三个阶段，即裂前阶段（或前裂谷阶段）、裂谷阶段和裂后阶段（或后裂谷阶段）。在剖面上，裂谷—坳陷盆地则表现三层结构，即盆地基底、下部盖层和上部盖层。下部盖层的沉积过程受断裂作用控制，是裂谷阶段发育的层序，称为裂谷巨层序（或裂陷构造层），上部盖层受裂谷后的热作用和重力均衡作用控制，是裂后阶段（或后裂谷阶段）发育的层序，称为裂后巨层序（或坳陷构造层）。

中国东部的裂谷—坳陷盆地具有双盖层结构特征，并且发育在不同基底之上。这类盆地的规模和层序厚度常常较大。松辽、渤海湾等都属此类，但其发展演化过程也各具不同特点。有的以裂谷阶段发育为主要演化历史，如渤海湾盆地，古近纪裂陷阶段的盖层层序很厚，最大可达 6000~8000m，其后的新近纪至第四纪坳陷阶段的盖层层序相对较薄，最厚部位仅 2000~3000m。有的则以坳陷阶段发育为主，如松辽盆地，侏罗纪裂陷阶段的盖层层序厚度及分布范围远远不及白垩纪坳陷阶段的盖层层序。

二、中国东部裂谷盆地的构造类型和样式

裂谷盆地在剖面上的结构样式与其基底的性质、断裂特点和沉积的差异等因素有关，且随着裂谷的演化变得越来越复杂。概括起来有以下样式（图 4-2）。

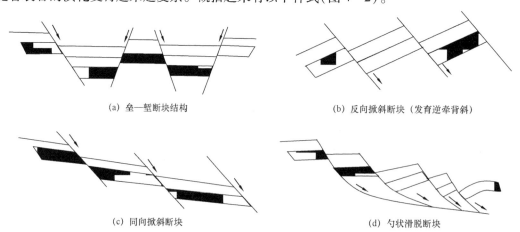

(a) 垒—堑断块结构　　　　　(b) 反向掀斜断块（发育逆牵背斜）

(c) 同向掀斜断块　　　　　(d) 勺状滑脱断块

图 4-2　裂谷盆地剖面结构模式图（据吴振明、刘和甫，1985）

(一)垒—堑断块结构

垒—堑断块结构由楔状断块的差异沉降构成,常从单一的地堑或半地堑开始,随着阶状断层的逐步产生和发展而成一系列垒、堑相间的结构。如松辽盆地、下辽河坳陷(图4-2a)。在一些狭长的盆地或坳陷中多为一垒两堑结构,如东濮坳陷。垒—堑结构在空间和时间上是有变化的,如下辽河坳陷西南端主要为一垒两堑(大型的),而向东北则为多个垒、堑相间。单一裂陷的后期分割也可形成上部层位的垒—堑结构。若起分割作用的断层是在有关生油层达到门限深度和石油运移之前产生的,则将影响与油源隔绝地区的远景;若是在结束运移之后产生的则无影响。故应从构造发展的角度去分析垒—堑结构(吴振明、刘和甫,1985)。

(二)掀斜断块结构

掀斜断块结构指一组基底断块由于裂谷的扩展和区域性沉降使之协同掀斜转动产生的断块结构型式,同时形成组合箕状裂陷。按断块与地层倾向间的关系可分为反向掀斜结构和同向掀斜结构(图4-3b、c)。

在裂谷盆地发展过程中,沉积负荷不断增加产生重力断层;随着相变带向盆地迁移,形成一组与地层同向的盆倾断层。与下伏基底反向掀斜断块构成双层结构,在上层发育逆牵背斜,下层则为潜山构造,都是良好的圈闭。后者即所谓的坡上山油田。

(三)勺状滑脱断块

分割断块的断层呈勺状弯曲,一般是上陡下缓,这也是裂谷盆地一种较普遍的构造模式。随着裂谷盆地的扩展,各勺状滑脱断块变缓的底部逐渐汇成一个统一的滑脱面,断块的不断滑动和掀斜转动使扩展量和沉降量相对增大,盆地随之加宽加深。一般来说,若条件类似,平直断块的扩展量大于勺状断块,但由于勺状断块上陡下缓容易滑动和下沉,有较大的沉降量。根据震源深度和深部探测,在4~6km、16~20km的深度有这种统一的滑脱面。前者为新生代裂谷期前的侵蚀面,后者可能为上地壳底部的滑脱面。

以上各种结构样式可单独存在或以更复杂的组合型式存在。在不同型式不同倾向断块组合结构的形成中,勺状断块可起协调作用。

三、东部裂谷盆地演化的阶段性及其特点

中国东部的裂谷盆地所处的构造位置、地质条件、发育时间等都不尽相同,但却有类似的成因机制和演化过程。以中国东部新生代裂谷盆地为例,可分为五个演化阶段。

(1)弯曲和破裂阶段:在中生代早期北东向构造线基础上又产生强大的北北东向构造线。燕山运动晚幕表现为北西西—南东东向的挤压和南北向的反扭。新生代裂陷旋回开始前表现为应力场的反演,压扭性破裂转为扭张性破裂,断块运动和火山作用开始。

(2)裂谷初始阶段:在拉张应力作用下(不仅是拉张作用)断块开始滑动、掀斜,盆岭构造出现,初生地堑或半地堑产生。

(3)裂谷发展阶段:沉降速度的总趋势由快变慢。沉陷幅度加大,沉积增厚。早期以补偿性沉积为主,然后演变为非补偿性沉积,形成相应的储层系和生油层系。总体来说以补偿沉积为主。孔店组和沙河街组就是此阶段的产物。

(4)裂谷发育减缓阶段:对整个盆地而言扩展和沉降仍在继续,而沉降则是在彼此分割的凹陷已被基本填满的基础上进行的。

（5）裂谷发育中止阶段：分割的凹陷最终统一起来，盆—岭结构完全消失。总体看来新近纪为整体坳陷，断层的同生性仍存在。这一阶段的意义在于沉积进一步加厚并全面覆盖，有利于有机物的充分转化和油气成熟与保存。

上述划分方法也可归纳为三种，即裂谷初始期（弯曲和破裂阶段、裂谷初始阶段）、强烈裂陷期（裂谷发展阶段）及萎缩期（裂谷发育减缓期、裂谷发育中止阶段）

第二节　渤海湾盆地

一、区域地质背景

渤海湾盆地位于中国东部，包括华北平原北部、下辽河平原和渤海海域。整体上渤海湾盆地中部宽，南北两端窄，盆地整体形态呈北东—南西向反"S"形展布，总面积约为 60×10^4 km^2。盆地西邻太行山隆起带，北抵燕山褶皱带，东部和东南部为辽东、胶东和鲁西隆起，南端和南华北盆地的开封坳陷相接，是叠加在古生代华北克拉通巨型坳陷之上的中、新生代裂谷盆地。大地构造位置上，渤海湾盆地处于燕山、山西、鲁西南、鲁东和辽东隆起区之间，主要包括下辽河、渤中、济阳、黄骅、冀中、临清、东濮七大坳陷，以及埕宁、沧县、邢衡、内黄四大隆起区（图4-3）。

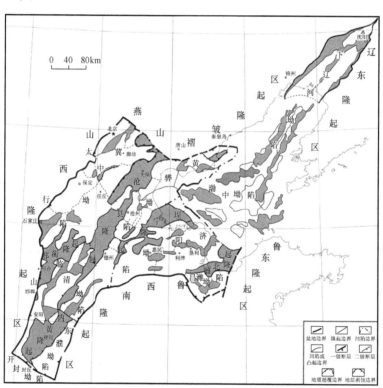

图4-3　渤海湾盆地区域构造位置及构造区划图

渤海湾盆地为华北平原—渤海—下辽河平原新生代盆地区的简称。

中国东部的渤海湾盆地是太平洋板块向欧亚板块的俯冲及印度板块向欧亚板块的碰撞，产生了压扭性构造应力，引起华北地区区域性地幔涌升形成的主动裂谷盆地（图4-4）。

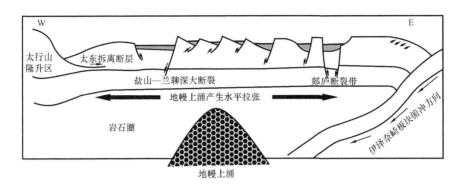

图4-4 渤海湾盆地的形成机制

在剖面上,渤海湾盆地由三个构造层次组成(图4-5、图4-6):(1)由前古近系组成的盆地基底构造层;(2)由前古近系组成的盆地下部沉积盖层,也是裂陷盆地构造层;(3)由新近系和第四系组成的盆地上部沉积盖层。盆地基底发育大量正断层,并形成一系列半地堑(地堑)—半地垒(地垒)构造。盆地上部发育的沉积盖层呈层状或毯状覆盖于整个盆地区,使相邻的半地堑(地堑)式凹陷及夹持在它们之间的半地垒(地垒)式凸起联合成统一的坳陷盆地,其沉积层序很少卷入下部岩系的断裂变形。

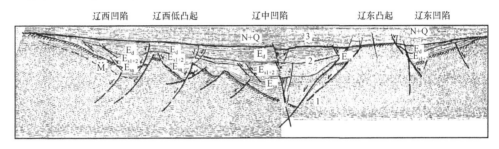

图4-5 渤海湾盆地辽东湾盆地构造横剖面
1—以断块构造为特征的盆地基底构造层;
2—卷入基底断块构造变形的盆地下部(古近系)盖层构造层;
3—基本未变形或很少变形的盆地上部(新近系和第四系)盖层构造层

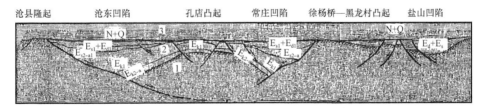

图4-6 渤海湾盆地黄骅盆地(南部)构造横剖面
1—以断块构造为特征的盆地基底构造层;
2—卷入基底断块构造变形的盆地下部(古近系)盖层构造层;
3—基本未变形或很少变形的盆地上部(新近系和第四系)盖层构造层

在平面上,基底断裂系统及其控制的半地堑(地堑)和半地垒(地垒)构造多以北北东向、北东向延伸,并呈带状展布。渤海湾盆地区可以看成由北北东向的三个盆地构造带和两个隆起构造带相间排列而成,自西向东分别是:冀中—汤阴盆地带、沧县—内黄隆起带、黄骅—东濮盆地带、沙垒田（海中）—埕宁隆起带、下辽河—辽东湾—渤中—济阳盆地带。其中，黄骅—东濮盆地带与下辽河—辽东湾—渤中—济阳盆地带呈右阶错列叠覆，使整个盆地的轮廓形似一个中部膨大的斜歪的"N"形。其中北北东向构造是渤海湾盆地区新生代构造变形的主体构造。

北北东向盆地构造带通常是由 2～3 个被横向构造分隔的、相对独立的盆地串联而成，而每一盆地又是由 2～3 个平行排列（并联）的北北西向半地堑（地堑）式凹陷带及夹持其间的半地垒（地垒）式凸起带组成。盆地中的半地堑（地堑）式凹陷带常是由被横向构造分隔的若干半地堑（地堑）式凹陷串联而成，单个半地堑（地堑）式凹陷往往包容着相间排列的次级半地堑（地堑）和次级半地垒（地垒）构造。

盆地区发育了几百米至近万米的新生代陆相沉积地层，而周围的山地丘陵区都是新生代不同程度的隆起剥蚀区，出露了不同时代的前古近系。因此，所谓的"渤海湾盆地"亦是地质概念上的一个新生代沉积盆地，值得强调的是，这个盆地是由若干相对独立的沉降单元联合组成的。

渤海湾盆地是一个主动裂谷盆地，与太平洋板块俯冲导致本区岩石圈垂直拱升有关。渤海湾盆地下伏的莫霍面隆起范围的直径可达 300km，高度可达 8km。

古近纪有较强烈的火山活动，形成了沿盆地带，特别是沿盆地中深大断裂分布的大量玄武岩地层，导致盆地区的大地热值偏高，现今大地热流值为 62.8～83.7mW/m²，而周围山区的现代热流值仅为 44.4～54.4mW/m²。古近纪古热值可达 83.7mW/m² 左右，明显高于现今热流值，同裂谷期地温地梯度达到 35～45℃/km（陆克政等，1997）。

二、主动裂谷盆地构造样式

由于莫霍面隆起的幅度很大，围绕渤海地幔柱，产生一系列缓断面的正断层，呈有规律的展布，总体呈向盆地中心倾斜，逐级下掉，发育大型低角度铲式正断层发育，裂陷以半地堑为主，发育中央背斜构造带，边界断层的断面一般较缓，以犁式半地堑为主。如图 4-7、图 4-8 所示的地震剖面可以反映出渤海湾盆地的断层发育情况。多数断层的倾角为 30°～50°，呈上陡下缓的犁式断面。

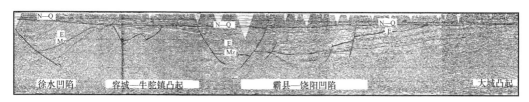

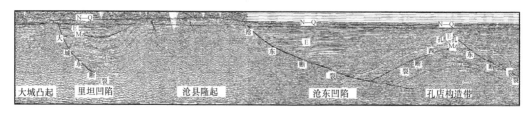

图 4-7　渤海湾盆地东营凹陷陡坡带中段典型地震剖面

古近纪同裂谷期伸展率一般大于 20%，最高可达 100% 以上。因此，绝大部分凹陷的总体构形为大型半地堑，半地堑内部还发育大量基底次级断层和盆地盖层断层，与凹陷边界的

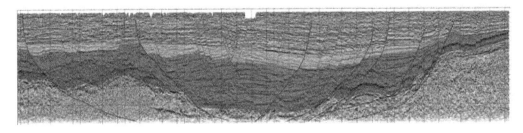

图 4 - 8　渤海湾盆地歧口凹陷典型地震剖面

基底主断层构成各种复杂的连锁关系。单个半地堑长 30 ~ 70km,宽(古近系分布范围)20 ~ 30km,深(古近系最大厚度)3 ~ 6km。半地堑多为北北东向或北东向,并且串联或斜列成带。

根据断裂形态、地层接触关系及剖面样式,渤海湾盆地一般可划分为陡坡带、缓坡带、洼陷带和中央背斜带等构造单元。

(一)陡坡带

习惯上,将陆相裂谷盆地控盆断层及其控制的上盘断超带称为陡坡带。陆相主动裂谷盆地陡坡带一般由 1 ~ 2 条主干断层及它们所控制的构造圈闭和一系列次级断层及所控制的更次级构造共同组成。

陆相裂谷盆地陡坡带可以划分为以下五种类型。

1. 板式陡坡带

板式陡坡带主断面陡峭而平直,断面倾角在 60°以上,呈平板状,空盆断层多呈 Y 形。

在 Y 形断裂控制下可形成陡坡地带的小裂陷,以逆牵引背斜顶部陷落的形式来补偿板式断层上盘块体沿断面伸展形成的空间。它们多与逆牵引形变同时出现(图 4 - 9)。

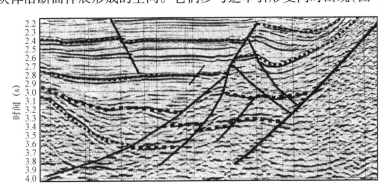

图 4 - 9　Y 形断裂地震剖面

主控东濮凹陷构造发展的兰聊断层就是一条典型的板式断层(图 4 - 10)。兰聊断层呈北北东向展布,长 140km,宽 3 ~ 10km,由于该断层快速滑动导致下降盘地层伴生多条顺向断层,并发育大型鼻状隆起——白庙构造,至东营组构造形变为滚动背斜。

板式断层控制的陡坡带沉积物颗粒粗、大小混杂、分选极差,多发育近岸水下扇沉积和洪积扇沉积,沉积类型单一。但平面相带窄,围绕凸起呈窄条状分布。扇根大而厚,扇中及扇端分布范围很小。该类断裂分布较广,如济阳坳陷埕子口凸起南陡坡带的车西段、大北段的大部分地区,宁津—无棣凸起南陡坡带的宁津段、滨县—陈家庄凸起南陡坡带的永北地区

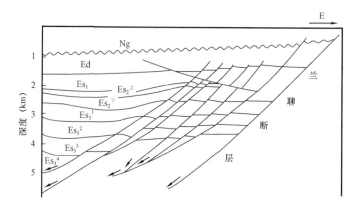

图 4 - 10　东濮凹陷东部东西向地质剖面

均属此类。由于岩性粗而混杂,期次不明显,缺少隔层,这些地段成藏条件较差,油气不易聚集。

2. 铲式陡坡带

铲式陡坡断面呈铲状,断层面与上覆块体同时发生旋转,上部倾角为45°~60°,下部为30°~45°。由于渤海湾盆地沙三段普遍发育具有异常高压的厚层暗色泥岩,孔店组—沙四段则发育盐膏等塑性地层,前者可明显降低上覆沉积的负荷强度,后者可降低岩层的内摩擦力,从而为铲式断层的发育创造条件。此类断层最终向下延伸至古近—新近系底面或其下的不同层位中,由于古近—新近系某一层位存在厚层欠压实泥岩,使其断面变缓。例如,黄骅坳陷北大港二级主断层东段,缓断面的形成与上盘沙一段中部和下盘沙三段—沙二段组成的统一欠压实带有关;高尚堡地区北堡—柳赞二级主断层也是这一类座墩状断层,缓断面与沙三段欠压实泥岩有关;沧东断层是由地壳流变性控制的铲式断层,即随着地壳深度增加,壳内物质由脆性逐渐过渡为韧性,从而使断层面的倾角也随深度增加而变缓。据统计,济阳坳陷东营凹陷内控制大型背斜构造的主干断层也属于此类型,如东营凹陷的陈南断层(图 4 - 11)。另外,埕子口凸起南陡坡带的郭北段、宁津—无棣凸起南陡坡带的滋北段、八里泊段的大部分地区及阳北段亦为此类。

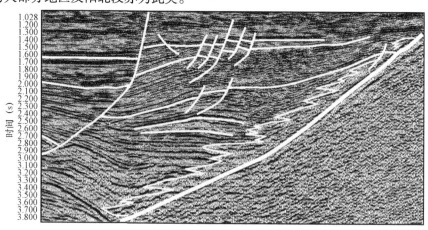

图 4 - 11　济阳坳陷东营凹陷陡坡带中段典型地震剖面

该类陡坡沉积区沉积在垂向上厚度并不大,但平面上展布范围较大,扇体分布宽度一般在几千米以上。由于期次明显,分选较好,易形成有效的储盖组合,成藏条件较好。沉积区距离物源区较远,碎屑物经一定距离的搬运沉积下来,有一定的分选性,沉积类型较丰富。除了发育冲积扇外,还发育扇三角洲,甚至小型的辫状河三角洲,扇体规模较大。

3. 阶梯式陡坡带

阶梯式陡坡带由铲状主断面与多条次级顺向断裂构成,这些次级顺向断裂相互平行成阶梯状,节节下掉,亦称多米诺构造,如济阳坳陷东营凹陷陡坡带西段构造(图4-12)。

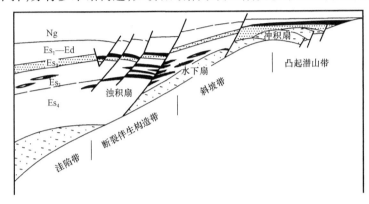

图4-12 济阳坳陷东营凹陷陡坡带西段构造岩性剖面示意图

在递进变形过程中,平面式正断层的旋转受阻会产生新的旋转平面式正断层,或旋转平面式正断层向铲式正断层转化。多米诺构造中,断层的间隔与下伏滑脱面或滑脱层有一定的关系,一般滑脱层深度较浅时正断层间隔较小。密集的正断层构成的多米诺构造系统中的正断层能容许的旋转角度会相对大一些。当正断层旋转至一定角度后,进一步的递进变形会促使新的正断层形成,新的正断层切割老的旋转正断层并产生进一步伸展变形。阶梯型伸展断裂构造带由裂谷边界的盆倾铲式断层做主断层,总体形成节节下掉的盆倾断阶带。阶状断层组由裂谷边缘向裂谷内部倾角逐渐变陡,断层对年轻沉积的控制作用增强,断层向盆内变新,表明沉积速度大于沉降速度。

其沉积特点是沉积类型丰富、期次特征明显。从物源区到沉积物的最前端绵延长十几千米,在最前端可发育滑塌浊积扇和深水浊积扇,中部可发育水下冲积扇,垂向上砂砾岩扇体的厚度并不大,一般几十米,最大不超过200m。此类陡坡带发育广泛,如济阳坳陷胜北地区、滨南地区。

4. 马尾式陡坡带

马尾式陡坡带由呈铲状主断层和与其斜交的一系列顺向断层组合而成,多条断层向下倾方向收敛构成马尾状。这是一种较特殊的断裂带,往往与独特的构造位置(如位于北西向、北东向两组大断裂的交会处,应力集中,主断裂长期活动,落差大,易产生次一级断裂)有关,如济阳坳陷埕南地区(图4-13),在高青断裂带、义东断裂带等地区也有类似状况。

5. 座墩式陡坡带

座墩式陡坡带的特点就是在呈铲状的主断面上残留一个基岩潜山,比正常的陡坡多一个"座墩"。以济阳坳陷王庄地区最为典型(图4-14),在潜山与后侧主断面之间形成沟谷(为早期断层面风化淋滤作用形成),其中充填了厚数百米的洪积扇沉积,之后在潜山上方和前方可发育扇三角洲沉积。

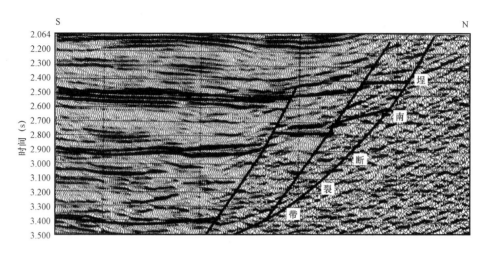

图 4-13　济阳坳陷埕南断裂带南北向地震剖面

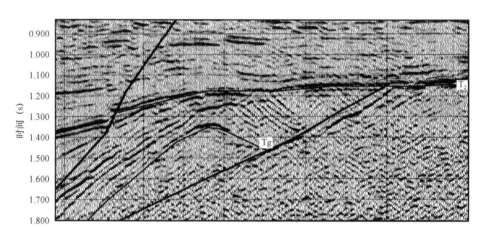

图 4-14　济阳坳陷王庄地区南北向地震剖面

　　此类陡坡上的残丘型潜山由于遭受长期的风化剥蚀,孔洞缝较发育,而填满了沟谷的洪积扇颗粒大小混杂,岩性致密,成为其良好的盖层或侧向遮挡层,因此成藏条件优越,而后期的扇三角洲体在此有利的构造背景配合下也易成藏。

　　上述五种陡坡带中,铲式、座墩式、马尾式陡坡带最常见(图 4-15、图 4-16),以南堡凹陷为例,铲式、座墩式陡坡带发育了较好的储盖组合,成藏条件好。

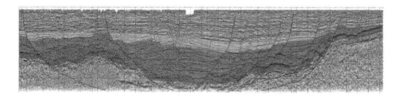

图 4-15　渤海湾盆地歧口凹陷典型地震剖面

　　(1)铲式陡坡带:南堡凹陷陡坡带沉积区距离物源较近,发育冲积扇、扇三角洲,甚至小型的辫状河三角洲,扇体规模大,期次较明显,扇与扇之间可被泥岩分割。沉积作用主要表现为侧向加积,垂向上厚度并不大,但平面上展布范围较大,扇体分布宽度一般在几千米以上,期次分明,分选较好,成藏条件好。铲式陡坡带上陡下缓,同沉积型,受构造应力及重力的双重作用(图4-17)。

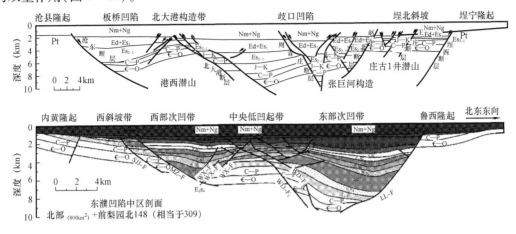

图4-16 渤海湾盆地歧口凹陷区构造剖面(据漆家福,2006)

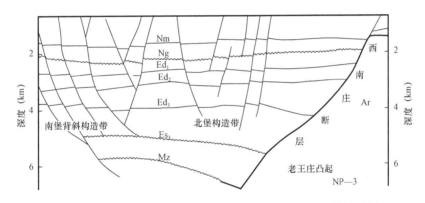

图4-17 南堡凹陷北堡—南堡构造带简单型(铲式)陡坡带构造剖面

(2)座墩式陡坡带:潜山面积一般不大,高差也小。在潜山与后侧主断面间形成沟谷,其中常充填数百米厚的洪积扇沉积;在潜山上方和前方可发育扇三角洲沉积(图4-18)。

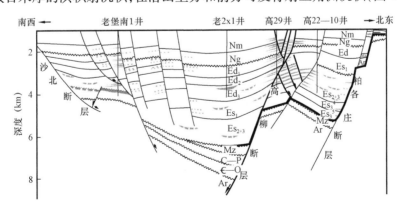

图4-18 南堡凹陷台阶型(座墩式)陡坡构造剖面

座墩式陡坡带潜山孔洞发育,而填满沟谷的洪积扇颗粒大小混杂,岩性致密,成为良好的盖层或侧向遮挡层,成藏条件优越,油气极易富集。

(3)马尾式陡坡带:一条铲式主断层与一系列顺向断层斜交,这些顺向断层向下倾方向收敛成马尾状(图4-19)。这种陡坡带断层向盆地陡坡边界断层变新,表明盆地沉积速度小于沉降速度。多条顺向断裂切割近岸水下扇或扇三角洲,构造裂缝发育,地下水活跃产生溶蚀孔洞,改善砂砾岩扇体的储集性。

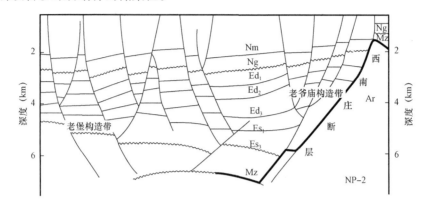

图4-19 南堡凹陷台阶型(马尾式)陡坡构造剖面

(二)缓坡带

陆相裂谷盆地以斜坡形式与凸起相连的单斜带称缓坡带,坡度一般在15°以下,主要为滨—浅湖相沉积,发育河流三角洲、湖岸滩坝砂体。河流作用和物源的影响特别明显,在河流作用强、粗碎屑物质供应充足的地带,形成各种近岸浅水砂体,如济阳坳陷各凹陷南部缓坡带;若物源区水动力很弱,供应的是大量的泥质物质,则沉积大量的泥滩。渤海湾盆地缓坡带可划分为宽缓缓坡带、窄陡缓坡带及双元缓坡带三种类型。

1. 宽缓缓坡带

这种缓坡带是在盆地基底古地貌背景上发育起来的斜坡,其层序发育往往不全,超覆及削蚀现象明显,如辽河坳陷西斜坡(图4-20)。裂陷期断层较少,古地貌形态控制着裂陷期的沉积发育和圈闭形成。如济阳坳陷东北坡发育了缓坡带两个较明显的北东倾的鼻状构造,其上形成了新近系构造—岩性油藏,在两个鼻状构造之间则发育了沙河街组水下冲积扇砂和砾岩体,形成了地层超覆不整合油藏。

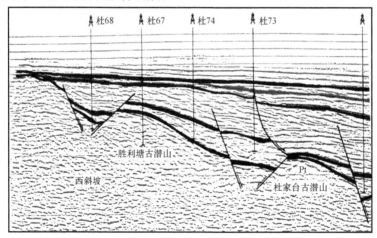

图4-20 辽河坳陷西斜坡东西向地震剖面

2. 窄陡缓坡带

按照断层导致的断块掀斜方向与地层产状的关系,窄陡缓坡带可分为同向断层组合、反向断层组合和复合型断层组合。

同向断层组合是缓坡带常见的断层组合形态,分布较为普遍,因断层指向裂谷盆地的洼陷带,所以又称之为盆倾断层。这种生长断层的发育与沉积和沉降速度的增大有关。

图4-21反映了区域性同向生长断层的形成过程。当沉积物在由缓坡较平缓地带起向下倾更陡的缓坡上沉积时,沉积物的水平分量增加,形成断层A;由于地形较低的断层下降盘堆积了较厚的沉积物,增大的质量促使下降盘继续活动,断层上部的运动具有垂直和水平两个分力,但是向断层底部,由于垂直力被塑性页岩吸收,而使整个运动均为水平分力。随着沉积作用继续进行,沉积体向外堆积,从而使缓坡平缓带向湖盆方向推进,并依次形成断层B、C、D。到断层D形成时,倾角加大的地方已向下倾的方向推进了许多。这时断层A以下的下倾方向上已经沉积了一个很大的沉积块体,该沉积块体使断层A趋于稳定。直到水平运动完全停止,而且垂直运动也随之停止。如济阳坳陷孤北洼陷南缓坡(图4-22)、车镇凹陷南缓坡等都发育此类断层组合。

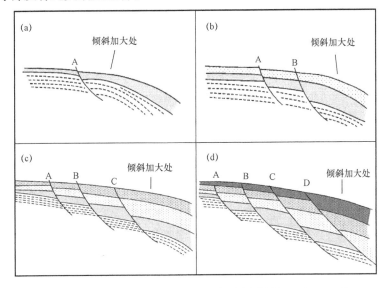

图4-21 缓坡带同向生长断层发育示意图(据Hardin,1960)

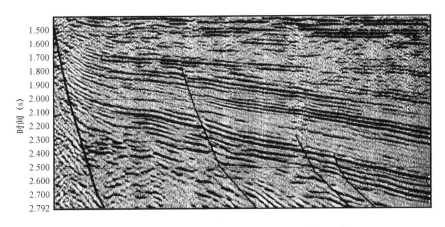

图4-22 济阳坳陷孤北缓坡带同向断层组合地震剖面

反向断层形成的主要原因是差异负荷作用。裂谷盆地发育过程中,整个窄陡缓坡带急剧抬升。由于抬升速度的差异,缓坡高低部位地形起伏逐渐变大,上覆地层厚度也越来越大,当上覆地层质量超出下伏地层的负荷应力时,就会在较致密层的前缘位置产生断层。因上覆地层质量分力主要垂直于缓坡带倾向,于是便产生了反向断层组合。

窄陡缓坡带上常发育同向断层和反向断层共同构成的堑—垒组合样式。控制堑—垒组合样式的同向、反向断层一般产生于裂谷盆地发育鼎盛期。此时盆地(凹陷)快速沉降、缓坡带急剧翘倾,坡上地层质量产生了指向洼陷和缓坡的两个相当的分量,从而形成了正向和反向断层组合。反向断层实际上也是地层急剧翘倾过程中同向断块群的调节断层,如霸县凹陷的东缓坡—文安缓坡上发育的堑—垒断块群,此外,廊固凹陷东侧河西务缓坡也存在这种堑—垒构造样式。

断阶带控制了构造坡折带的形成及展布,坡折断层两盘的沉积厚度有明显差别,如孤北斜坡断阶带、曹家庄断阶带、罗家鼻状构造带都是典型的构造坡折带。窄陡斜坡带层序发育较全,无明显缺失,但各层序厚度向凸起方向逐渐变薄。

3. 双元缓坡带

双元缓坡带以发育盆地基底反向断层、裂陷期顺向断层为特征。反向断层主要为盆地裂陷期强烈拉张力作用下翘倾错断而成,断层大多只活动至裂谷盆地沉积早期,断距最大数百米,控制了基岩反向"屋脊"断块的形成,同时影响着盆地裂陷期的地层发育及圈闭的形成。从层序构成上,双元缓坡带往往有明显的地层缺失,超覆现象明显。如济阳坳陷义和庄北坡的套尔河鼻状构造(图4-23),从南到北发育了三排基岩反向"屋脊"断块山,沙河街组超覆其上,并发育多条顺向断层,十分有利于油气的聚集。

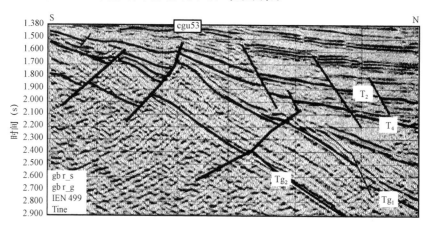

图4-23 济阳坳陷套河地区南北向地震剖面

渤海湾盆地缓坡带类型多样,可以细分为三类,分别为:以黄骅坳陷埕宁隆起北部为例的简单凹陷型缓坡,以东濮凹陷中区为例的简单凸起型缓坡(图4-24)及以歧口复杂凹陷(具大型、多个凸起)为例的边缘型缓坡(图4-25)。

(三)洼陷带

洼陷带夹持于陡坡带和缓坡带之间,是裂谷湖盆长期性的沉降带,也是盆地烃源岩的主要发育区域。济阳坳陷车镇凹陷区的洼陷带断裂构造不发育(图4-26),洼陷带以深湖和半深湖沉积为主。其岩性以灰黑、深灰、深褐灰色泥页岩为主,常见油页岩、薄层泥灰岩或白云岩夹层。如渤海湾盆地沙三段下—中部有很厚的深湖或半深湖沉积,主要裂陷期深湖区面积占湖泊总面积的60%~90%,岩性和厚度比较稳定。主要发育近岸砂体前缘滑塌浊积扇、深水浊积扇两类储集体,特定的水动力条件下还可沿洼陷带的轴向发育大型的三角洲及前缘滑塌浊积扇沉积。

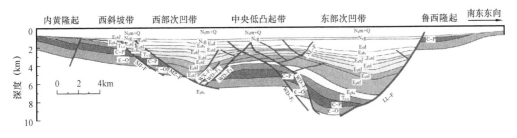

图4-24 渤海湾盆地东濮凹陷中区的简单凸起型缓坡构造剖面

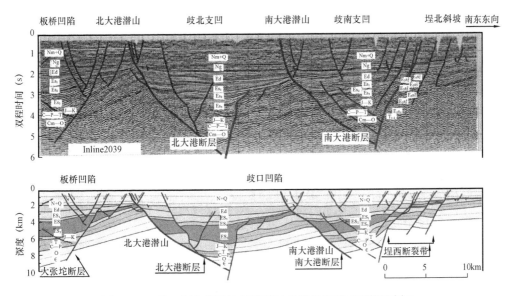

图4-25 歧口复杂凹陷边缘型缓坡带的地震剖面和构造剖面

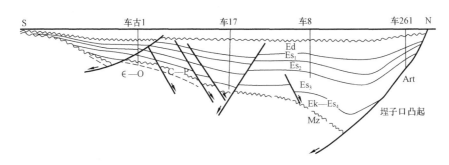

图4-26 济阳坳陷车镇凹陷区南北向地质剖面

（四）中央背斜带

差异升降形成盆地裂陷、扩展、沉积压实的不均衡等,在盆地中央产生中央断裂背斜构造带。中央背斜带走向一般平行于盆地轴向,区域构造位置靠近陆坡带。中央背斜带断裂构造十分复杂。如济阳坳陷东营中央断裂背斜构造带、临商—林樊家中央断裂背斜带、东濮凹陷由于黄河断裂活动强度较大,断层上下盘基岩落差达700～3000m,形成"凹中隆"。根据中央背斜带结构和成因不同,可细分为中央拱张背斜带、中央断裂半背斜带和中央构造背斜带三种类型。

1. 中央拱张背斜带

中央拱张断裂背斜带发育莲花瓣式断裂组合,整个带呈长轴背斜形态,济阳坳陷东营中央拱张背斜带可见此类断层(图4－27),该断裂带内地层倾向与断层倾向相反,断层断距越往上越大,背斜两翼形成对称型屋脊断块;另外,图4－27中可见该中央断裂带断层没有切入基底,说明为裂陷期拉张作用的产物。尽管断层的平面展布极具复杂性,但在剖面上其组合型式主要为地堑式。构成地堑的多对共轭断层组成了大地堑内套小地堑的复式地堑。这种背斜带以济阳坳陷东营中央背斜带最为典型。

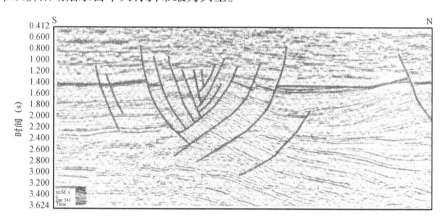

图4－27 济阳坳陷东营中央拱张背斜带南北向地震剖面

2. 中央断裂半背斜带

该类型背斜带主要见于济阳坳陷惠民凹陷。惠民凹陷中央断裂半背斜带分东西两部分,即林樊家构造带和临商断裂带。它们同为古近系沿北部主控断层深部回返隆起所致。惠民型中央断裂半背斜带南界以临邑断层等一系列南倾正断层为主,整带呈长轴半背斜形态。这是因为北部控盆断层——滋镇主断层较缓,在中央半背斜带下部倾角仅为10°～15°,地层在洼陷边缘向洼陷内部滑脱过程中,产生了对洼陷内部地层的侧向挤压力,随着挤压力增大,3000m厚的孔店组出现轻微褶皱后迅速断裂,产生了挤压力的释放点——沙四段沉积时期发育的临邑断层(该断层T6现今落差达1500～2000m),最终滋镇主断层对地层产生的侧向滑脱挤压力转换为临邑断层的强烈抬升力是临邑断层成为惠民中央半背斜带形成的主要因素。临邑断层的强烈抬升加剧了中央半背斜带的地形起伏,在重力翘倾作用下伴生了一系列与主断层同向的南掉断层(图4－28)。另外,图中可见中央带系列断层没有切穿滋镇主断层滑脱面,说明滋镇主断层为惠民中央半背斜带的初始力源。尽管断层的平面展布非常复杂,但在剖面上主要为阶状断层组合,形成向南节节下掉的屋脊断块。

3. 中央构造背斜带

该类型背斜带以东淄凹陷为代表,是双断凹陷中的"凹中隆"。

东淄中央带为北东向长轴背斜,是在东部兰聊断裂、西部长垣断裂的共同作用下形成的。裂陷初期为中生代末期,东淄凹陷东侧兰聊断裂开始活动,形成东陡西缓的箕状裂陷雏形;随着裂陷活动的加剧,东陡西缓的盆地形态不断发展,从而在西部斜坡带上产生了古近

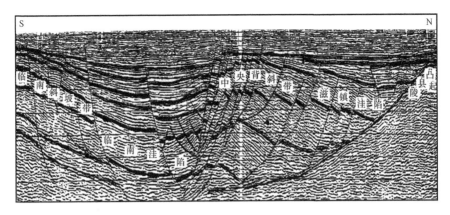

图 4 - 28 济阳坳陷惠民凹陷中央断裂半背斜构造带南北向地震剖面

纪的重力调节断层——黄河断裂的西掉断层,形成中央翘倾断块,凹陷西部东掉的长垣断裂产生,凹陷进入双断期。兰聊断裂、长垣断裂持续活动,黄河断裂落差也在不断增大(期间产生了背斜带的东掉调节断层),中央背斜带也就不断隆升,发育成了以基岩隆起为背景的中央构造背斜带。在老地层抬升、盐体上拱的双重作用下,背斜带上部也形成了莲花瓣式断裂组合,与控制背斜带的黄河断裂走向一致,剖面组合型式也主要为复式地堑(图 4 - 29)。另外从剖面上可以看出,中央带上存在明显的盐拱现象,莲花瓣式断裂消失于盐层之中,没有继续下切,说明盐体的作用力较大,也是中央带形成的一个重要力源。

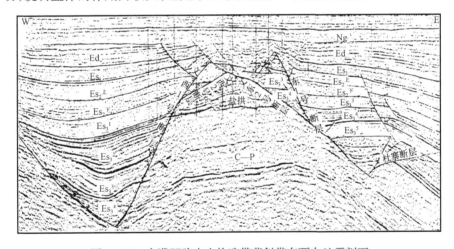

图 4 - 29 东濮凹陷中央构造带背斜带东西向地震剖面

三、构造坡折带、转换带与沉积相带的关系

近年来,林畅松(2000)对渤海湾古近纪湖盆的研究成果表明,长期活动的同沉积断裂可以形成"构造坡折带",这种构造坡折带不仅制约着盆地的充填可容纳空间的变化,还控制着低位体系域、高位体系域三角洲发育部位。

在中国东部中、新生代裂陷盆地中,沿陡坡或缓坡带常发育这种坡折。在沿盆地的陡坡带常发育两至三个断裂坡折带(同沉积断阶),控制着多个相带的展布(图 3 - 32)。盆内洼陷边缘断裂坡折一般构成盆地演化早期边缘冲积扇或浅水扇三角洲的沉积边界。随后盆地边缘断阶上超,形成凸起与斜坡边缘断裂坡折,并控制着扇三角洲沉积边界,而洼陷边缘坡折则控制着扇三角洲前缘砂质沉积加厚带;进入深水湖盆发育阶段,洼陷边缘断裂坡折控制着湖底浊积扇和低水位期扇三角洲前缘沉积带的分布,而凸起边缘坡折则控制着近端扇和扇三角洲的展布。在不发育断阶时,单一断裂坡折一直控制着盆地的沉积边缘,沿下降盘一侧粗碎屑体系垂向加积。随着湖水的加深,边缘扇从早期的冲积扇向扇三角洲、深水扇三角洲或湖底扇演化。在低水位期,水系可越过早期的堆积高地向盆地方向推进,形成低水位的进积三角洲沉积体。在高水位期,沿较陡的扇三角洲前缘—前三角洲带的重力滑动产生再搬运,可发育浊积湖底扇沉积,埕东断裂带可观察到这种断裂坡折类型。

(一)构造坡折带特征分析

在缓坡带,斜坡与洼陷边缘断阶坡折往往控制着盆地早期的主要沉积边缘,随后被超覆。凸起边缘断阶坡折则限定湖盆扩张期的沉积边界,而洼陷边缘坡折则制约三角洲前缘加厚带、浊积扇及低水位期进积楔状体的发育部位。在渤海湾盆地的沾化凹陷罗家斜坡带,沙河街组沉积期发育了二至三级断裂坡折,凸起边缘断裂坡折制约着沙四段和沙三段层序的河流—三角洲平原和扇三角洲的沉积相带,而洼陷边缘断裂坡折控制着三角洲前缘、深湖浊积或低水位相带的总体展布。

黄骅坳陷缓坡带属于多级低角度缓坡,可被划分为外带、中带、内带三个构造地貌单元(图4-30)。黄骅坳陷缓坡带的生长断层对缓坡带沉积厚度和沉积相带分布起着重要的控制作用。其中重要沉积界限是超覆不整合、剥蚀不整合线、生长断层线、侧向岩性尖灭线和岩性透镜体线。

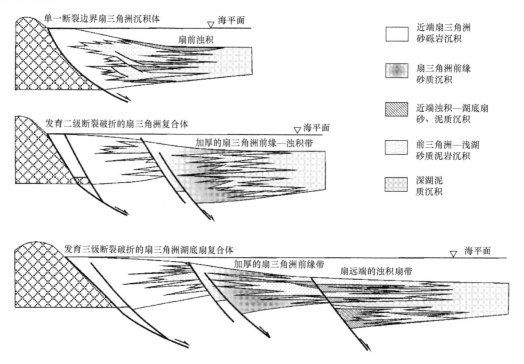

图4-30 裂陷湖盆陡坡断裂坡折带样式与沉积相分布示意图(据蔡希源,2004)

依据缓坡带对层序类型、地层结构特征的控制及地貌特征、成因,可将黄骅坳陷缓坡带分为低角度—多断—斜坡型缓坡、低角度—多断—单坡折型缓坡和高角度—多断—多坡折型缓坡三类,在不同的条件控制下形成了不同的沉积层序模式。

对层序中沉积体系空间展布规律的分析结果表明,在时间上,该缓坡带主要形成了两种沉积体系组合模式,即在沙河街组沉积期形成了辫状河三角洲—滩坝沉积体系—湖泊—浊积扇沉积体系组合,在东营组沉积期形成了曲流河三角洲—湖泊—浊积扇沉积体系组合。在空间上,由埕宁隆起向歧口凹陷方向,在该缓坡带发育三条水系和对应的三大物源区,在近东西方向上,分别发育三个辫状河三角洲扇体;在南北方向上,在斜坡区遭受剥蚀,在外带发育辫状河三角洲平原,在中带发育辫状河三角洲内前缘及滨浅湖滩坝沉积,在内带发育辫状河三角洲外前缘及浊积扇沉积(图4-31、图4-32)。

随着东营组沉积期构造运动逐渐减弱,湖盆逐渐萎缩,黄骅坳陷缓坡带缓坡坡度逐渐减小,河流流程增长,开始发育曲流河三角洲沉积体系,并在外带、中带、内带均有砂体分布,形成多层沉积体系的叠加。

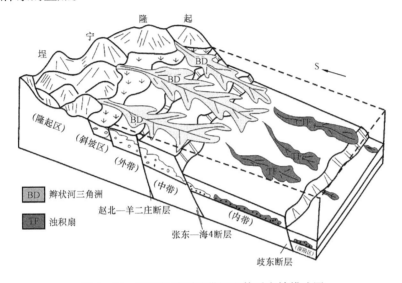

图4-31 黄骅坳陷缓坡带沉积体系充填模式图

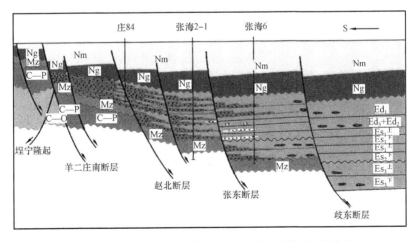

图4-32 黄骅坳陷缓坡带古近系层序与砂体垂向分布图

此外,黄骅坳陷缓坡带的不同地段表现出不同的特征,可将该缓坡带分为低角度—多断—斜坡型缓坡、低角度—多断—单坡折型缓坡和高角度—多断—多坡折型缓坡三种类型。由于不同类型的缓坡带对沉积砂体的发育具有不同的控制作用,从而形成了不同的沉积体系充填模式。现将不同缓坡类型的沉积体系充填模式总结如下。

1. 低角度—多断—斜坡型缓坡的沉积体系充填模式

在低角度—多断—斜坡型缓坡上,断裂不发育,坡度平缓,主要发育三、四级调整性断层。古地貌的形态对这种类型缓坡带的沉积体系的分布起控制作用,缓坡带被充填补平,形成坡度小、无明显古地形坡折的地貌特征。低位、湖侵和高位体系域发育不齐全。在平面上构成辫状河三角洲—滩坝—湖泊—湖底扇沉积体系分布模式。表明该区西部的坡度比较缓,在深水部位主要形成三角洲的前缘砂岩性圈闭,而在高部位的滨浅湖环境中则发育河道砂岩体,由此形成西部的沉积体系充填模式(图4-33)。

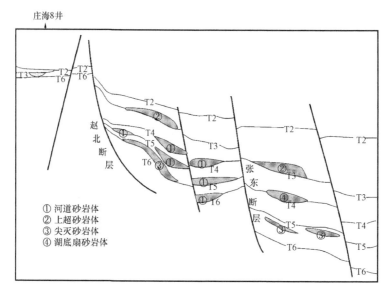

图4-33 黄骅坳陷缓坡带西部砂体分布模式图

此外,在层序发育的不同时期,沉积体系的分布模式也有所变化,其特点表现为:在层序的初始发育期,湖平面下降速度大于构造沉降幅度,湖平面下降,侵蚀基准面下降,在缓坡带的暴露区多发生过路不沉积现象,而无明显下切,低位扇也不发育,沉积厚度薄。在低位扇发育时该类缓坡带绝大部分趋于暴露状态,并迅速填平补齐,因此低位扇不发育;其沉积体系的分布模式为辫状河(区流河)三角洲沉积体系—滩坝沉积体系—湖泊沉积体系;在湖侵期湖平面上升迅速覆盖整个缓坡,形成向湖岸上超的滨浅湖相石灰岩层、生物灰岩层或砂岩层,以碳酸盐岩沉积体系—湖泊沉积体系为特点;在高水位期辫状河(曲流河)三角洲向盆地的进积或加积,以滨浅湖相砂泥岩或三角洲沉积为主,在碎屑物质供给不充分的条件下形成了滨浅湖相碳酸盐岩,其沉积体系的分布模式则以辫状河(曲流河)三角洲沉积体系—滩坝沉积体系为特点。

2. 低角度—多断—单坡折型缓坡的沉积体系充填模式

在低角度—多断—单坡折型缓坡上,单坡折型古地貌形态对这种类型缓坡带的沉积体系的分布起控制作用,地貌(断裂)坡折带往往是沉积物的主要卸载区,是有利储集体的发育区带。该类缓坡带为受主控断层的影响形成古地形坡折,穿过坡折带,地形坡度具有明显突变,从而使坡折带两侧的古水深、沉积相类型不同。

在沉积坡折带两侧体系域的叠置类型不同,坡折带之上发育下切谷、湖侵体系域及高位体系域沉积物;之下主要为低水位体系域扇体、湖侵体系域及高位体系域沉积物。在平面上构成辫状河三角洲—湖底扇沉积体系分布模式。表明该类型缓坡的坡度比较缓,在深水部位主要形成三角洲的前缘砂岩体圈闭,而在高部位的滨浅湖环境中则发育河道砂岩体圈闭(图4－34),由此形成该缓坡中部的沉积体系模式。

此外,在层序发育的不同时期沉积体系分布模式也有所变化,其特点表现为:在层序的初始发育期,湖平面下降速度大于构造沉降幅度,湖平面下降至坡折带以下,侵蚀基准面下降,前期沉积的三角洲体系露出水面,河道下切前期三角洲平原,在坡折带以上形成下切水道,其下形成斜坡扇,或直接进入深水区,形成盆底扇。这些扇体多以远源浊积扇或三角洲为其表现形式,分布于构造坡折带内侧,为低水位扇沉积,是隐蔽油气藏储层形成的重要时期;在湖侵期湖水面急速上升,盆内的骨架体系退积、消亡,深湖—半深湖相沉积层向盆缘上超,形成洼陷中广泛分布的巨厚的烃源岩层或盖层;在高水位期大型水系入湖形成了较大型的曲流河三角洲或辫状河三角洲。

3. 高角度—多断—多坡折型缓坡的沉积体系充填模式

在高角度—多断—多坡折型缓坡,由若干条相向的同沉积断层倾斜构成了缓坡带,并形成了凸缘坡折带和临洼坡折带。由于基底阶梯状断裂、盆倾断层活动的差异性,形成了向凹陷边缘呈台阶式逐级抬高的构造格局,进而控制了这种类型缓坡带的沉积作用。由于缓坡中断层的活动强度具明显的差异性,使得缓坡地形高差和沉积格局复杂化,导致沉积环境多变和沉积物厚度在断层下降盘增厚。在靠近盆地边缘的部位主要发育冲积扇—河流相,在缓坡带以发育三角洲、滨浅湖、滩坝为主,其次发育缓坡浊积扇、三角洲等沉积体系类型。显示了在该缓坡类型中形成了河道—辫状河三角洲—湖底扇沉积体系模式。表明在该类型缓坡带中的滨浅湖范围主要是水下河道砂岩体圈闭,在断层下降盘则形成近岸水下扇砂砾岩体圈闭。另外在高位体系域中还发育水退的叠瓦状砂砾岩体圈闭(图4－34)。

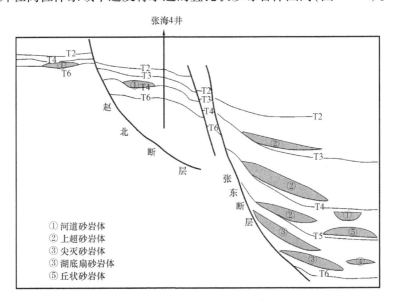

图4－34　黄骅坳陷缓坡带东部隐蔽圈闭分布模式图

(二)转换带特征分析

转换带是指在引张作用力的背景下,变形首先沿着应力集中区及地壳薄弱带发生脆性伸展。由于引张应力或变形地壳物质组成的不均一性,地壳中张应力集中区及地壳薄弱带不连续分布,可能表现为侧列式或受早期雁列节理影响而表现为雁列式。当一伸展断层与另一伸展断层发生接近或者叠覆时,为保持伸展平衡,将出现断层之间的应力传递,实现伸展位移转换。

随着断层垂直位移从两条断层中部向端部(调节带)逐渐减小,断层中部上盘半地堑凹陷与下盘半地垒凸起之间的地势和构造幅度均向调节带方向变小。因此,在横向调节带处形成地势和构造高差都要比断层段中部小的平缓区域。这里也是转换带下盘的地形比断层段中部要低的区域,主水系通常利用横向调节带下盘相对较低的地形作为通道进入上盘凹陷,转换带的砂砾岩体是重要的油气聚集带。这些调节带的断层下盘为地形相对低的地带,常发育山间河流,它们携带粗碎屑物质进入上盘鼻状凸起部分,并越过盆内次一级断层进入湖盆中心。因而,从湖盆边缘到湖盆中心,相应发育冲积扇、扇三角洲和浊积扇砂砾岩体。其中最常见的油气藏为鼻状凸起—岩性油气藏和岩性油气藏。东濮凹陷白庙横向鼻状凸起是这类油气聚集的典型实例。其沙三段构造图表明兰聊断层在沙三段沉积时期为分段断层系,断距最大处上盘发育前梨园次凹和葛岗集次凹,在它们之间为白庙横向鼻状凸起转换带,这里断层位移减小,下盘地势相对较低,发育一系列山谷和河口,携带粗碎屑物质进入湖盆边缘,形成冲积扇和扇三角洲砂砾岩体。扇三角洲水下分流河道越过盆内次一级杜寨断层进入湖盆中心,形成浊积扇砂岩体(图4-35)。油气富集在横向鼻状凸起的砂砾岩体中,发育三种类型油气藏:(1)油气富集在白庙鼻状构造最高部位,形成构造油气藏;(2)扇中分流河道砂岩储层沿上倾方向被物性变差和成岩胶结的扇根粗碎屑岩封堵,形成成岩次生油气藏;(3)扇中分流河道砂体沿上倾方向尖灭,形成岩性尖灭油气藏。

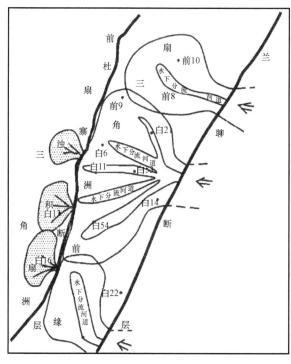

图4-35 白庙地区沙三段二组扇三角洲体系分布图

裂陷盆地的陡坡构造坡折带,来自下盘断崖上的水系短小,输入到盆地的沉积物量有限,因而都在断层上盘形成一些规模较小并沿断层分布的扇体或扇体群。很多情况下断崖上的输入系统是由一系列小的输入点组成的、并沿断层线状展布的线形输入体系。相反,在裂陷盆地的缓坡,水系规模和沉积物输入量都较大,因而可形成较大规模的扇体或扇体群。盆地轴向水系规模大、流域范围广,往往形成大规模的进积砂体,如著名的东营三角洲。东营凹陷陡坡带古近纪扇三角洲砂砾岩体和其中油气藏的分布可能也属于这种油气聚集类型(图4-36),从砂砾岩体分布的数量来看,控制其发育的分段断层系长度相对较小,Schlische(1995)称之为断层位移褶皱(fault line deflection folds),砂砾岩体分布于两条侧列断层末端的趋近处。

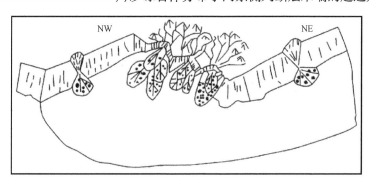

图4-36　沾化凹陷大王庄北侧列断层接近处发育的砂砾岩体(据谯汉生等,2001)

综合所述,可以获得以下初步结论,砂砾岩体分布受调节带控制,与控凹主断层位移变化有关,其中可以分出以下三种类型,见表4-1。

表4-1　控制砂砾岩体的断层相关褶皱类型

分段断层系和调节带特征	鼻状凸起和砂砾岩体特征	实例
Ⅰ类:分段断层走向基本平直,长度较长,侧列排列,推测为同向接近型或叠覆型调节带	鼻状凸起和砂砾岩体位于调节带处	东濮凹陷白庙地区、沾化凹陷大王庄北地区,相当于Schlische(1995)的分段断层相关褶皱
Ⅱ类:多条分段断层基本上平直,侧列排列,推测为同向叠覆型调节带,与Ⅰ类相比,断层长度较小	鼻状凸起和砂砾岩体位于调节带处,与Ⅰ类稍有差异的是鼻状凸起规模相对较小,砂砾岩体数目多,但规模较小	东营凹陷北部陡坡,相当于Schlische(1995)的断层位移褶皱
Ⅲ类:分段断层不平直,走向有变化,两条断层相交处断层面凸向下盘或者上盘的凸出位	在断层转向和断层面凸向盆或上盘的部分发育鼻状凸起和砂砾岩体	辽河盆地西部清水次凹的西南侧,相当于Schlische(1995)的短处转向褶皱

林畅松等(2000)将控制上述砂砾岩体分布的构造地貌背景概括为构造坡折带,并认为这是裂谷盆地层序分析和油气预测的重要概念。林畅松等(2000)根据渤海湾等盆地的研究,指出断裂(构造)坡折带具有以下特点:(1)断裂(构造)坡折带是同沉积断裂活动产生明显差异升降和沉积地貌突变的古构造枢纽带,构成盆内古构造单元和沉积区域的边界;(2)在湖盆发育期,断裂坡折带常常构成从浅水环境向深水或水下区过渡的突变界限;(3)断裂坡折带的断裂具有多种组合样式,受控于构造应力场,存在先存断裂系再活动及重力调节等作用。

四、凹陷类型

渤海湾盆地凹陷类型可以划分为以下六类：

(一)渐陷式发育的箕状裂陷深湖盆地

该类凹陷在渤海湾盆地分布比较普遍，为深层最有利的凹陷。主要有歧口凹陷(陆地部分)、南堡凹陷、东营凹陷、沾化凹陷、辽河西部凹陷、饶阳凹陷、霸县凹陷等(如图4－37)。其特点是：

(1)基本上为持续沉降的单断式深凹陷；

(2)主要成盆期为沙四上亚段—沙三段沉积期，而沙三段是成盆主体。沙一段至东营组沉积时期断裂活动强；

(3)生烃规模大，环境优越；

(4)属于深水沉积环境，近源扇三角洲和浊积体发育，生储盖组合条件好。

图4－37　板桥、北大港箕状渐陷式湖盆构造剖面

(二)平陷式发育近陆源的箕状裂陷深湖盆

这种构造样式形成的箕状裂陷湖盆的特点如(图4－38)：

(1)凹陷结构为箕状；

(2)近邻沧县隆起西部物源和北东向物源区以高含陆源有机质为突出特点；

(3)湖盆发育史为平缓沉陷式；

(4)以沙三段和沙二段沉积期为主要成盆期，沙三段为主要烃源层，沙二段、沙一段下部为主要储层，沙一段中部为区域泥岩盖层。

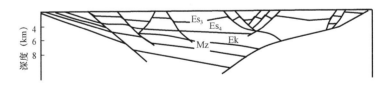

图4－38　东营箕状渐陷式湖盆构造剖面

(三)双断型渐陷式裂陷深湖盆

该类凹陷渤海湾盆地另一类有利的富油气深凹陷，主要发育于盆地南部，呈狭长形深裂陷，以东濮凹陷为代表(图4－39)，其主要特点是：

(1)湖盆结构为双断型；

(2)为渐陷沉降的裂陷深湖盆；

(3)沙四段、沙三段沉积期为主要成盆期，沙二段沉积后逐渐衰退；

(4)发育多套膏岩层，属于封闭的盐湖沉积环境。

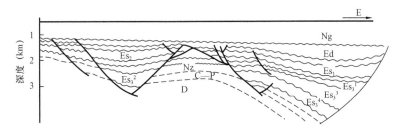

图 4 – 39　东濮双断渐陷式裂陷盐湖盆构造剖面

（四）双断式早陷后抬封闭型裂陷湖盆

该类型以沧东—南皮凹陷为代表（图 4 – 40），其主要特点是：

（1）裂陷早期发育始新统孔店组；

（2）孔二段沉积时期为湖盆主要发育期，生油层单一，上覆孔一段为储层，顶部发育泥膏层，组成一套完整的生储盖组合系统；

（3）始新统孔店组沉积时期强烈拉张沉陷，渐新世以后逐渐抬升，属早期沉陷后期抬升类型的凹陷；

（4）属母质类型好，深埋封闭还原环境的富油凹陷。

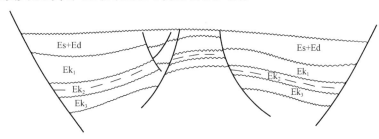

图 4 – 40　沧东—南皮双断式封闭湖盆构造剖面

（五）断坳型持续沉陷的深湖盆

该类凹陷主要分布在渤海湾盆地中心地带，以渤中凹陷最为典型，还有歧口凹陷（海域）及武清凹陷（图 4 – 41）。其突出特点是：

（1）裂陷深、沉降幅度大、沉积厚；

（2）凹陷结构为断坳型，经历了裂陷—断坳持续沉降阶段；

（3）凹陷阶段沉降幅度大，速率高，新近系馆陶组—明化镇组厚度可达 3500m，东营组厚度可达 1000～1500m，沉积速率达 0.4m/Ma；

（4）沙河街组沉积时期为主要成盆期；

（5）成烃层系多，热演化速度快，成熟度高；

（6）属非补偿式深湖盆，陆源沉积物质补给少。

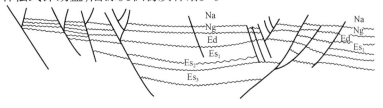

图 4 – 41　歧口海域断坳型深陷湖盆构造剖面

（六）早陷后抬式和早陷中抬式裂陷湖盆

廊固凹陷为早陷后抬式裂陷,分布在冀中坳陷西北缘,大兴凸起东侧。沙四段—沙三段沉积期为主要成盆期,为西降、东翘的箕状凹陷(图4-42)。沙三段沉积末期,以后南升北降,隆剥过程造成了复杂的生、运、聚、散成藏过程。

北塘凹陷为早陷中抬再沉陷的湖盆,沙三段沉积期为主成盆期,分布在黄骅坳陷北区西缘,以近陆源的丘陵状洼槽型湖盆为显著特征(图4-43)。

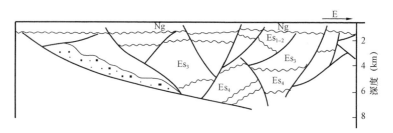

图4-42 廊固早陷后抬型箕状湖盆构造剖面

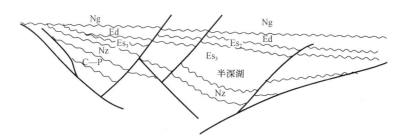

图4-43 北塘近陆源丘陵洼槽型湖盆构造剖面

五、沉积体系

渤海湾盆地演化形成两大沉积旋回。古近纪始新世至渐新世的裂谷裂陷发育期,是盆地主要发育时期,新近纪进入裂谷后坳陷期,是坳陷热沉降阶段,盆地准平原化,没有再发生大规模沉陷作用(陈发景等,1992;翟光明,1992)。

（一）渤海湾盆地演化阶段

渤海湾盆地演化阶段可细分为三个演化阶段,在不同阶段中有规律地分布着各类沉积体系(表4-2,图4-44)。

(1)前裂谷阶段(裂谷早期):多发生在前古近系,主要发育多期造山运动及裂陷运动。岩石是裂谷作用前原生的岩石,可能为伸展前的结晶基底、变质岩或沉积物。保存下来的前裂谷期地层要比裂谷伸展时代老。在主动裂谷中,前裂谷期的沉积物可能遭受剥蚀,在地堑内没有保存下来。

(2)裂谷阶段(裂谷扩张期):初始期主要位于低水位期,以膏盐湖沉积为主,包括有冲积扇体系、辫状河、砂质河、冲积平原、膏盐湖、红色岩系及局部的火山岩分布等;发展期即水进期:水域扩大,湖水加深,发育多种沉积体系,包括扇三角洲、各类滨岸砂、缓岸湖三角洲、近岸水下扇、深水浊积岩及局部的淡水碳酸盐岩系等。

(3)后裂谷阶段(裂谷萎缩期):盆地收缩,湖水从高位逐步水退,以河流、三角洲沉积体系为主。进入裂谷后坳陷阶段沉积,以辫状河、辫状平原及砂质河冲积平原为主,盆地准平原化。总的古近—新近系厚度可达万米以上,其中古近系厚达 6000~8000m;新近系厚达 2000~2500m。裂陷期的沉降速率可达 160~200m/Ma,坳陷期沉降速率达 88~110m/Ma,新近系厚度向渤海湾海域中逐步加大。其沉积充填演化过程为:陆地沉积—水进沉积—水退沉积—陆地准平原。

表4-2 渤海湾盆地新生代构造演化特征简表

地层层序				厚度(m)	年龄(Ma)	沉积旋回	代表性沉积相	构造演化系列	构造运动学特制
第四系		平原组		202~464	2.0		冲积平原相	晚期	区域性整体沉降,形成大尺度碟状坳陷盆地,盆地区内断块间差异升降活动不明显,走滑构造带仍有继承性活动
新近系	中新统	明化镇组		1694	15.8		河流沼泽相	中期	
		馆陶组		466	24.0			早期	
古近系	渐新统	东营组	东一段	300~1200	30.3		河流沼泽相 浅湖相 三角洲相	渤海湾升降 控制凹陷的边界断层继承性活动,并发育大量盖层正断层,半地堑构造斜坡上发育反向盖层正断层。北北东向深断裂带的右旋走滑作用引起的地壳断块间的走滑运动叠加在水平伸展运动之上
			东二段						
			东三段		36.0				
		沙河街组	沙一段	100~370			湖盆相 三角洲相		
			沙二段	150~240	38.0			济阳升降	
	始新统		沙三段	320~1000			深陷湖盆相 浊积相 深湖相	孔店升降	以铲式正断层控制的断块掀斜运动为主,大部分凹陷在此阶段定形
			沙四段	300~1000	42.5		深水膏盐沉积相		
		孔店组	孔一段	400~1600	45.5		闭塞湖盆相		高角度正断层控制的断块间差异升降运动,早期断块的掀斜运动不明显,晚期有多米诺式断块掀斜运动
	古新统		孔二段		50.0				
			孔三段		55.0 60.0				
								前裂陷阶段	多期造山运动及裂陷运动

(二)沉积体系特征

渤海湾盆地古近纪裂谷演化历史可划分为三个阶段(薛叔浩,1997),即沉积发育演化经历了三个二级旋回(图4-44),沉积充填同裂谷期层序由多个粗细粗旋回组成,夹火山岩。每一裂陷伸展期后,盆地区普遍经历了短暂的区域隆升,并使部分先期沉积的地层遭受剥蚀,形成区域范围内可以对比的几个微角度不整合面或平行不整合面。表4-3归纳了渤海湾盆地新生代构造演化及沉降—沉积环境变迁的基本特征。

1. 第一旋回——孔店组三段—孔一段

沉积持续时间为 14.6Ma(伸展Ⅰ期——古新世中期—始新世中期)。

古新世中期,渤海湾盆地区在区域隆起背景上拉开了新生代裂陷作用旋回的序幕。裂

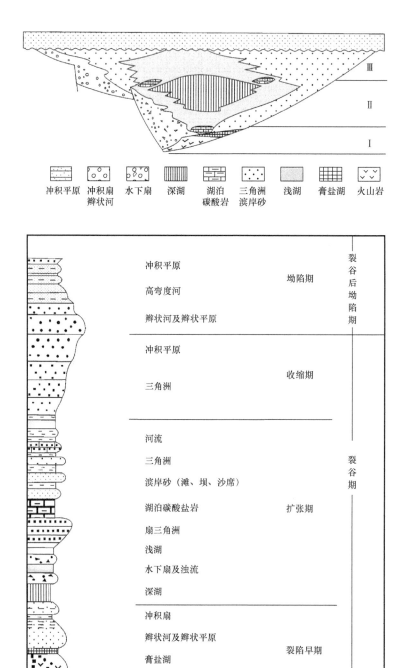

图例说明：

| 冲积平原 | 冲积扇辫状河 | 水下扇 | 深湖 | 湖泊碳酸岩 | 三角洲滨岸砂 | 浅湖 | 膏盐湖 | 火山岩 |

图中标注：Ⅲ、Ⅱ、Ⅰ

沉积相	构造期	构造阶段
冲积平原	坳陷期	裂谷后坳陷期
高弯度河		
辫状河及辫状平原		
冲积平原	收缩期	裂谷期
三角洲		
河流	扩张期	
三角洲		
滨岸砂（滩、坝、沙席）		
湖泊碳酸盐岩		
扇三角洲		
浅湖		
水下扇及浊流		
深湖		
冲积扇	裂陷早期	
辫状河及辫状平原		
膏盐湖		
火山及火山碎屑岩		

图 4-44　渤海湾盆地结构及沉积序列

陷伸展过程中,沿着北北东—北东向断裂和北西—北北西向裂陷带形成一系列裂陷湖盆,并有较强烈的基性火山岩喷发。古新世中晚期的裂陷可能仅发生在现今的华北平原区,始新世进一步波及渤海海域及下辽河平原区。

湖盆中充填的孔店组层序具有多沉积中心、岩性及厚度变化大并发育局部不整合等特点。自下而上大致可分为两个建造序列:

表4-3　渤海湾盆地沉积体系和沉积环境归类表

沉积体系	沉积环境		分布
冲积	冲积扇		各阶段
	冲积平原	辫状河	同裂谷沉降阶段和裂谷后沉降阶段早期
		砂质低弯度河	同裂谷沉降阶段和裂谷后沉降阶段早期
		蛇曲河	裂谷后沉降阶段中晚期
滨岸	三角洲	扇三角洲	主要分布于同裂谷沉降阶段
		辫状河三角洲	同裂谷沉降阶段
		正常三角洲	裂谷后沉降阶段
	滨浅湖	间歇潜水湖	裂谷后沉降阶段
		洪泛平原湖	裂谷后沉降阶段早期
		滨浅湖	各阶段
半深湖/深湖	半深湖/深湖		各阶段
	水下沉积物重力流		各阶段
火山岩/火山碎屑岩	火山岩/火山碎屑岩组合		主要分布于同裂谷沉降阶段

（1）孔三段和孔二段组成的粗碎屑岩—基性火山岩—湖相泥岩建造；

（2）孔一段的碎屑岩—基性火山岩—膏泥岩建造。反映裂谷盆地的快速沉降、快速补偿、湖盆闭塞及伴有较强烈火山作用的特征。

孔店组分布较为局限，沉积区主要受深大断裂带控制，而且沉积裂陷相对窄小。孔店组沉积早期沿区域深大断裂发生，持续时间较长，分布有厚度巨大的基性火山岩。

孔二段为第一沉积旋回的湖侵扩张和深陷阶段，该时期以浅湖环境为主，但在凹陷边界，断层下降盘由于其断裂强烈活动，因此形成了深水环境沉积区和近岸水下扇沉积。如潍北凹陷北界大断层下降盘（图4-45）、廊固凹陷桐柏断层下降盘、晋县凹陷西界边界大断层下降盘、沧东—南皮凹陷沧东断裂下降盘等。

2. 第二旋回——沙四—沙三段

沉积持续时间为11.5Ma（伸展Ⅱ期——始新世中晚期）。沙四段的沉积仍部分继承了伸展Ⅰ期的特点，在沙三段沉积之前，渤海湾盆地曾发生过区域性构造隆升，形成了沙三段与下伏地层间的微角度不整合。这一不整合在黄骅盆地孔店地区表现得最为明显，命名为"孔店升降"（相当于华北运动Ⅰ幕，阎敦实等，1980）。

沙四上—沙三中亚段是渤海湾盆地水下扇最为发育的层段，沙四段与沙三段在渤海湾大部分地区均为连续沉积。沙四下亚段沉积时期在干热气候控制下普遍发育红色沉积、膏盐沉积和碳酸盐沉积。但在沙四上亚段沉积时期气候逐渐转为潮湿、边界断层活动趋于强烈。济阳、辽河、冀中等坳陷各个主要沉积湖盆（裂陷）普遍湖侵、水体逐渐变深，因此在各裂陷湖盆的边界断层下降盘发育深水环境的湖相泥岩和近岸水下扇砂体，如东营北带沙四上亚段、廊固凹陷大兴断层下降盘沙四上亚段水下扇砂体等。

沙三段沉积期控制沉积凹陷边界的主干伸展断层发生继承性活动，且大部分主干伸展断层已由早期的平面式断层演化成为铲式或坡坪式正断层，而凹陷内部的基底次级断

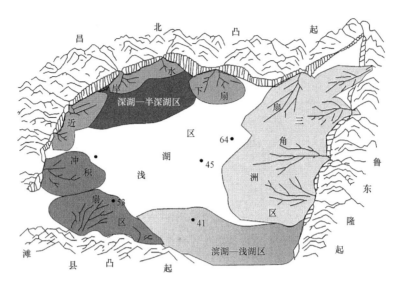

图 4 - 45　潍北凹陷孔二段沉积环境图(据唐其升,1992)

层大多数已不再活动,湖盆凹陷多表现为半地堑结构特征,岩性和厚度变化的规律性强。由于边界主干断层的强烈伸展活动,导致形成深陷湖盆,发育良好的深湖相生油泥岩与浊积砂岩。

沙三段处于第二旋回的中部,此时渤海湾盆地大幅度沉降,且古气候除盆地南部较干热外,大都较孔店组沉积期和沙四段沉积期温湿,因此各个裂陷湖盆水体普遍较深,深水域范围广,所以大套深水暗色泥岩夹各种类型重力流的砂岩、砂砾岩是这个时期的普遍特征。凹陷的沉降、沉积中心相对比较稳定。与孔二段、沙四上亚段水下扇砂体主要局限分布于边界大断层下降盘不同,由于沙三段沉积期水体深,范围大,因此在盆地中央和缓坡也发育大规模的湖底扇和斜坡扇。

3. 第三旋回——沙二段—沙一段—东营组

沉积持续时间为14.9Ma(伸展Ⅲ期——渐新世)。

始新世末期,湖盆又一次萎缩抬升,部分遭受剥蚀,形成了沙三段与沙二、沙一段之间的微角度不整合,这一次升降运动命名为"济阳升降"。

渐新世初,在先存盆地构造基础上进一步发生渐进式裂陷伸展,使湖盆继续发展,并发育了沙二—沙一段和东营组两套地层建造。与沙三段沉积期相比,沙二—沙一段沉积期和东营组沉积期的构造运动有两个明显不同的特点,一是在凹陷边界的伸展断层发生继承性活动的同时,凹陷内部沉积层中发育了大量断层,使凹陷内部的沉降—沉积中心发生分散和不规则转移;二是与伸展构造系统走向大致平行的三个区域走滑构造带在此期间有明显的右旋走滑活动。

沙一段沉积期是渤海湾盆地又一个深水期,特别是渤海湾海域及滩海地区。此时期气候湿润,水体充沛,但盆地内部凸起在经历了始新世和早中新世剥蚀之后,高度明显降低,范围缩小,沙一段普遍超覆在凸起之上,因此盆地内部物源普遍减少,沉积物以泥岩和碳酸盐岩发育为特征。

东营组特别是东二段为渤海湾滩海及海域深水发育区,沿边界物源区发育一系列近岸水下扇沉积,如南堡凹陷。

综上所述,我们认为,由于渤海湾盆地的箕状半地堑盆地与凸起对偶性,地形反差大,沉积物源近,湖盆深度变化大,渤海湾盆地具有自己独特的沉积体系和沉积模式(表4-3,图4-46)。其总体特征是在凹陷陡坡带发育冲积扇、扇三角洲、近岸水下扇等砂砾岩体群;在缓坡带主要发育冲积扇、河流、三角洲体系及滨浅湖滩坝;在凹陷中央则发育湖相泥岩及浊积砂体;沿着深大断裂有玄武岩喷溢或侵入。

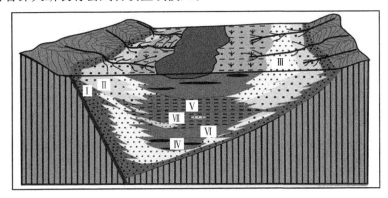

图4-46 裂谷裂陷湖盆沉积模式(据窦立荣,1997)

Ⅰ—冲积扇;Ⅱ—水下扇;Ⅲ—扇三角洲;Ⅳ—浊积扇;Ⅴ—河沼扇;Ⅵ—半深湖相;Ⅶ—深湖相

第三节 中国东部松辽盆地

一、地质概况

松辽盆地位于中国的东北部,是中国东部一个大型的主动裂谷盆地,是与太平洋板块低角度俯冲有关的弧后裂谷盆地,是一个大型的含油气盆地。盆地面积相当于现今的松嫩平原;松辽盆地地跨黑龙江省、吉林省、辽宁省及内蒙古自治区,南北全长820km,东西宽350km,面积约为$26 \times 10^4 km^2$,盆地展布形态为北北东向(图4-47)。

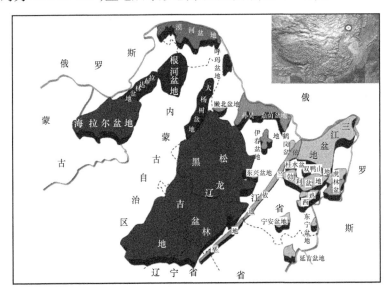

图4-47 松辽盆地地理位置图

松辽盆地是一个大型的非海相沉积盆地,从盆地的演化史看,经历了早期裂陷(晚侏罗纪—早白垩世早期)、中期坳陷(早白垩世中期—晚白垩世中期)和晚期萎缩(晚白垩世晚期)的发展阶段。与海相盆地相比,虽然在不同时期盆地具有多物源、湖平面变化率大、受气候影响大、构造运动强烈等特点,但由于不同时期地层沉积具有周期性、旋回性和韵律性,因此,它为陆相不同类型盆地的层序地层学研究提供了很好的实例(高瑞祺等,1995)。盆地内油气资源十分丰富,已寻找出中国最大的陆相油气田。因此,分析该盆地的层序地层特征与油气分布的关系对陆相盆地的油气勘探有着十分重要的意义。

二、构造特征

(一)构造运动

晚侏罗世,中国东北部已转化活动大陆边缘,洋壳板块开始向大陆下俯冲,板块俯冲引起熔融物质上升聚集于岩石圈底界,使岩石圈隆起,熔融物质增多,在密度作用下发生对流,对流使壳下岩石圈发生热减薄,同时熔融物质沿地壳薄弱带或早期断裂底辟上升,发生火山喷发,随着熔融物质增多,壳下岩石圈减薄,发生大而猛烈的火山喷发。进入早白垩世,板块俯冲作用减弱,同时熔融物质增多,对流范围增大导致引张应力增强,岩石圈发生侧向分离,上地壳伸展,裂谷盆地形成。进入早白垩世晚期,在陆壳增生,俯冲带后退过程中,地幔热流快速衰减,伸展作用也相应停止,岩石圈冷却,盆地由裂陷转化为坳陷(图4-48)。

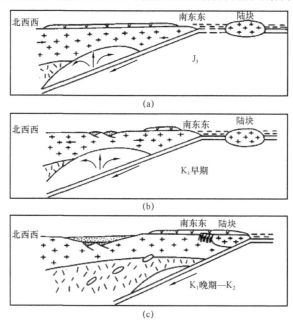

图4-48 松辽盆地形成与演化动力学模式

松辽盆地基底和盖层岩石组合发育特征表明它主要是在海西期褶皱基底之上发育起来的晚中生代裂陷盆地。在早白垩世早期盆地以伸展作用为主,形成了松辽盆地早期相互分割的裂陷盆地。根据裂陷分布位置和构造特征,早期裂陷可划分为四个裂陷带:(1)东部裂陷带;(2)中央隆起裂陷带;(3)西部裂陷带;(4)西部斜坡裂陷带。它们走向近南北,多为半地堑,在早白垩世裂陷作用期间,伴随断裂运动,沿边界正断层普遍有岩浆喷溢地表,因而在松辽盆地早期裂陷沉积中含有大量火山岩与火山碎屑岩。

松辽盆地的发展过程经历了早白垩世早期的裂陷阶段,上白垩统登娄库组沉积期开始到嫩江组沉积末期的坳陷阶段和嫩江组沉积末期的反转运动、明水组—四方台组的压扭皱陷阶段。根据盆地基底的时代,岩性及断裂特征,后裂谷期盖层厚度变化及反转期构造变形强度的变化等特征,将盆地内构造单元划分为六个一级构造单元(图4-49):(1)中央坳陷区;(2)西南隆起区;(3)东南隆起区;(4)东北隆起区;(5)西部斜坡区;(6)北部倾没区(图4-50)。

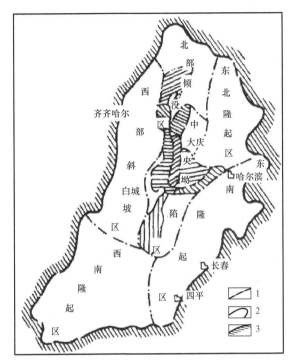

图4-49 松辽盆地坳陷构造单元

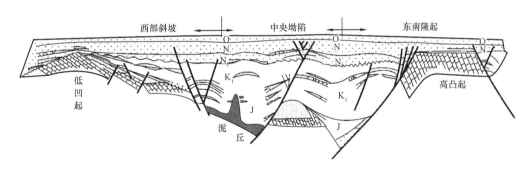

图4-50 松辽盆地松辽盆地南部构造模式图(据大庆油田研究院,2002)

(二)构造带构造样式

松辽盆地裂谷期断裂构造的研究结果表明,同一裂陷群(松辽裂陷群是东北裂谷系的一个组成部分)的断层产状尤其是主要断层的倾角在空间上的组合具有规律性,倾角与倾向关系密切,不同倾角的断层在空间上组成有机的整体,进而构成裂谷系的一个单元。断层倾角与拉张作用的总强度及其在空间上的分配有关。拉张强度越大,断层旋转越强,倾角越小;总拉张量一定时在空间上的分配往往不均一,拉张大的区域断层的倾角小。松辽盆地裂谷期断层即具有这个特征。

对松辽盆地裂谷期裂陷的研究近年来有了显著的进展(陈发景,1992;张功成,1994;陆伟文,1998)。1985年以前的地震剖面上仅能识别模糊的轮廓,据此有些学者认为裂陷的边界断层是高角度的正断层,裂陷结构是对称的地堑(黄汲清,1956)。1985年以后随着数字地震技术的应用,剖面的信噪比得以提高,裂陷的结构才被清楚地揭示出来。但有关边界断裂的几何学问题的争论却更为激烈。陆伟文(1989)指出松辽盆地北部(松花江以北的地区)地区存在低角度的正断层。周章保(1991)认为大庆长垣以东的断层缓倾,以西的断层陡倾,并把这种变化归结为岩石物理性质的不同。刘立(1993)认为大庆长垣以东断层东倾,以西断层西倾。王燮培(1994)指出北部裂陷群地堑边界主断裂均向东缓倾。上述不同认识的根源有两点,其一,各作者研究的范围不同,对裂陷的识别标准不同;其二,研究工作主要限于北部,对松辽盆地南部没有考虑;对裂陷边界主断裂的倾向和倾角没有同时予以考虑。据此张功成及蔡希源等人解析了松辽裂陷群所有规模较大的裂陷盆地的地震横剖面,发现该区裂陷的边界主断裂依其倾角和倾向的关系可分为两组:西倾断裂倾角陡;东倾断裂倾角由西向东渐渐变陡,但总体上来说断层倾角较缓。前一类断裂的数量比后一类数量少。

根据伸展构造和反转构造样式及沉降史、热史和火山岩资料,松辽盆地的演化可分五个阶段,不同的阶段形成不同的构造—地层组合:(1)穹隆和火山作用阶段(晚侏罗世),形成裂谷早期火山岩(属钙碱性玄武岩及钾玄岩系列)组合;(2)弧后伸展裂陷作用阶段(早白垩世沙河子组沉积期和营城组沉积期),形成裂谷扩张期含煤、含油碎屑岩夹火山岩组合;(3)热冷却坳陷阶段(早白垩世登娄库组沉积期至晚白垩世嫩江组沉积期),形成后裂谷期含油碎屑岩组合;(4)构造反转阶段(嫩江组沉积期末至明水组沉积期末),形成反转挠曲期粗碎屑岩组合;(5)新生代再伸展阶段,形成大陆裂谷期粗碎屑岩组合。

松辽盆地是在加里东期褶皱带、早海西期和晚海西期—印支期增生褶皱带基础上发育起来的中、新生代多期复杂叠合型盆地(图4-51)。

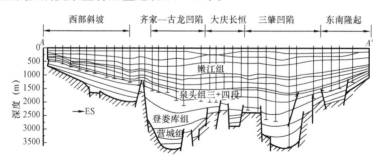

图4-51 松辽盆地地质结构图(据大庆油田研究院,2002)

松辽裂陷群中各个裂陷在横剖面上表现为不对称的半地堑形态。鉴于其边界断裂在裂陷演化中的重要性,将这些半地堑分为三种类型,即边界主断裂陡倾的半地堑(图4-52)、边界主断裂缓倾的半地堑、边界主断层带由缓倾断裂和陡倾断裂共同构成的半地堑。第一类较陡的一侧是主边界断层(带),较缓的一侧是单斜,同向和反向阶梯状断层组合或挠曲;第二类仅有一条缓倾的主断层,另一侧次级断层不太发育;第三种类型如林甸裂陷(图4-53),其边界主断层带由不同时期形成的缓倾断层和陡倾断层构成。

松辽盆地南部裂陷带可划分为地堑式(又称双断式裂陷)、半地堑式(又称单断式或箕状裂陷或楔状裂陷)和复合式三种主要构造样式。

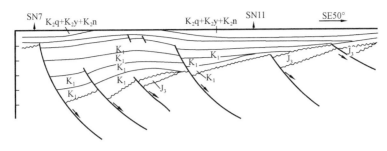

图 4 - 52　梨树裂陷构造横剖面图

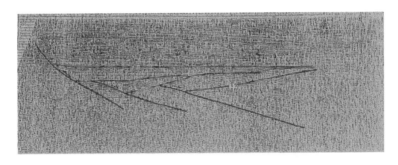

图 4 - 53　林甸裂陷构造横剖面图

1. 地堑式裂陷(又称双断式裂陷)

地堑式裂陷盆地两侧均受断裂控制。这些断裂有时成组出现,断面上呈阶梯状,地堑式裂陷盆地一般沉降幅度大,活动时间长,呈窄长状展布,往往在盆地发育初期沿断裂带有火山喷发现象,火山喷发后断裂仍断续活动,在盆地内形成冲积扇、扇三角洲、滨浅湖、重力流、半深、深湖对称沉积充填模式和沉积体系(图 4 - 54)。

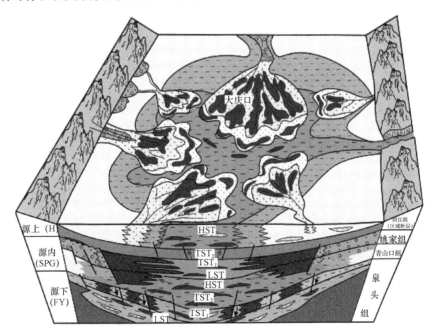

图 4 - 54　双断式裂陷对称沉积充填模式

2. 半地堑式裂陷（又称单断式或箕状裂陷或楔状裂陷）

中部断隆区以西的中部裂陷区主要表现为双断式特征。以梨树裂陷为例。半地堑式裂陷盆地是在盆地一侧发育有同生控陷边界断裂，而另一侧断裂则不发育，表现为沉积超覆现象，盆地横剖面呈箕状。半地堑裂陷盆地十分发育，数量多，但规模较小，沉积时间较短（图4-55）。此类裂陷一般存在火山、火山—沉积、沉积三种充填方式。火山作用往往出现在盆地形成的早期，并沿盆缘断裂一侧分布。中晚期形成冲积扇—扇三角洲—湖泊沉积体系。在同生断裂不发育的一侧往往形成冲积平原河流—三角洲—湖泊沉积体系。

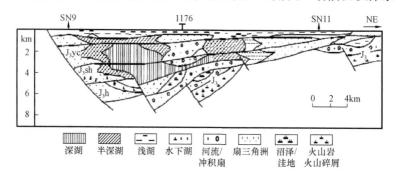

图4-55 半地堑式裂陷沉积充填模式（梨树裂陷）

3. 复合式裂陷

复合式裂陷是由两个或两个以上半地堑式或地堑式盆地连接而成。这种类型的盆地一般规模较大，盆地复杂，早期表现为分割式的地堑式或半地堑式，晚期或沉陷最大期大多数裂陷相连通，形成复合式裂陷盆地。开鲁裂陷便是典型的例子（图4-56）。

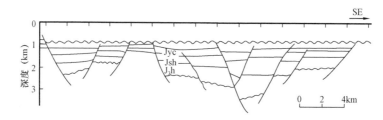

图4-56 开鲁盆地地堑中坳陷93.8测线地质剖面

三、沉积充填类型

通过沉积背景分析、微相（microfacies）分析、结构元素（architecture elements）分析、地震相分析和测井相分析，在松辽盆地中、新生代地层中识别出如下17类沉积环境及亚环境，即冲积扇、上游辫状河、中游辫状河、充填砾石河道、顺直河、低弯度曲流河、高弯度曲流河、扇三角洲、三角洲、滨岸砂泥坪与河流末端扇、洪泛湖、滨岸沙席与冲洗沙滩、岸外沙坝、水下重力流、水下水道末端扇、深水湖和沼泽环境。上述环境和亚环境可归纳为9类沉积体系，即冲积扇、砾岩河、砂岩河、扇三角洲、三角洲、滨岸砂泥坪与河流末端扇、洪泛湖、滨岸和深水湖及水下粗碎屑沉积（包括水下重力流和水下水道末端扇）体系。

在盆地的不同发展阶段，因盆地构造环境和构造应力场不同的，所发生的沉积作用有所差异，因而沉积充填类型也不同。不同的裂陷其充填特征亦有差异。尽管中、晚期盆地以坳陷作用为主，但是断裂作用仍然存在，甚至边界断裂迄今仍在活动，表明在总体以坳陷作用为主的背景上，仍然含局部的裂陷作用（图4－57）。

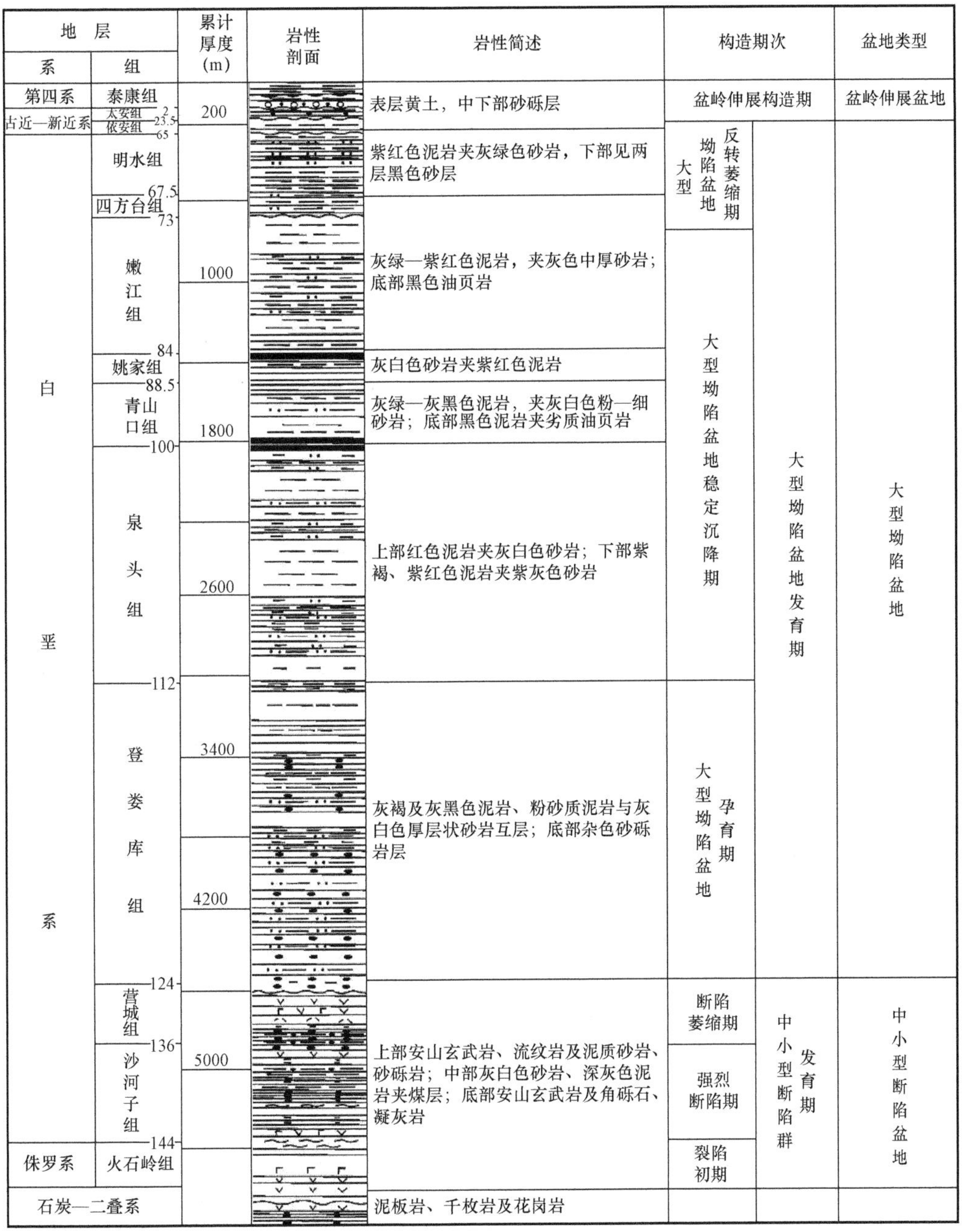

地层
系
组
累计厚度(m)
岩性剖面
岩性简述
构造期次
盆地类型
第四系
泰康组
古近—新近系
太安组
依安组
2
23.5
65
200
表层黄土，中下部砂砾层
盆岭伸展构造期
盆岭伸展盆地
明水组
67.5
紫红色泥岩夹灰绿色砂岩，下部见两层黑色砂层
大型坳陷盆地反转萎缩期
四方台组
73
嫩江组
1000
灰绿—紫红色泥岩，夹灰色中厚砂岩；底部黑色油页岩
84
姚家组
灰白色砂岩夹紫红色泥岩
88.5
青山口组
1800
灰绿—灰黑色泥岩，夹灰白色粉—细砂岩；底部黑色泥岩夹劣质油页岩
100
大型坳陷盆地稳定沉降期
大型坳陷盆地发育期
大型坳陷盆地
白垩系
泉头组
2600
上部红色泥岩夹灰白色砂岩；下部紫褐、紫红色泥岩夹紫灰色砂岩
112
登娄库组
3400
4200
灰褐及灰黑色泥岩、粉砂质泥岩与灰白色厚层状砂岩互层；底部杂色砂砾岩层
大型坳陷盆地孕育期
124
营城组
136
沙河子组
5000
上部安山玄武岩、流纹岩及泥质砂岩、砂砾岩；中部灰白色砂岩、深灰色泥岩夹煤层；底部安山玄武岩及角砾石、凝灰岩
断陷萎缩期
强烈断陷期
中小型断陷群发育期
中小型断陷盆地
144
侏罗系
火石岭组
裂陷初期
石炭—二叠系
泥板岩、千枚岩及花岗岩

图4－57　松辽盆地剖面图（据大庆油田研究院，2002）

（一）裂谷早期

晚侏罗世，由于伊泽奈崎板块以北北西方向快速向亚洲大陆呈低角度俯冲，东北地区（包括松辽地区）处于挤压隆起状态，同时上地幔发生局部熔融作用和上涌，沿断裂上升并在地表发生大规模火山喷发，因而在东北地区广泛分布兴安岭群的火山岩系。局部有粗碎屑沉积。盆地中亦为以火山岩为主夹粗碎屑的沉积组合（图4－58）。

旋回	时间	地层	沉积特征	火山活动	构造演化
上部裂陷旋回	第四纪	第四系	全盆地分布。以河流相粗碎屑为主	平静期	坳陷期 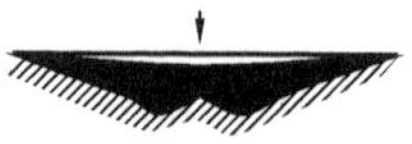
	新近纪	太康组大安组			
	渐新世	依安组			
	古—始新世	乌云组	见于孙呈地堑	活动期	断陷期 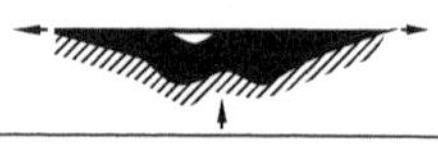
反转期	晚白垩世	明水组四方台组	分布于褶皱内,为河湖相沙泥岩	平静期	反转期 
		嫩江组姚家组青山口组	分布广泛,超覆于变质基底上,主要为湖泊相,次为河流相砂泥岩	偶见	坳陷期 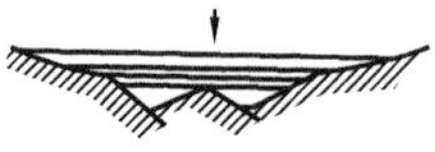
下部裂陷旋回	早白垩世	泉头泉			
		登娄库组营城子组沙河子组	展布于断陷内,为沼泽、湖泊、河流相	小规模	裂谷期 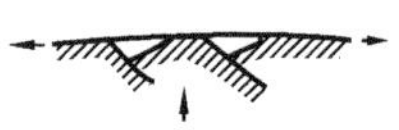
	晚侏罗世	兴安岭组	大面积分布火山岩	大规模	区域隆起 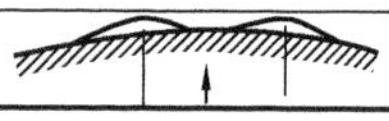

图 4-58 松辽盆地演化及沉积特征示意图

(二)裂谷扩张期

早白垩世沙河子组沉积期和营城组沉积期,伴随着板块俯冲作用的减弱,板块由聚敛转为背离活动,这时,岩石圈伸展,形成了一系列由边界正断层控制的互相分隔的盆地,并伴随小规模的火山喷发。这些裂陷盆地发育的早、中、晚期,其沉积充填类型有所不同。不同的裂陷其充填特征不同(图 4-59)。

早期,即裂陷初期,沉积物较粗,其沉积充填类型有三种。(1)火山岩及火山碎屑岩充填:火山岩和火山碎屑岩为主要的充填物,在火山喷发的间歇期及火山喷发产生的低洼地带,沉积了杂色砂砾岩及煤层(如绥化裂陷、齐家裂陷等)。(2)冲积扇—砾岩河充填:多发育于箕状裂陷,物源主要来自陡坡(常家围子裂陷)。(3)冲积扇—砂岩河充填:盆地边部为潮湿型冲积扇,扇间为沼泽,盆地中央发育纵向砂岩河及沼泽洼地(如十屋裂陷)。

中期,测井曲线上表现为退积和加积的沉积特征,地震剖面上为一套上超反射,有三种充填类型。(1)砾岩河—沼泽平原充填(如中和裂陷):沉积物以粗碎屑为主,含多层煤,物源主要来自缓坡。(2)扇三角洲—深湖—水下重力流充填(如柳条裂陷):陡坡带扇三角洲发育,向盆地中央过渡为深湖,发育水下重力流沉积。(3)冲积扇—滨岸—深水湖充填:盆地边缘发育小型冲积扇,扇前为冲积平原,盆地中央发育滨岸沉积和深水湖沉积,短轴方向提供物源(如德惠裂陷)。

晚期,为冲积扇—砂岩河—三角洲—深湖—水下重力流充填:盆地四周提供物源,其中发育水下重力流(包括重力流水道和低密度浊流)沉积(如徐家围子裂陷)。

(三)裂谷期后坳陷阶段

登娄库组沉积期至嫩江组沉积期,板块俯冲作用停止,热史分析表明,裂谷期松辽盆地具有高热流值,热流值最高为 2.5HFU,从此进入热衰退阶段,由于岩石圈冷却,盆地进入坳陷阶段。

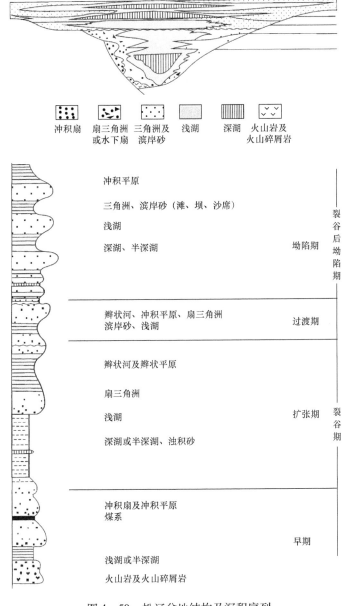

冲积扇	扇三角洲 或水下扇	三角洲及 滨岸砂	浅湖	深湖	火山岩及 火山碎屑岩

冲积平原

三角洲、滨岸砂（滩、坝、沙席）

浅湖

深湖、半深湖 — 坳陷期 — 裂谷后坳陷期

辫状河、冲积平原、扇三角洲
滨岸砂、浅湖 — 过渡期

辫状河及辫状平原

扇三角洲

浅湖

深湖或半深湖、浊积砂 — 扩张期 — 裂谷期

冲积扇及冲积平原
煤系

早期

浅湖或半深湖

火山岩及火山碎屑岩

图4-59 松辽盆地结构及沉积序列

登娄库组和泉头组为断坳过渡期和坳陷初期的沉积产物,断裂对沉积有一定程度的控制作用。这时有三种沉积充填类型。(1)冲积扇—河流—洪泛湖充填(发育于登娄库组下部及泉头组下部):盆地边缘发育冲积扇,扇前为河流,盆地中央为洪泛湖(指盆地中央的浅水湖,枯水期即水退后则为砂岩河及冲积平原)。(2)冲积扇—砂岩河—河流末端扇及滨岸砂泥坪—浅湖充填(发育于登娄库组中部及泉头组中部):盆地边缘发育规模不大的冲积扇,扇前为宽广的砂岩河沉积体系发育区,盆地中央主要为滨岸砂泥坪及河流末端扇及一定范围的浅水湖沉积,偶有深水湖区。当时气候干燥,地形平坦,水动力条件较弱。沉积物为一套薄互层的褐色、紫红色夹灰绿色砂泥岩。(3)冲积扇—砂岩河—三角洲—浅湖或深湖、水下重力流及水下水道末端扇充填(发育于登娄库组上部及泉头组上部):盆地四周

提供物源,盆地边缘发育小型冲积扇,扇前砂岩河发育,具有宽广的冲积平原,河流入湖后形成一定规模的三角洲,在三角洲前靠湖泊水体的一侧发育小范围的水下重力流和水下水道末端沉积。

青山口组、姚家组和嫩江组为坳陷发展全盛期的沉积产物,当时,湖区广,湖水较深,沉积范围大,富含淡水生物化石。湖盆周围有五大物源向盆地供应碎屑物质,其中以平行盆地长轴方向的北部和保康两个物源为主,这一时期中有两次大的湖侵。青一段沉积时期的湖侵,湖水面积近 $1 \times 10^5 km^2$;嫩一、二段沉积时期的湖侵,湖水面积超过 $1.5 \times 10^5 km^2$。这时,三角洲的规模极小,而以滨岸(广布的滨岸沙席、冲洗沙滩和岸外沙坝)沉积为主,所以其沉积充填形式为砂岩河—滨岸—深湖充填。同时,在这两个时期,气候湿热潮湿,盆地稳定沉降,沉积速度较慢,补偿条件较差,形成巨大的深水静水体,沉积了一套富含有机质的半深湖—深湖黑色泥岩,成为良好的生烃岩系。青二段、青三段、姚家组及嫩三—嫩五段为相对水退时期,其沉积充填型式为砂岩河—三角洲—深湖—水下重力流充填。这一时期三角洲规模较大,且水流作用占主导地位,分流平原和水下分流河道极为发育,形成了良好的河流三角洲砂岩油气储层。著名的大庆油田主力产层就是该时期北部发育的大型河流三角洲相砂岩体。

(四)裂谷期后构造反转阶段

嫩江组沉积期末至明水组沉积期末,由于西太平洋板块的加速俯冲,松辽盆地在强烈的挤压作用下,盆地发育不同程度的构造反转和褶皱作用,沉降中心不断西移,盆地范围不断缩小,这一时期的沉积充填类型为河流—浅水湖充填,且以河流沉积为主。

(五)大陆裂谷期

东北地区新生代,由于西太平洋板块俯冲速度减弱和高角度俯冲,松辽盆地再次发生伸展作用,新生代盆地经历了两个演化阶段,即古近—新近纪的裂开阶段和第四纪的热冷却坳陷阶段。前一阶段,松辽盆地北部局部沉降,沉积了以河流相为主的依安组、大安组和泰康组。后一阶段,松辽盆地普遍沉降,全盆地普遍接受第四系的河流、沼泽沉积。

松辽盆地为完整的大型湖盆,具有多物源、多水系、三角洲发育、非均质性强的特点。湖盆经历了两次湖侵期,发育了两套优质烃源岩、形成三套含油组合。三角洲前缘是形成大规模岩性油藏的最有利地区。

裂谷早期:晚侏罗世(火石岭组),盆地以火山岩为主夹粗碎屑沉积(图3-70)。

裂谷扩张期:早期即裂陷初期,沉积物较粗,沉积充填有三种:(1)火山岩及火山碎屑岩充填:火山岩及火山碎屑为主要的充填物,在火山喷发的间歇期及火山喷发产生的低洼地带,沉积了杂色砂砾岩及煤层。(2)冲积扇—砾岩河充填:多发育于箕状裂陷,物源主要来自陡坡。(3)冲积扇—砂岩河充填:盆地边缘为潮湿型冲积扇,扇间为沼泽,盆地中央发育纵向砂岩河及沼泽洼地(图4-60)。

中期表现为退积和加积的沉积特征,也有三种充填类型:(1)砾岩河—沼泽平原充填:沉积物以粗碎屑为主,含多层煤,物源主要来自缓坡。(2)扇三角洲—深湖—水下重力流充填:陡坡带扇三角洲发育,向盆地中央过渡为深湖,发育水下重力流。(3)冲积扇—滨岸—深水湖充填:盆地边缘发育小型冲积扇,扇前为冲积平原,盆地中央发育滨岸和深湖沉积,短轴方向提供物源(图4-60)。

晚期为冲积扇—砂岩河—三角洲—深湖—水下重力流充填:盆地四周提供物源,其中发育水下重力流(包括重力流水道和低密度浊流)沉积(图4-60)。

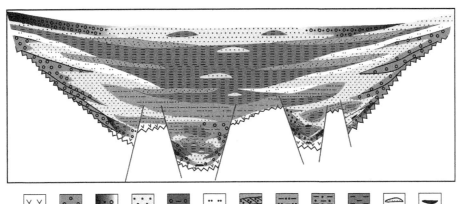

火山岩　冲积扇　砾岩河　砂岩河　扇三角洲　滨岸　三角洲　洪乏湖　滨岸砂泥　深水湖　水下重　煤
　　　　　　　　　　　　　　　　　　　　　　　　　　　　　　坪及河流　　　　力流
　　　　　　　　　　　　　　　　　　　　　　　　　　　　　　未端扇

图 4 - 60　松辽盆地沉积充填模式

第五章 典型被动裂谷盆地沉积体系研究

裂谷盆地不仅是研究地球地质演化史的重要基础,而且也是烃类聚集的有利区,在中国油气勘探开发中占十分重要的地位。Sengor 和 Burke(1978)及 Morgan 和 Baker(1983)根据控制裂谷演化的地球动力指出在板块演化过程中由差异应力引起的裂谷是被动裂谷。据 CNODC 研究,被动裂谷由非地幔上拱导致的地壳拉张形成,经历了地壳拉张减薄、裂谷初始形成、地壳均衡上拱和热收缩坳陷,地幔上拱量等于地壳均衡上拱(图 5-1)。

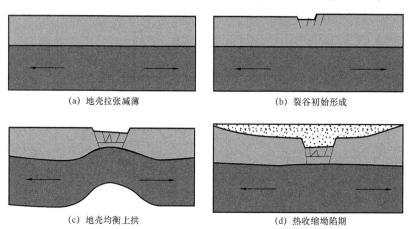

(a) 地壳拉张减薄 　　　　　　　　　(b) 裂谷初始形成

(c) 地壳均衡上拱 　　　　　　　　　(d) 热收缩坳陷期

图 5-1　被动裂谷盆地形成的形成过程模式图

被动裂谷盆地的形成、沉积充填、烃源岩的形成和演化及油气的聚集与分布,在很大程度上不同于已被广泛研究的主动裂谷盆地(如渤海湾盆地等)。目前国内外对被动裂谷盆地的研究和认识还相对不足,被动裂谷盆地的勘探多借鉴主动裂谷盆地的勘探经验,其成因机理、分类学及地球动力学特征研究尚待深入,成(控)藏机理与针对性的勘探理论和技术急需总结和深化。中国石油在中亚、中西非等地区的重点裂谷盆地几乎都是被动裂谷盆地。1993 年以来,中国石油对被动裂谷盆地不断总结和勘探研究发现,被动裂谷盆地的地质模式和成藏模式不同于中国东部主动裂谷盆地(童晓光等,2004),将其模式运用于勘探实践中,在 Melut 盆地发现了 Palogue 大型油田,在北部凹陷证实四个含油带,在南部凹陷证实含油气系统的存在,大大开拓了勘探领域,取得了很好的社会与经济效益(窦立荣,2005),可见研究被动裂谷盆地的地质模式和成藏模式有重大的现实意义。虽然中国石油对苏丹 Muglad 盆地勘探实践和研究,总结了苏丹被动裂谷盆地的油气成藏模式,指导了苏丹三大项目的勘探,但乍得、尼日尔和哈萨克斯坦等被动裂谷盆地与苏丹不同,因此,不仅苏丹的勘探理论和经验需要总结深化,其他被动裂谷盆地的勘探也需要有针对性的理论指导。

在前人对裂谷盆地勘探实践的基础上,本章将针对被动裂谷盆地的特殊性,对海外目标盆地进行详细研究。

第一节　被动裂谷盆地分类

由于受到后期构造演化,尤其是后期主动裂谷的叠加,使得对被动裂谷盆地性质和油气分布规律的认识难度加大,其沉积特征也错综复杂。前人对被动裂谷盆地形成机制和分布规律进行了有益的探讨,将被动裂谷盆地分为四种类型,分别为:(1)走滑相关型;(2)造山后伸展型;(3)碰撞诱导型和(4)冲断带后缘伸展型。其中走滑相关型具体可分为走滑断层两端被动裂谷盆地和走滑断层内部被动裂谷盆地,苏丹的 Muglad 盆地和 Melut 盆地属于走滑相关型的断层两端被动裂谷盆地,中非的乍得 Bongor 盆地及 Doba、Doseo 和 Salamat 盆地属于走滑相关型的断层内部被动裂谷盆地,南图尔盖盆地属于造山后伸展型被动裂谷盆地,莱茵盆地属于碰撞诱导型被动裂谷盆地,而阿尔及利亚切里夫盆地则属于冲断带后缘伸展型裂谷盆地。

第二节　走滑相关型被动裂谷盆地

沿走滑断层形成的盆地统称为走滑盆地(Mann P 等,1983)。走滑盆地内的沉积作用与主断裂的走向滑动相伴随(Christie Blick N、Biddle,1985)。研究证明,世界上单位面积油气储量最丰富的盆地,几乎全与断裂的剪切平移运动有密切的关系。走滑盆地的形成,常常与大区域或全球规模的巨型走滑断裂带的活动有关。所以对该类盆地的研究,既具有经济价值,又具有重要的理论意义。

走滑相关型被动裂谷盆地主要分为两类:走滑断层内部被动裂谷盆地和走滑断层两端被动裂谷盆地(图 5 - 2)。走滑盆地的特征包括:(1)盆地范围小,平面呈菱形或狭长形,断层常呈雁行排列且倾角较陡(图 5 - 3);(2)剖面为陡倾的断层围限;(3)盆地内以正断层为主,也有花状构造;(4)以张扭性应力为主;(5)沉积物与物源区错位;(6)沉降中心转移,发育近岸水下扇和三角洲等。

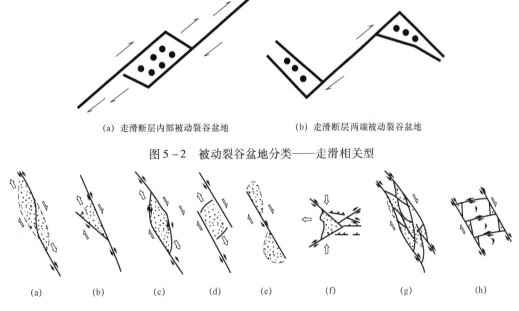

(a) 走滑断层内部被动裂谷盆地　　　　(b) 走滑断层两端被动裂谷盆地

图 5 - 2　被动裂谷盆地分类——走滑相关型

(a)　　　(b)　　　(c)　　　(d)　　　(e)　　　(f)　　　(g)　　　(h)

图 5 - 3　走滑相关型常形成的裂谷类型(一般呈菱形或呈三角形)

一、走滑断层两端被动裂谷盆地——Muglad 盆地

苏丹南部裂谷盆地(Muglad 盆地和 Melut 盆地等)是典型的走滑断层两端被动裂谷盆地(图 5 - 4)。

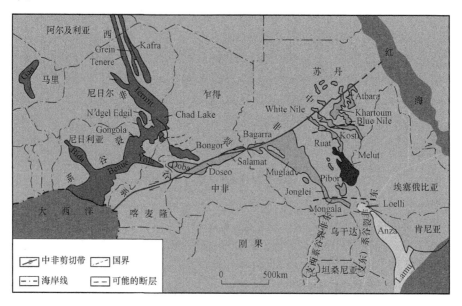

图 5 - 4　中非剪切带及主要裂谷分布图(据 Genik,1993,有修改)

(一)形成和演化

苏丹裂谷盆地群(Muglad 盆地、Melut 盆地、White Nile 盆地、Blue Nile 盆地和 Atbara 盆地等)位于中非剪切带的东南侧(图 5 - 4),具有类似的区域大地构造背景,都属于在克拉通基底上发育起来的中、新生代裂谷盆地,故有些学者将其统称为"中非裂谷系"。这些盆地在平面上基本都是呈北西—北北西向延伸,内部都是由大量正断层控制的地堑、半地堑构成,充填的地层和盆地演化过程也相似,其形成与演化和非洲板块,特别是中西非剪切带的演化密切相关。

通过对中非剪切带构造演化史、盆地发育特征和沉积充填层序进行对比发现,苏丹裂谷盆地群在早白垩世具有典型的被动裂谷盆地性质,到晚白垩世盆地性质为一种过渡性质,到古近纪主动裂谷盆地的特征更加明显。

在前侏罗纪,非洲大陆作为冈瓦纳古大陆的重要组成部分,构造相对稳定,主要由西部块体、阿拉伯—Nubian 块体和南方块体三个亚板块组成。沿这些亚板块之间分布有大型的断裂带或剪切带(图 5 - 5)。

大约在 5 亿年前后,整个非洲发生了一次强烈的造山运动,称为泛非运动,使得非洲地层受到热动力变质和花岗岩化。自泛非运动以来,中非剪切带的构造演化可以划分为以下三个阶段:

(1)130Ma(K_1)前,稳定地台沉积阶段,局部地区可能有陆相碎屑岩沉积,绝大部分地区沉积岩不发育。

(2)130—20Ma(K_1—N_1),自 130Ma 起,冈瓦纳大陆解体,南大西洋和印度洋开始张开,其中南大西洋的张开以"三岔裂谷"的形式进行,"三岔裂谷"中的两支最终拉开形成洋壳,

图 5-5　非洲板块演化示意图(据 Genik,1992,有修改)

剩下的一支深入非洲大陆,形成拗拉谷;以后的活动与大西洋的发展历史密切相关,最终形成中西非裂谷系。

(3)20Ma 及以后,伴随着红海的裂谷化和亚丁湾发育,阿拉伯板块从非洲板块分离出来,东非发生裂谷作用,其左旋剪切作用自南向北减弱并影响中西非裂谷系,对前期构造进行改造。

在中非和东非剪切带的影响下,中非裂谷系盆地基本上也经历了以下三个大的演化阶段:

(1)前裂谷期阶段[130Ma(K_1)前]:断裂活动不发育;沉积岩基本不发育。

(2)同裂谷期阶段[130—20Ma(K_1—N_1)]:断裂活动发育和沉降、沉积作用发育的主要阶段,在盆地中心沉积了上万米的地层。主要经历了 K_1、K_2—E 和 N 三幕裂谷作用,其中以 K_1 幕裂陷作用最为强烈。

(3)后裂谷期阶段(20Ma 以后):断裂活动不发育;统一坳陷阶段,新近系到第四系沉积地层 2000m 左右,全盆地厚度分布比较稳定。

Muglad 盆地结构为三凸四凹、雁列组合,纵向上表现为三期断—坳旋回,裂谷作用从下至上表现为强—弱—强,且裂谷翘倾作用较弱,扭动作用相对较强(图 5-6、图 5-7)。

Muglad 盆地在白垩—古近纪经历了三次裂谷发育旋回,不同时期盆地的充填特征、构造样式不尽相同。自下而上可以分出三期裂谷—坳陷的沉积旋回(图 5-7):

(1)Abu Gabra 组沉积期为盆地初始裂谷构造活动期;Bentiu 组沉积期为盆地统一后的热沉降阶段。

(2)Darfur 组沉积期为盆地第二期裂谷活动阶段;Amal 组沉积期为第二期热沉降阶段。

(3)Nayil – Tendi 组沉积期为盆地的第三期裂谷阶段;Adok 组沉积期为第三期热沉降阶段。

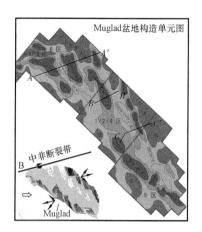
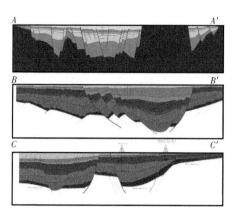

图 5-6 苏丹 Muglad 盆地的构造格局

系	统	组	厚度(m)	岩性	断陷—坳陷期	烃源岩	储层	盖层
	第四系							
新近系	上中新统—上新统	Adok	1500		坳陷			
	下中新统	Tendi	1950		裂陷			
古近系	始—渐新统	Nayil	850					
	古新统	Amal	600		坳陷			
白垩系	上马斯特里赫特统	Darfur群 Baraka	1750		裂陷			
	下马斯特里赫特统—土伦统	Ghazal Zarqa Aradeiba	1350					
	塞诺曼统—阿普特统	Bentiu	1500		坳陷			
	纽康姆统	Abu Gabra	4000		裂陷			
	基底							

图 5-7 苏丹 Muglad 盆地综合地层柱状图

1. 早白垩世裂谷期

Abu Gabra 组代表 Muglad 盆地的初始沉积。早期受基底结构和中非剪切带活动的影响,发生区域构造伸展作用,基底断块活动剧烈,沿断层下降盘形成的半地堑呈封闭汇水区,沉积物明显受到凹陷边界同生断层的控制。凹陷大多为西断东超或东断西超,因有较高的沉降速率,各凹陷发育湖相泥岩,富含有机质的沉积物得以快速埋藏保存,最终演化为各凹陷的主要生油层段。在地震剖面上可以看到 Abu Gabra 组顶面是一个强烈的剥蚀面,与上覆地层呈角度不整合接触(图 5-8),反映了盆地在 Abu Gabra 组沉积后有抬升或翘倾运动,使 Abu Gabra 组在上倾部位大部分遭受剥蚀而成为残留凹陷。受区域构造的控制,裂陷走向以北北东向为主。Abu Gabra 组沉积期是坳陷最大断陷期。该期沉积地层占总厚度的50% 以上(图 5-7)。

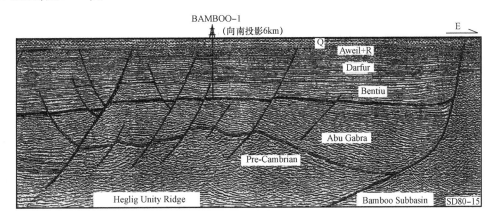

图 5-8　Abu Gabra 组顶不整合

Bentiu 组沉积期为盆地统一后的坳陷阶段,表现为盆地内低沉降速率的坳陷式充填沉积。由于 Abu Gabra 组沉积末期的夷平作用,地形高差不大而致使盆地范围广阔,Bentiu 组为分布广泛的大套块状河流相砂岩沉积,Bentiu 组不整合超覆在 Abu Gabra 组顶剥蚀面及Abu Gabra 组沉积范围以外的前寒武系基底上,形成了 Bentiu 组砂体在平面上广布,垂向上叠置的沉积特点。

2. 晚白垩世裂谷期

Darfur 群的沉积以砂泥岩交互沉积为特点,反映了第二次裂陷期间的震荡运动。其中Aradeiba 组泥岩是在盆地水面最大范围时期沉积的,形成了全盆地的一套区域泥岩盖层,但颜色以红色为主,反映了干旱气候下的浅湖沉积。Baraka 组在局部则表现出断陷沉积的特点。厚度受断层控制,富含暗色泥质岩类,反映出沉降速率变大,水体加深的裂谷期沉积特点,主要沉降中心位于盆地的轴部 Kaikang 槽和 Nugara 坳陷东凹。在 Baraka 组顶面存在白垩系与古近系分界的不整合面。

第二次裂谷期延续到了古近纪,Amal 组沉积期为第二期坳陷阶段。Amal 组区域上也是大套的河流相块状砂岩分布,断层活动相对较弱,沉积范围比 Bentiu 组要小,沉积中心位于盆地轴部 Kaikang 槽和 Nugara 坳陷东凹地区。

3. 古近纪裂谷期

Nayil—Tendi 组沉积期为盆地的第三次裂谷阶段,以强烈的断陷活动为主要特征,裂陷方向为北东向。其特点是范围集中,厚度大,受断层活动强烈控制,尤其是有较高沉降速率的 Tendi 组更为明显。Nayil 组沉降速率较低,显示出坳陷向断陷过渡的特点。在盆地中央的 Kaikang 槽为沉降和沉积中心,累计厚度可达 4000m,而在 Kaikang 槽以外地区,仅有数百米厚。岩性以泥质为主夹薄层砂岩。出现深湖相富含有机质的暗色泥岩。由于凹陷叠置,前两期裂谷的控制断层再度活动,并沿 Kaikang 槽边缘派生出密集的断裂带。

Adok 组沉积期为第三期坳陷阶段。在第三期裂谷活动后,出现热沉降活动,沉积了 Adok 组大套河流相砂岩,断层活动逐渐停止,沉降中心继承发展,但沉降速率变缓,平面上沉积厚度向盆地中心渐变加厚,沉积物主要堆积在 Kaikang 槽地区。

由于 Muglad 盆地属于大型走滑断裂带端部形成的苏丹南部裂谷群,受到走滑断层和正断层控制,既有沿走滑断层方向的走滑作用影响,还受到垂直走滑带方向的拉伸作用影响。

在晚中生代大西洋开启并诱导产生中非剪切断裂带,在张扭力作用下形成中非被动裂谷盆地群,苏丹南部盆地群的裂谷多期断坳旋回明显,纵向上三期裂谷作用表现为强—弱—强,其盆地地温梯度比主动裂谷盆地低。

早白垩世、晚白垩世和古近纪的三期裂谷垂向叠置表明,早白垩世具有典型的被动裂谷盆地性质,晚白垩世为过渡性质,古近纪则开始有火山活动。根据 Muglad 盆地的综合地质柱状图分析,裂陷早期几乎没有火山活动,仅在晚期发育少量火山岩。可见盆地的沉积史和火山活动表明该盆地早白垩世时期是典型的被动裂谷盆地。

苏丹北部裂谷扩张量小,没有重要意义的岩浆活动。Genik(1993)称之为"冷始"("cool start")裂谷。

根据 Muglad 盆地的综合地层柱状图分析,裂陷早期(早白垩世)几乎没有火山活动,仅在晚期发育少量火山岩,在 Muglad 盆地通过多口井的流体包裹体测定,推算该地区的早白垩世地温梯度为 $24 \sim 31℃/km$,热流值为 $56 \sim 62mW/m^2$,古近纪地温梯度达到 $46.5 \sim 87℃/km$。因此 Muglad 盆地早白垩世具有典型的被动裂谷盆地性质,晚白垩世为过渡性质,古近纪则开始有火山活动。

(二)构造样式

1. 盆地的构造单元

Muglad 盆地可划分四个坳陷带。凹陷带与隆起相间排列,具有东西分带的特点,同时在坳陷带与隆起内部又可以细分出次级构造单元。

(1)北部裂陷带:北部坳陷带是中非剪切带的一部分,发育一系列断陷,Sufyan 坳陷是一个已证实的含油气盆地,南部以托北 1 号断层、托北 2 号断层为界,北部以断阶过渡,西接 Sufyan 西断层,东到努加拉中央披覆背斜带南断层,面积 $2650km^2$。轴向近东西向,南断北超,南低北高。主要为 Abu Gabra 组、Bentiu 组沉积时期的凹陷,Darfur 群沉积时期以后表现为斜坡。构造断裂主要形成于早白垩世,经晚白垩世、古近纪多次改造。沉积有 Abu Gabra 组至第四系,最大的沉积厚度达 $12300m$。

(2)东部斜坡带:位于盆地东部坳陷区与露头区之间的过渡带,由盆地边界断层带向外延伸,除少量的 Darfur 群延至地表外,大多数地层缺失。

(3)东部坳陷带:东部坳陷带是目前油气储量最集中分布的地区,由三个富油凹陷组成,向西以 Azraq – Heglig – Unity 凸起与 Kaikang 槽相隔。

(4)Kaikang 地堑(槽):Kaikang 地堑是白垩纪裂谷(又可分为两期)和古近纪裂谷叠加的结果。由南北两个雁列式排列的凹陷(北凹陷和南凹陷)组成。东西两侧由边界断层控制,使得基底以上的沉积盖层尤其是古近系在地堑内明显加厚,其中古近系和新近系厚度最厚可达 $4500m$,而在隆起区仅为 $0 \sim 1000m$。Kaikang 地堑在平面上呈北西—南东向展布。向西过渡为 Abei 斜坡。

(5)西部坳陷带:西部坳陷目前勘探程度较低,由一系列斜向的断陷组成,并被小型凸起分割。

2. 盆地的构造和演化

苏丹 Muglad 盆地中研究程度最高的是 Fula 凹陷,该凹陷是六区乃至整个盆地最有特色的一个沉积单元,受断层控制的古地貌对沉积体系的控制作用明显。因此可将福拉凹陷作为位于走滑断层两端型被动裂谷盆地的典型实例来做进一步分析。

1)Fula 凹陷构造单元划分

Fula 凹陷是在中非走滑大断裂背景下,受走滑应力作用形成的主体近南北向的凹陷,西界是东倾的 Fula 西断层,南界以北西—南东向的横向构造与凯康坳陷分开,东界为 Fula 东断层,北部超覆到巴巴努萨隆起之上(图 5-9)。

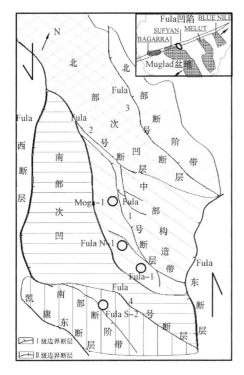
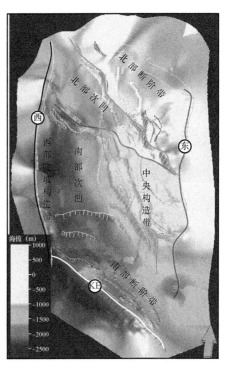

图 5-9　Fula 凹陷构造单元图

Fula 凹陷主要发育南北向和北北西向两组断裂,南北向断裂控制着坳陷格局,北北西向的断裂控制构造带的形成和发育。Fula 凹陷自西南向北东依次发育西部陡坡构造带、南部断阶带、南部次凹、中部构造带、北部次凹和北部断阶带等六个二级构造带,呈斜列展布,结构简明。

(1)西部陡坡构造带:该构造带紧临 Babanusa 隆起,构造带沿主控凹陷的断层呈近南北向展布,如图 5-10 所示,位于 Fula 凹陷西部的东倾正断层,主要发育于 Abu Gabra 组沉积期,控制 Abu Gabra 组的沉积,在断裂的上盘沉积了巨厚的 Abu Gabra 组,其下盘为 Babanusa 隆起的结晶岩。这条断层在 Darfur 组沉积及 Amal 组沉积期再次活动,使上盘的 Bentiu 组及其以上地层变形形成背斜及断块圈闭,圈闭的形成机制类似于滚动背斜。Fula 凹陷西部陡坡构造带紧邻生油凹陷,具有较好的油源条件和储层条件。

(2)中部构造带:位于南部次凹以东、Fula 东断层以西,北西端倾没于南部次凹与北部次凹之间,该区长 50km,宽 20km,面积为 1000km^2。区内发育了 Fula 1 号断层、Fula 2 号断层及其次生断层。受 Fula 1 号、Fula 2 号断层控制,紧邻南部次凹分别形成了 Fula 滚动背斜和

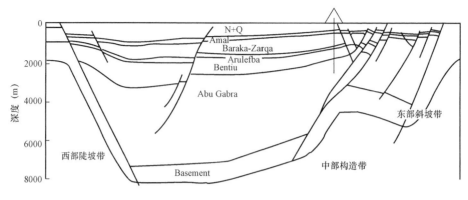

图 5-10　Fula 凹陷构造单元剖面图

Moga 断鼻构造。同时还发育着其他断背斜、断垒等构造。该带为 Fula 凹陷主要构造带,也是 Fula 凹陷目前最为有利的构造带。

（3）南部断阶带:位于凹陷南部,北接南部次凹,南与凯康坳陷呈断阶接触关系。该带长 35km、宽 20km,面积约 700km^2。在区域地层东倾的背景上,发育了一系列西掉反向断层,形成断阶。主要圈闭类型为断鼻、反向断块。

（4）南部次凹:由 Fula 西断层、Fula 1 号断层夹持,走向以南北向为主,南端转为北西向,长 75km,宽 18km,面积 1350km^2。该次凹紧邻 Fula 西断层的部分是福拉凹陷最大沉降中心,沉积岩最大厚度约为 9000m,地层向东、北抬升减薄。整体结构为一简单不对称向斜,区内圈闭主要分布在 Fula 西断层下降盘,沿断层带状展布,以断鼻、断块为主。

（5）北部次凹:由 Fula 西断层、Fula 2 号断层、Fula 3 号断层所夹持。呈北北西向展布,长 67km,宽 16km,约 1070km^2。地层向东、北抬升减薄,最大沉积岩厚度为 7500m,区内圈闭主要以反向断块、断鼻为主。

（6）北部断阶带:指 Fula 3 号断层以东地区,长 60km、宽 13km、面积约 800km^2。该区主要由一系列北西走向、东倾断层控制的断块组成。区内圈闭以断鼻、反向断块为主。地层向东、北抬升减薄,存在白垩系与古近—新近系角度不整合,Fula 3 号断层较大,控制该带构造及沉积发育。

2）Muglad 盆地 Fula 凹陷的地层特征

Fula 凹陷自下而上依次发育着下白垩统 Abu Gabra 组、Bentiu 组,下白垩统 Darfur 群、Amal 组,古近系 Senna 组、Tendi 组,新近系和第四系 Adok 组、Zeraf 组,为一套陆源碎屑沉积。

盆地内最大厚度可达 15000m,以白垩系较为主,新生界较薄。区内存在两个较大的区域性角度不整合和两个平行不整合。第一个区域性角度不整合为上白垩统 Abu Gabra 组与 Bentiu 组之间,第二个区域性角度不整合存于古近系、新近系之间,两个平行不整合是 Bentiu 组与 Darfur 群的接触界线及古近—新近系和上白垩统的 Amal 组之间。该地区八套地层可组合为三个大的旋回,即下白垩统、上白垩统和新生界,即苏丹南部裂谷群经历了三期裂陷作用,其中早白垩世具有典型的被动裂谷盆地性质。

Abu Gabra 组以砂泥互层为主,具有明显的三分性:下部为一套中—粗粒、灰白色碎屑岩夹红棕色、灰棕色和灰色泥岩,形成于氧化—弱还原环境,代表了湖盆发育初期的沉积特征。中部主要为浅—深灰色、浅—深棕色泥岩夹灰白色砂岩,在盆地较深部位页岩十分发育,是湖盆裂陷期产物,属还原环境,是本区最主要的生油岩系。上部岩性变粗,砂岩较发育,为灰白色的砂岩、粉砂岩与灰色泥岩互层,局部为厚层砂岩夹薄层泥岩,顶部还偶见煤线,属还原—弱氧化环境,顶界 T6 与上覆地层呈不整合接触。

Bentiu 组为厚层砂岩夹薄层粉砂岩,以砂岩为主夹灰绿色、灰色和褐色泥岩。砂岩粒度变化大,从极粗到极细,局部含砾,为氧化环境下的河流相沉积。目前钻井揭示 Bentiu 组可以分为三个岩性段,他们之间由灰色块状泥岩分隔。

3)Fula 凹陷断裂特征

Fula 凹陷的断裂主要有南北、北西—南东两种走向(表 5 - 1),主要断层均为正断层,这些断层控制着 Fula 凹陷的主体格局及构造圈闭的分布。

表 5 - 1 Fula 凹陷断裂要素表

断裂名称	级别	断切层位 (顶—底)	延伸长度 (km)	走向	倾向	最大断距 (m)
Fula 西断层	I	Basement—Q	80	南北	东	9000(?)
Fula 东断层	I	Basement—Q	55	南北	西	4500
Fula 1 号断层	II	Basement—R	60	北西—南东	北东	2465
Fula 2 号断层	II	Basement—R	45	北西—南东	北东	1500
Fula 3 号断层	II	Basement—R	35	北西—南东	南西	1100
Fula 4 号断层	II	Basement—R	35	北西—南东	南东	600
凯康东断层	I	Basement—R	52	北西—南东	南西	6000

在平面上除东西两条边界断层,其他大多数断层呈北西—南东向展布,多呈雁行式排列或交叉、斜交,如 Fula 1、2、3、4 号断层,反映该区受剪切拉张应力作用。以 Fula 凹陷的北西—南东向对角线为界,东北部的断层以东掉系统为主,西南部的断层则主要是西掉断裂系统,中部构造带位于两组断裂的交会处。"北部东掉,南部西倾"的断层规律明显。

主断层多下切到基底,上切至古近—新近、第四系。断层垂直断距大。断层在剖面上组合类型丰富,其中 Y 形、地堑形、地垒形等(图 5 - 11)。

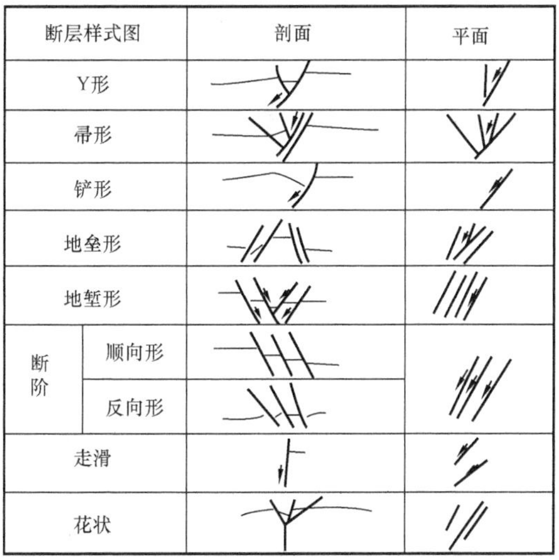

断层样式图	剖面	平面
Y 形		
帚形		
铲形		
地垒形		
地堑形		
断阶 顺向形		
反向形		
走滑		
花状		

图 5 - 11 Fula 凹陷断层样式在剖面
及平面上的组合类型

(三)构造特征对沉积的控制

Muglad 盆地 Fula 凹陷沉积充填的主要阶段在早白垩世早期,此时的构造演化具有沉降速率大、沉积相类型多样及具有多个沉积(沉降)中心的特点。

1. 陡坡带沉积体系

Fula 凹陷中西部陡坡构造带是陡坡带特征最突出的构造带,其沉积特征最具特色,到

2007年9月底,Fula凹陷西陡坡带地质储量328×10^{6}bbl,可采储量86×10^{6}bbl,可见西部陡坡带沉积的砂体形成了良好的储层。

西部陡坡带由控盆边界断层控制,绵延100km以上。陡坡带具有坡度陡、近物源、古地形起伏较大和构造活动强烈等特点,且陡坡带的断层上盘断崖水系短小,输入到盆地的沉积物有限;在断层上盘可形成一些规模小且沿断层分布的扇体或扇体群。Fula凹陷西部陡坡带多为板式陡坡带和阶梯式陡坡带。

1)板式陡坡带

此类陡坡断面陡峭而平直,断面倾角在60°以上,呈平板状,为单条控带断层。板式陡坡带易形成Y形断层。Fula凹陷中部构造带发育两套断裂体系:Fula构造带和Moga构造带;Fula凹陷中部构造带南北差异明显,Fula构造带断裂西倾,滚动背斜发育(图5-12);Moga构造带断裂东倾,反向断块发育(图5-13)。

Fula断裂体系,分布在Moga-25井以南,经过FulaN-4井区,至南部的Fula-4井区,为一组北西向展布的张性断裂,主控断裂为西倾正断层,断裂形态呈Y形断裂,在其控制之下,在西部的陡坡构造带形成了FulaN-4等滚动背斜(图5-12)。

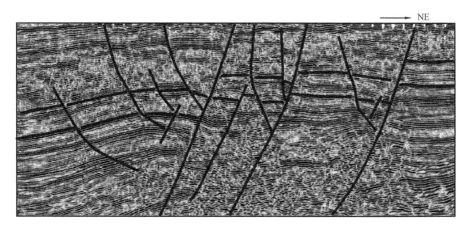

图5-12　Fula凹陷断裂体系剖面图

Moga断裂体系在Moga-25井以北,是一组北西向展布东倾的正断层,位于Fula凹陷北东部的陡坡部位,Moga-23井位于该断裂系的主体部位(图5-13)。Moga-25井附近为两组断裂体系的过渡部位。

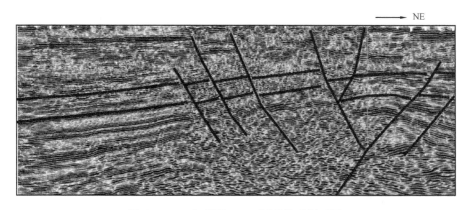

图5-13　Fula凹陷Moga断裂体系剖面图

西部陡坡带的水体较深,在沉积物源较丰富的情况下,由于坡陡水急,各种成因的砂砾岩扇体极为发育,在近距离湖相体系为主的背景下,陡坡带主要发育有各种重力流、冲积扇和三角洲等沉积体系,包括:冲积扇、近岸水下扇、陡坡深水浊积扇、近岸砂体前缘滑塌浊积扇,其中以近岸水下扇和近岸砂体前缘滑塌浊积扇最为发育,沉积物颗粒粗、大小混杂、分选极差,沉积类型单一(图5-14)。

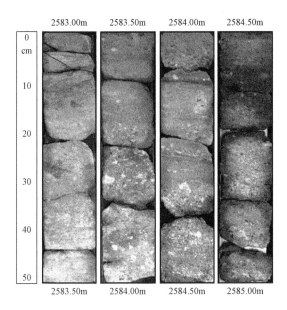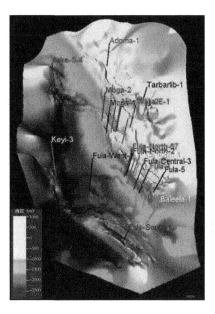

图5-14 西部陡坡构造带的 Jake South-4 井 Abu Gabra 组
中段岩心照片(2583.00~2585.00m)

2)阶梯式陡坡带

阶梯式陡坡带由铲状主断面与多条次级顺向断裂构成,这些次级顺向断裂相互平行成阶梯状,节节下掉,共同控制一个具有成因联系和相似形态的阶梯型构造带。该构造带亦称多米诺构造(图5-15)。

在阶梯式陡坡带最前缘可发育滑塌浊积扇和深水浊积扇,中部可发育水下冲积扇,垂向上砂砾岩扇体的厚度并不大,一般在几十米,最大不超过200m。本区阶梯式陡坡带发育广泛,在 Fula 凹陷西部陡坡带的 Jake-South 4 井所在的地震剖面多见阶梯式陡坡构造带(图5-15)。

2. 构造转换带

构造转换带是发育于不同半地堑间,为保持区域伸展应变守恒而产生的伸展变形构造的调节体系(图5-16)。Fula 凹陷的南部凹陷和北部凹陷之间,即两个半地堑极性发生变化之部位,发育 Fula 中部转换带,是 Fula 凹陷中部构造带的主要组成部分。

该转换带于早白垩世第一裂谷期(即 Abu Gabra 组沉积时期)开始形成。它不仅控制了Abu Gabra 组的沉积,而且也控制了转换带内主要圈闭的形成和分布。

1)中部转换带对沉积、储层的控制作用

中部转换带是同裂谷期形成的构造带,因此,对同裂谷期层序的沉积型式有着较大影响。转换带对储集砂体的控制主要表现在储集体的分布和储集类型上。

Abu Gabra 组沉积时期,在中部转换带南部,东部发育的扇三角洲横越控制转换带的主

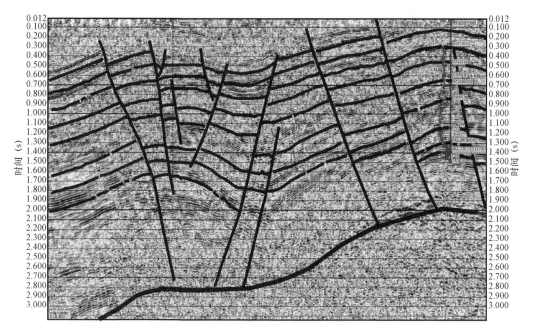

图 5 - 15　Fula 凹陷过西部陡坡构造带 Jake South - 4 井的典型阶梯式陡坡带地震剖面图

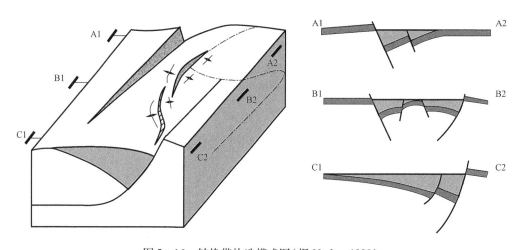

图 5 - 16　转换带构造模式图(据 Morley,1990)

断层进入湖盆,形成滑塌浊积扇砂体(FN - 71 油气藏);东南部发育的三角洲向凹陷内延伸,形成具有良好储盖组合的储集砂体,也在此发现了累计百余米厚的具多套组合的油气层(FN - 4 油气藏);在转换带中部,Abu Gabra 组主要为滨浅湖沉积,发现的油气层主要位于一些砂泥互层的薄砂层中;在转换带北部,沿北部次凹凹槽发育扇三角洲沉积体。

2) 中部转换带对圈闭、油气藏的控制作用

在转换带部位,表现出多个断层方向,具有多样化的构造和地层组合,是有利的油气聚集区。目前所发现的储量中,90% 以上都集中在该带。在控制转换带的西掉断层和东掉断层下降盘,主要发育的油气藏类型有(断)背斜型、断鼻型、断垒型、断块型及构造—水动力复合型;在上升盘发育的油藏类型主要是断鼻型或断块型;在转换带中部构造高背景控制下发育的油气藏类型主要是断鼻型和断块型。

3. 断裂坡折带

受断裂坡折带控制的南部断阶带和北部断阶带,发育多种沉积体系,包括:辫状河体系、扇三角洲体系及坡折带前缘的滑塌浊积扇沉积等。

在被动裂谷盆地的具构造转换带的缓坡断阶带以辫状三角洲沉积体为主,Adoma - 1 井位于东北部断阶缓坡带,钻揭了 Abu Gabra 组中段和上段的五个层序,总体表现为粗砂岩、砂砾岩与泥页岩互层,可识别出辫状河三角洲沉积体系(图 5 - 17)。由于地形坡度很小,使得辫状三角洲分布范围非常广。

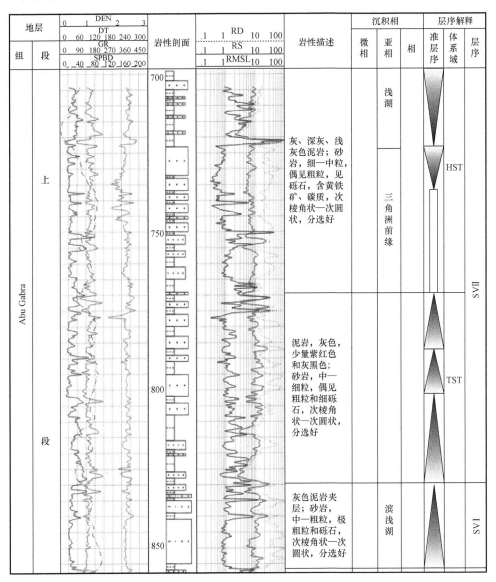

图 5 - 17　缓坡带 Adoma - 1 井地层综合柱状图

Fula 凹陷缓坡断阶带主要发育辫状河三角洲体系(图 5 - 18)、滨浅湖。FN - 67 井在 2068. 79 ~ 2074. 79m 井段主要发育含油的三角洲砂岩,平行层理及交错层理发育,粒度较细,分选好,磨圆程度较好,反映了该碎屑物经历了较长时间的搬运,其结构成熟度较高。且地貌特征反映了该井区发育同向平行型转换带(图 5-19),这种转换带连接的是位于断裂区同一边的边界断层,这些边界断层有相同的倾向,因此断层之间的转换带即断层之间的地垒带或背斜带往往也是油气优势聚集的场所。

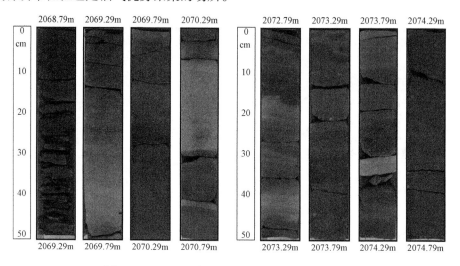

图 5-18 Fula 凹陷的 FN-67 井阿加组岩心照片

(Fula 凹陷 FN-67 井:2068.79~2074.79m)

图 5-19 Fula 凹陷 FN-67 井区地貌特征图

(四)层序地层格架及沉积充填演化

1. 层序地层格架

Fula 凹陷 Abu Gabra 组至 Darfur 群,可划分出两个超层序(MS1 和 MS2)和七个三级层序,由下至上依次为 SA + SB、SC、SD、SE、SF、SG、SH,其中 SA—SE 层序对应 Abu Gabra 组,SF 层序对应 Bentiu 组,SG 和 SH 层序对应 Darfur 群(表 5-2)。

表 5-2 **Fula 凹陷地层层序系统综合表**

地层			层序		地震界面	顶/底界面特征
系	统	组(群)	三级	二级		
第四系—新近系		Zeraf + Adok			T1	
古近系	上统(E₃)	Tendi		MS3	T2	
	中统(E₂)	Senna			T3	

— 108 —

地层			层序		地震界面	顶/底界面特征
系	统	组(群)	三级	二级		
白垩系	上统(K₂)	Amal		MS2	T4	侵蚀,平行/平行
		Darfur	SH		T5	平行,侵蚀/平行
		Bentiu	SG		T6	平行/平行
			SF			平行/超覆,平行
	下统(K₁)	Abu Gabra	SE	MS1	Tg	削截,超覆/顶超
			SD			顶超/超覆
			SC			顶超/超覆
			SB			顶超/超覆
			SA			顶超/超覆
	基底					

2. 沉积充填演化特征

Fula 凹陷 Abu Gabra 组的五个层序虽然形成于五个沉积基准面变化旋回期,但从纵向充填序列的角度分析,它们对应于凹陷演化的三个阶段(图 5 - 20)。

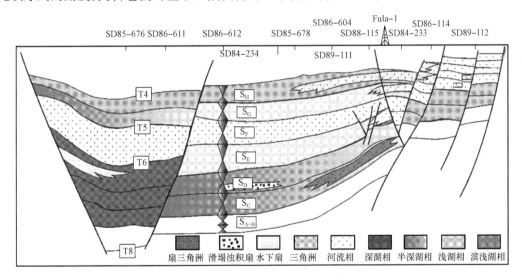

图 5 - 20　Fula 凹陷层序—沉积相剖面

(1)裂陷早期:SA + SB 层序形成于盆地裂陷早期,地层厚度大,分布范围小,内部地层反射杂乱,反映了沉积物快速堆积的特点。

(2)强烈裂陷期(湖盆发育的鼎盛期):SC 和 SD 层序形成于湖盆发育的鼎盛期。在每个层序的基准面上升期,各个次凹由凹陷中心向东部和南部斜坡带逐渐上超,代表着水进期沉积范围逐渐扩大的过程,反映出 Fula 凹陷地形高差较大,不同部位水体深度变化较大,在凹陷中心部位,可能发育半深湖—深湖相。西侧仍受边界断层的控制,紧邻断层附近地层最厚,是沉降中心,也是沉积中心,层序外形呈楔状。尽管西部陡岸边界有沉积物源发育,形成水下扇体系,但规模小,作用范围有限。主要的物源来自东南沟槽和东部断阶缓坡带,在凹陷东南的 Baleela – 1 井附近和东部断阶斜坡带上,继承性的发育规模较大的三角洲或扇三角洲沉积体系,三角洲体系在各个层序的下部,表现为前积—加积结构,在层序的顶部表现为前积—顶超结构,后者形成的环境背景较前者更靠近凹陷边缘,这与 Baleela – 1 井所揭示的层序纵向特征变化是一致的。受凹陷内同沉积断层强烈活动的影响,致使 SD 层序沉积期,在断阶下部发育滑塌浊积扇(图 5 – 21)。

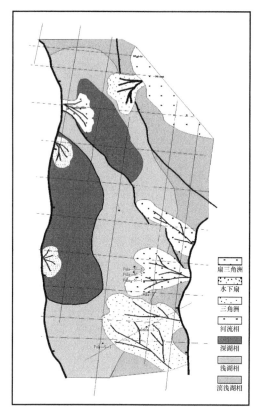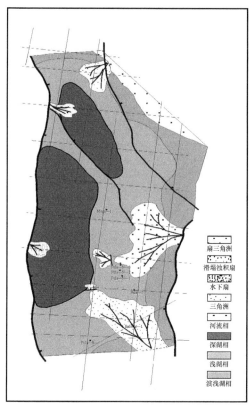

图 5 – 21　Fula 凹陷 SC 层序(左)、SD 层序(右)沉积相与沉积体系分布

SE 层序发育期湖盆凹陷收缩(图 5 – 22),物源相当发育,来自东南部沟槽的长轴物源和东部断阶缓坡带及东北部缓坡带起主导作用,形成了规模大、推进距离远的大型河流相沉积体系,只在东部断阶缓坡带发育了规模较小的三角洲沉积体系。在西侧边界断层下降盘继承性的发育了水下扇,而且要比 SC 层序和 SD 层序时期发育的水下扇更明显。在 Fula 凹陷南部和中部主干剖面上,由东部断阶缓坡带到南次凹的凹陷中心再到凹陷陡侧,沉积相演变为河流相—(扇)三角洲相—浅湖相—深湖相,或者是河流相—(扇)三角洲相—浅湖相—深湖相—水下扇相,在 Fula 凹陷北部主干剖面上,Fula 2 号断层和 3 号断层及缓坡带断层的控制作用减弱,甚至消失,它们对地层展布没有明显的控制作用,由凹陷中心向斜坡带发育浅湖—滨浅湖—河流沉积。

总之,Fula 凹陷最大沉降期与 SC 和 SD 旋回发育时期相对应。在这两个层序发育期,基准面上升时期沉积的地层厚度大于基准面下降时期沉积的厚度,表明基底沉降持续时间长,水深湖广。由于沉积物供给能力降低,形成了半深湖—深湖相的厚层泥岩沉积,构成凹陷烃源岩的主要发育层段。而且,SC 和 SD 旋回基准面上升期和下降期形成的深水滑塌浊积岩与周围深水泥岩组合,形成有利的岩性圈闭。这时,由于构造活动剧烈,致使东南部和东部物源活跃,东南部的物源顺坳槽向前推进,东部斜坡带的物源一支沿断阶而下,为南部次凹提供了沉积物源和储集砂体,而且南部次凹陡坡带也发育有继承性的水下扇,它们与构造配合,可形成有利的构造圈闭或构造—岩性复合圈闭(图5-23)。

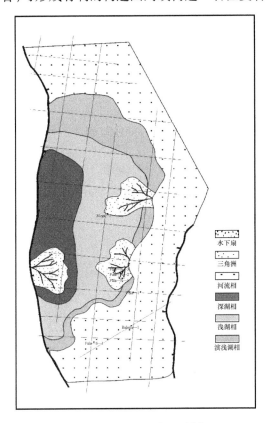

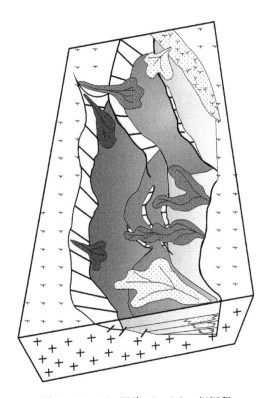

图5-22　Fula凹陷SE层序
沉积相与沉积体系分布

图5-23　Fula凹陷Abu Gabra组沉积
期古地理格局与沉积体系展布

二、走滑拉分型被动裂谷盆地——Bongor盆地

走滑拉分型被动裂谷盆地,即拉分盆地(pull-apart basin),是走滑构造环境中的一种重要构造单元。"拉分"这个术语最早由Burchifel和Stewart在1966年研究加利福尼亚死谷构造时提出的。走滑拉分型被动裂谷盆地一般呈菱形,因此也将走滑拉分型被动裂谷盆地称为菱形裂陷(rhombo cham)、构造凹陷(tectonic depression)、扭性地堑(Wrench graben)、菱形地堑(rhomb graben)等,指的是在走滑断裂的某些不连续部位或雁行式走滑断裂之间相互重叠错列部分,由于走滑断裂的滑移而引起横向拉张作用所产生的构造凹陷。拉分盆地在板块边缘和板块内部都有分布,而且盆地规模不尽相同,其沉积建造及火山活动取决于所在构造背景和构造活动强度。盆地的主要构造有边界走滑断裂、边界正断层及盆地内部的剪性或张剪性断裂,这三者共同控制着拉分盆地的发展(刘庆,1986)。

中非裂谷系中的Bongor盆地属于走滑相关型的断层内部被动裂谷盆地,盆地形态一般呈菱形,下面将具体结合其具体的石油地质特征,对被动裂谷盆地的沉积模式及沉积特征进行对比研究和总结,起到发展和充实被动裂谷盆地油气地质理论的作用。

（一）形成和演化

Bongor 盆地位于西非裂谷系和中非裂谷系的交会部位。沿着这个裂谷系分布着一系列盆地群：西非裂谷盆地包括尼日尔的 Kafra、Termit（其南延部分在乍得境内称为 Lake Chad 盆地）、Tenere、Tefidet、Grein 和 Bilma 盆地；中非裂谷系盆地从西往东包括 Bongor、Doba、Doseo、Salamat、Muglad 和 Melut 等诸多盆地（图 5 - 24）。

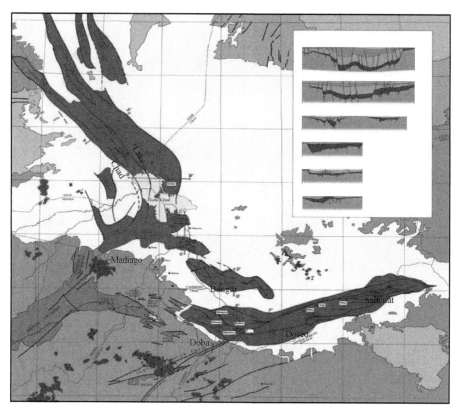

图 5 - 24　Bongor 盆地地质平面图

中非裂谷系和西非裂谷系盆地都属于陆内裂谷盆地，二者最大的区别是西非裂谷系的大部分盆地在上白垩纪和始新世有海相地层沉积，而中非裂谷系盆地白垩纪和古近—新近纪基本不发育海相地层，H 区块的 Bongor 盆地便是如此，它是由中—新生代陆相地层组成的，受中非剪切带右旋走滑诱导形成的近东西向的拉张剪切盆地，总体具有南陡北缓的半地堑盆地特点，经历了多期构造运动。

Bongor 盆地基本上也经历了以下三个大的演化阶段（图 5 - 25）：

（1）前裂谷阶段：泛非运动（约 550Ma）至 130Ma（K_1）以前；

（2）同裂谷阶段：130—20Ma（K_1—N_1）；

① 早白垩世裂陷作用 I 幕，强裂陷期，与上覆地层为区域不整合接触。

② 晚白垩世—古新世为裂陷作用 II 幕，为弱裂陷期。

③ 始新世—渐新世为裂陷作用第 III 幕，为弱裂陷期。

（3）后裂谷阶段：20Ma 以后，后裂谷阶段盆地整体隆升，与下伏地层为区域不整合接触。

Bongor 盆地有上、下两套构造层，下构造层为白垩系，以角度不整合与下伏基底地层相接触，上构造层为古近—新近系，其与下构造层之间发育大规模的不整合面。下构造层的白

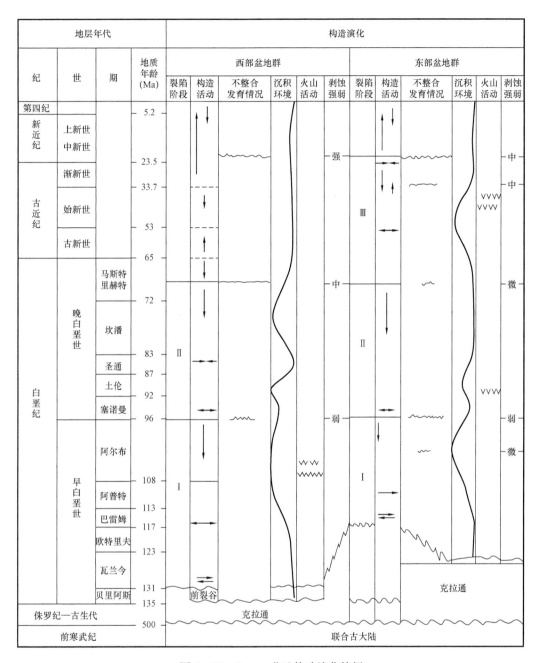

图 5-25　Bongor 盆地构造演化特征

垩系是本次研究的主要目标层系,盆地范围内的白垩系只发育了下白垩统,缺失上白垩统。

Bongor 盆地强烈裂陷期(下白垩统)地层特征:

(1)Hauterivian 阶:盆地内目前有 5 口井钻遇 Hauterivian 阶,主要包括本区的 Cailcedra 组,钻井揭示厚度为 35～700m,在盆地内分布广泛,因埋深较大,钻遇井较少,南部边界以断缺为主,北部地层断缺尖灭或剥蚀尖灭。

钻井显示 Hauterivian 阶岩性主要为厚层暗色泥、页岩夹薄层淡黄色、浅灰色砂岩,薄层砂岩主要分布于地层上段,下段以泥岩、页岩为主;Hauterivian 阶是 Bongor 盆地主力烃源岩层段之一。

（2）Barremian阶：除Ronier-2井未钻穿外，所有井均钻遇Barremian阶，主要包括本区的Mimosa组和Kubla组，钻井揭示厚度为90~700m。广泛分布于盆地主体区，南部边界以断缺为主，北部地层断缺尖灭或剥蚀尖灭。沿南部控边断层分布着东、西两个明显的厚度中心，西部最厚约3000m以上（最大时间厚度1700ms），东部最厚达4000m（最大时间厚度1800ms）。

钻井显示该组岩性主要为厚层暗色页岩（油页岩）夹薄层淡黄色、白色砂岩，偶见白色、浅棕色石灰岩薄层和煤层（Kubla-1井），向上有砂岩增多的趋势。页岩颜色为暗绿灰色、褐黑色、橄榄灰色和橄榄黑色，硬度较大，一般含有一定的钙质，局部富含碳质。

顶部为中—细砂岩，粒度随深度增加逐渐变细，颗粒均匀，呈次棱角状—次圆状，球度低—中等；胶结物一般为方解石，偶尔为硅质胶结。砂岩单层厚度一般小于5m。

（3）Aptian阶：所有井均钻遇Aptian阶，钻井揭示厚度800~1900m，在研究区主要为Ronier组。广泛分布于盆地主体，南部地层以断缺尖灭为主，北部地层断缺尖灭或剥蚀尖灭。沿南部控边断层仍存在着东、西两个明显的厚度中心，西部最厚约3500m（最大时间厚度1890ms），东部最厚约4500m（最大时间厚度2300ms）。

Aptian阶岩性下部为页岩、泥岩和砂岩互层，上部以砂岩为主，偶夹1~2m薄层石灰岩。砂岩为半透明—淡黄色，由石英组成，通常呈次棱角状—次圆状，粒度中等—粗，球度低—中等；分选较差——一般。砂岩单层厚度1~15m。上部页岩主要为橄榄灰色—浅橄榄灰色，偶尔为橄榄黑色和暗蓝色，较软、具有黏性，一般含有碳质和少量的钙质，偶尔含有沥青质，偶见黑色薄层煤。下部页岩硬度较大，并且碳质含量很高，也出现了煤类物质。泥岩以橄榄灰色为主。

（4）Albian阶：除Kubla-1井该层已被基本剥蚀，其余井均钻遇，钻井揭示厚度130~750m，包括本区的Baobab组和Bersay组。上部地层剥蚀严重，分布范围较小，南部仍以断缺尖灭为主，北部地层以剥蚀尖灭为主、断缺尖灭为辅。东、西两个厚度中心逐渐远离南部控边断层，向盆地中心迁移，且厚度差距变小，西部最厚800m以上，东部最厚1000m以上。

Albian阶下部层段为Ronier组泥岩段，是一套砂岩和泥岩、页岩互层地层，偶夹薄层褐煤、白色的白垩石灰岩，是一套区域盖层，也是一套对比标志层，泥岩和页岩为浅灰、灰绿色砂质和粉砂质页岩、泥岩，局部含有碳质，不含钙质，随着深度的增加，硬度也随之增加。向上砂岩逐渐增多，岩性以白色、浅灰、灰色或褐色细砂岩、粉砂岩为主，粒度细—中等，次棱角状—次圆状，球度低—中等，通常很疏松，分选较差。

（二）Bongor盆地的构造样式

Bongor盆地主体结构类型是南断北超的箕状断陷，并在此背景上存在局部结构变化，从东向西，盆地结构经历了从北断南超—南断北超—北断南超—南断北超反复的构造变化，并形成了次一级断陷群，它们具有相对不变的走向，彼此连续变化，彼此间连通，通过变换构造如挠曲褶皱、扭动断层的方式来过渡和调节各不同极性半地堑间的位移，也调节断陷内部断层间的位移，从而形成了现今复杂的构造面貌（图5-26）。

图5-27展示的是Bongor盆地一条南北向的构造剖面，剖面上可分出三个一级构造单元：凹陷带、陡坡带和缓坡带。

1. 凹陷带

凹陷带位于南部陡坡带和北部斜坡带之间，是盆地沉降和沉积中心，因而也是地层厚度最大的单元,白垩系沉积厚度为 6000 ~ 8000m。凹陷带由东次凹和西次凹两个次级凹陷组成,其中东次凹规模要大得多,位于盆地东部,面积为 3500km²,沉积地层最大厚度约 8000m,是盆地东部的主要供油凹陷。西次凹位于盆地最西端,工区内所见面积和规模远不及东次凹,区内面积约 700km²,沉积厚度最大可达 5000m。这两个次凹是在基底古构造背景上发育并被后期构造部分分隔而成的,其形成时间和区内主要构造形成期次相当。因此,东、西次凹虽有一定程度的连通性,从油气运移的角度看,西次凹应该是盆地西部尤其是西北坡的主要油源供给区。

图 5 – 26　Bongor 盆地结构特征

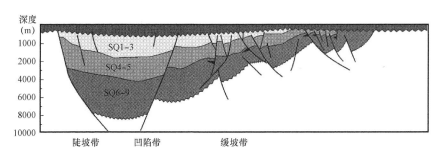

图 5 – 27　Bongor 盆地构造单元划分剖面

2. 陡坡带

陡坡带位于盆地西南部,是南部凸起带,是由 F5 断层和 F6 断层夹持的一个大型地垒构造,呈北西西向狭长带状展布,东西延伸数十千米。凸起上缺失白垩系,基底地层直接与古近—新近系呈不整合接触,向东倾伏被白垩系所覆盖。南部凸起带分隔了南次凹与盆地主体,使得南次凹成为一个相对独立的凹陷。南次凹不属于盆地的主凹带,受南部凸起带分隔,呈狭长条状分布,面积约 $100 \times 10^4 km^2$,长宽比约 1∶10,是一个相对独立的次级凹陷。

3. 缓坡带

缓坡带主缓坡带位于盆地北部,属古构造斜坡部位,沉积厚度呈减薄趋势,晚白垩世末该部位又因构造抬升遭受剥蚀,使地层厚度减薄。北部缓坡带断层发育,构造样式复杂,因而也是圈闭发育的主要构造部位。

（三）构造样式对沉积特征的控制

1. 伸展构造

1) 陡坡带构造样式

由于不同地区陡坡带构造样式及其活动规律不同,其形成的砂体类型、规模以及油气富集程度均有明显的差异。Bongor 盆地陡坡带可以划分为以下几种类型:板式陡坡带(图 5 – 28)、阶梯式陡坡带(图 5 – 29)及马尾式陡坡带(图 5 – 30)。

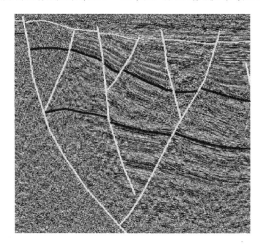

图 5 – 28　Bongor 盆地板式陡坡带地震剖面

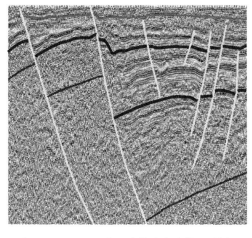

图 5 – 29　Bongor 盆地阶梯式陡坡带地震剖面

图 5 – 30　Bongor 盆地马尾式
陡坡带地震剖面

板式陡坡带和阶梯式陡坡带是盆地南部控盆断层和控凹断层的常见构造样式。样式相对简单的板式高陡正断层多发育滚动背斜(图 5 – 28),主要分布在 Bongor 盆地中东部;马尾式陡坡带在本区少见。板式陡坡带沉积类型单一,主要发育近岸水下扇,沉积物颗粒粗、大小混杂、分选极差,沉积作用主要表现为垂向加积。但平面相带窄,围绕凸起呈窄条状分布;铲式陡坡带除在边界断裂根部附近发育近岸水下扇外,其前端湖底扇较发育,这种构造样式在本区少见;阶梯式和马尾式构造样式区砂砾岩受次级断裂控制,沉积类型多,从冲积扇、扇三角洲、水下扇到近岸水下扇、湖底扇均可能发育。

Bongor 盆地的陡坡带主要发育于南部边界断层根部,北部边界断层根部有零星分布;南部陡坡带受同沉积大断层的控制,地势陡峭,碎屑物质直接注入盆地,在水下形成具有楔状外形的扇体沉积,Ronier – 4 – 1 井位于盆地北部陡坡带,扇三角洲和水下扇砂体以快速堆积的杂色砂砾岩为主,分选磨圆差(图 5 – 31)。

2) 缓坡带构造样式

Bongor 盆地缓坡带主要分布在盆地的北部,沿北西向展布,与典型箕状凹陷不同的是,

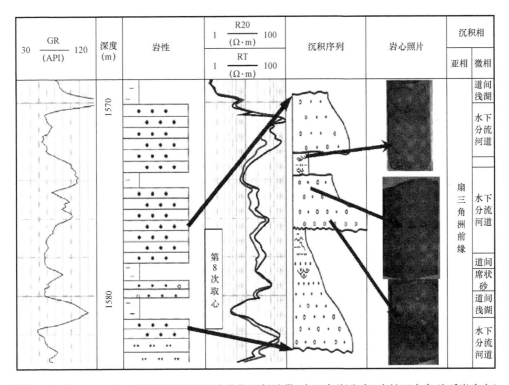

图 5-31　Ronier-4-1 井沉积微相图（该井位于斜坡带,扇三角洲发育,岩性以杂色砂砾岩为主）

由于盆地局部结构变化,斜坡带还出现在南部陡坡一侧,从而增加了构造的复杂性。

本区的缓坡带构造样式具有一个重要特征:它不仅存在不同于陡坡带和深凹带的基底变形构造样式,而且盖层变形常常伴有基底构造的影响,在区域构造应力场诱发的局部应力作用下,形成相应的构造样式和断层组合,它们不仅影响圈闭的形成,有些还影响古水流的流向乃至影响沉积相带和储层的分布。

本区的缓坡带主要以双元型缓坡带为主,而且坡度角更陡,地层倾角大于 10°;发育盆倾断层并节节下调,或形成同向断层(常见生长断层)、反向断层(差异负荷)、复合断层组合,因此窄陡型的双元型缓坡带较为典型,缓坡带构造最复杂,因而构造样式也最为丰富,油气勘探实践证明,缓坡带往往是盆地油气运移的指向区,是油气聚集的重要场所。本区缓坡带的重要构造样式有以下几种。

(1)基底地垒构造与盖层反转背斜组合。

基底地垒构造与盖层反转背斜组合是一种在 Bongor 盆地具有代表性的构造样式。它的表现形式是基底被倾向相背的正断层组合分割成大型断垒,其中构成地垒的一条向盆地方向倾斜的正断层继承性活动,盖层沿该断层形成挤压反转背斜(图 5-32)。

形成这种构造样式的条件是构成基底断垒的两条主要断层持续活动时间不同,其中一条背向盆地中心的断层在盆地填平补齐沉积之后便停止活动,因而对上覆沉积盖层构造没有影响,但它可能是控制深层沉积相带及油气分布的重要因素;而另一条倾向盆地的断层则持续活动,甚至控制后期盖层的沉积,这条断层在盆地形成中晚期受构造反转作用影响,沿断层形成了一种共同发育在斜坡带基底和盖层的重要构造组合,即基底地垒构造与盖层反转背斜组合样式,它们在平面上表现为背斜或断鼻构造,成带分布。这种构造样式是 Bongor

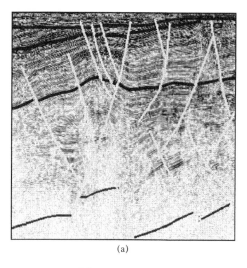
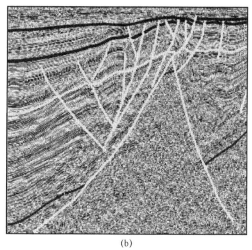

(a)   (b)

图 5 - 32   Bongor 盆地基底地—垒构造与盖层反转背斜组合地震剖面

盆地重要的含油气构造样式之一,已经探明的 Mimosa 构造、Ronier 南构造、Baobab 含油气构造等均属这类构造样式。

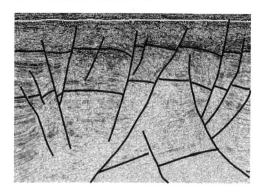

图 5 - 33   Bongor 盆地盖层堑—
垒构造组合地震剖面

（2）盖层堑—垒构造组合。

Bongor 盆地中也有仅发育在盖层中的堑—垒构造（图 5 - 33）,它是基底构造固化,而以盖层构造活动为主产生的盖层构造特征,以 Cailcedra 构造为代表,形成了一系列与之相关的断层圈闭,是一种潜在的含油气构造。

（3）主断层及多级补偿断层组合样式。

这是发育在盖层的一种重要的断层组合样式,是与挤压反转褶皱配套一种断裂组合,在 Bongor 盆地内具有代表性。这种组合样式有两种表现形式:一种是与主断层同倾向的多级正断层组合,以 Mimosa 构造为代表（图 5 - 32a）,特征是一条切割至基底的主断层,沿此断层下盘形成挤压反转褶皱,在褶皱上发育一系列与之平行的同倾向正断层。另一种是指沿规模较大的切割至基底的主断层挤压反转形成背斜,背斜上发育多个与主断层倾向相向的补偿断层,二者共同组成 Y 形结构样式,以 Ronier 南构造为代表（图 5 - 32b）。它们的共同特征是主断层往往是与边界断层同时期形成的,其下延部分是构成地垒构造的断层之一,分析认为,这条沟通新老地层的主断层不仅是形成油气圈闭的构造元素,也是油气运移的良好通道。

（4）与边界断层同向倾斜的正断层组合。

这种组合在盆地基底和盖层均有表现,发育在盆地基底的同向正断层组合与边界断层同时发育,但活动强度相对较小,结束时间早,它控制了盆地基底早期沉积的古地貌形态和沉积厚度变化。发育在盖层的同向正断层组合形成年代较边界断层晚,主要在盆地沉积后期形成,它们共同表现为多级正断层,断层倾向与边界断层相同,与斜坡倾向相反,同向断层间夹持反向断块,形成一系列反向掀斜断块,这是一类构成盆地断层圈闭的主要构造样式（图 5 - 34）。

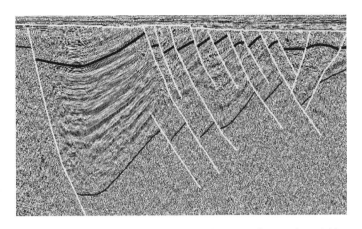

图 5 – 34　Bongor 盆地与边界断层同向倾斜的正断层组合地震剖面

（5）倾向相背的多级正断层组合。

当两条相背倾向的断层有同一个上升盘时就构成一个垒块，在盆地的斜坡带出现，可以以单独的断垒形式出现，也可以以复杂的堑—垒组合形式出现（图 5 – 35）。

位于盆地东部的 Kubla 构造具有代表性，主要特征是正断层倾向相背，断层下降盘向两侧逐级下掉形成垒块，总体形成背形，并发育相关的断层圈闭，这种断层组合是盆地含油气构造的重要构造特征之一。

（6）倾向相向多级次正断层组合。

主要发育在盆地的西部盖层中，剖面上表现为多组断层倾向相向，在剖面上形成在 Y 形和 V 形相互交替的断层组合，这种组合所夹持的地

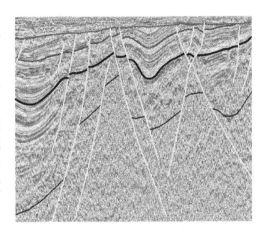

图 5 – 35　Bongor 盆地倾向相背的
多级正断层组合地震剖面

层形成被断层复杂化的背斜构造，是复杂背斜构造背景上断块或断鼻构造的主要分布场所（图 5 – 36），如 Savonnier 构造。

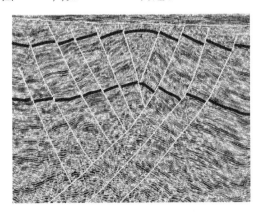

图 5 – 36　Bongor 盆地倾向相向多级次正断层组合地震剖面

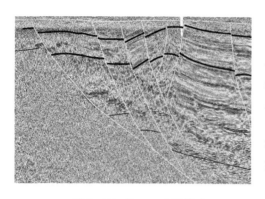

图 5 - 37　Bongor 盆地铲式
滑脱断阶地震剖面

（7）铲式滑脱断阶。

铲式滑脱断阶分布在盆地东南的局部斜坡上，主要控凹断层向东南方向变缓成铲状，并在其内侧形成一组下滑断块，这种组合类型与其间所夹断块常形成断鼻构造（图 5 - 37）。

缓坡带主要为滨—浅湖相沉积，发育扇三角洲相砂体，河流三角洲、湖岸滩坝砂体。因地带靠近湖岸等注陷带，河流作用和物源的影响特别明显。在河流作用强、粗碎屑物质供应充足的地带，形成各种近岸浅水砂体，如济阳坳陷各凹陷南部缓坡带；若物源区水动力很弱，供应的是大量泥质物质，则沉积大量的泥滩。如 Bongor 盆地的 Mimosa - 1 井位于盆地北部缓坡带，南临盆地主凹陷，物源丰富，沉积物快速堆积，发育三角洲沉积（图 5 - 38）。

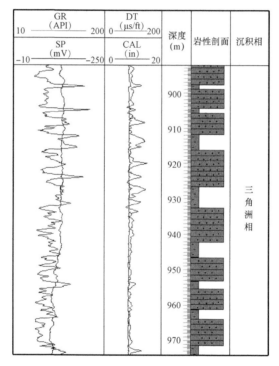

图 5 - 38　Bongor 盆地 Mimosa - 4 - 1 井
的沉积相柱状图

2. 走滑构造

在区域上早白垩世由于受冈瓦纳大陆的分裂和南大西洋的分段扩张的影响，这期裂谷作用对非洲大陆产生了广泛的影响。中非大断裂表现为右行走滑运动，沿中非剪切断裂带形成了一系列近东西向展布的走滑断陷盆地。由于中非剪切带右行走滑作用应力自西向东传递和变弱，使位于中非剪切带中段的 Bongor 盆地在早白垩世受到了走滑断裂活动影响，局部形成了比较典型的负花状构造样式（图 5 - 39）。在构造剖面表现上为一条陡倾、直插基底的走滑断层，数条伴生正断层呈半花状、花状向上散开。

3. 反转构造

反转构造也是 Bongor 盆地的一个重要构造特征,这些特征符合反转构造的两个前提条件:

(1)反转构造的发育明显受断层控制,因而可以识别出同拉张期或被动充填的地层层序。如前所述,Bongor 盆地发育的断裂中,存在众多控沉积断层,尤其是以盆地南侧的控凹断层为代表,它的活动强度和范围控制了盆地主凹带的形成和演化。

(2)区域应力体制的改变使原有的断层得到广泛的再利用,因而隆起作用所影响的

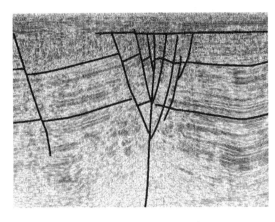

图 5 - 39 Bongor 盆地花状
构造典型地震剖面

是上盘而不是下盘。从区域构造及地层分布分析,H 区块中与 Bongor 盆地相邻的盆地,如北部的 Chad Lake 盆地、南部的 Doba 盆地、Doseo 盆地均存在上白垩统,位于其间的 Bongor 盆地则由于强烈反转作用,在盆地范围内缺失了上白垩统,盆地的斜坡带更是强烈抬升,使得地层边缘相带遭受强烈剥蚀。因此可以说,Bongor 盆地在引张作用下形成拉张断陷沉积后,后期在区域走滑作用诱发的压扭应力作用下,引起盆地强烈反转,从构造应力的角度分析,Bongor 盆地实际上经历了先拉张正断活动,后再挤压正反转的构造叠加活动,且这些构造作用主要发生在盆地南北控制断层的上盘。

在古近—新近系沉积前经强烈反转的构造面貌因强烈剥蚀已无法得知,但现今的 Bongor 盆地挤压反转构造现象十分普遍。在现今的构造形迹上,仍然可以识别出至少两期大的构造反转作用,一期是下白垩统巴列姆组沉积期末发生的挤压反转作用,在这个时期形成了包括 Pera、Bersay 等构造的下油层组背斜构造,这期构造主要位于凹陷带;另一期是古近—新近系沉积前及早白垩世末期发生的一次规模更大的盆地挤压反转作用,这次反转作用直接导致盆地隆起并被剥蚀,从而使盆地缺失上白垩统。两次反转特征可从地震剖面中(图 5 - 40)得到证实。不难发现这两个期次反转所形成的构造之间存在明显的不协调性。

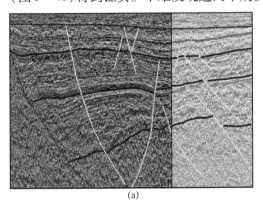
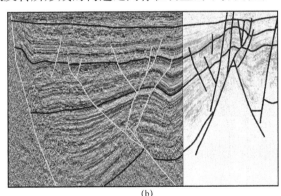

(a)   (b)

图 5 - 40 Bongor 盆地不同期次挤压反转形成的褶皱构造

Bongor 盆地构造样式不同于与苏丹 Muglad 和 Melut 等裂谷盆地,其主要特点是:

(1)Bongor 盆地构造样式以断背斜为主,苏丹裂谷盆地最主要的构造样式是反向断鼻或断块。

（2）Bongor 盆地断背斜构造样式的主要成因为白垩纪末期的构造反转，局部发育受走滑断层影响形成的花状构造和受古隆起产生的披覆背斜；苏丹裂谷盆地断背斜极不发育，偶见滚动背斜、差异压实背斜和披覆背斜。

（3）Bongor 盆地基本不发育超覆缓坡，主要发育断阶缓坡，且断层产状较陡，与苏丹裂谷盆地相比，其缓坡断阶带不发育。

（四）断裂坡折带对沉积体系控制作用

Bongor 盆地白垩纪同生断层非常发育，多数断层都有控沉积作用（图 5-41），主要发育断裂坡折带（即断阶带），少量挠曲坡折带，未见沉积坡折带和侵蚀坡折带。断裂坡折带的构造样式形成特殊的地貌，对沉积有较强的控制作用。

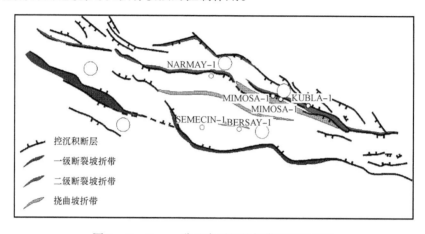

图 5-41　Bongor 盆地白垩纪坡折带展布示意图

Bongor 盆地是一个断裂非常发育的断陷盆地，多数断裂为同沉积断裂，断层组合成 7 种不同的样式（图 5-42、图 5-43），其对水系发育或砂体的展布有控制作用。下面以 SQ6 层序水进体系域为例叙述几种组合样式对沉积的控制作用：

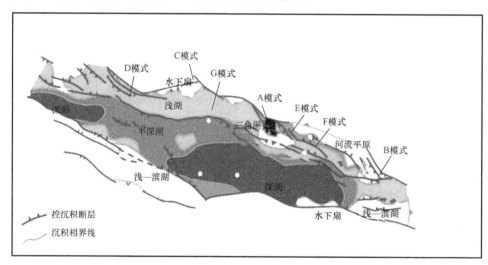

图 5-42　Bongor 盆地控沉积断层组合模式平面展布示意图——
以 SQ6 层序水进体系域沉积相图为底图

（1）同倾向正断层叠覆区：分布在 Mimosa－1 井及其北部（图 5－42），其控沉积作用主要表现为可形成长期的、继承性的水道，是碎屑物质向盆地延伸的有利通道。Mimosa－1 井区发育的三角洲主要受该构造样式控制（图 5－44）；

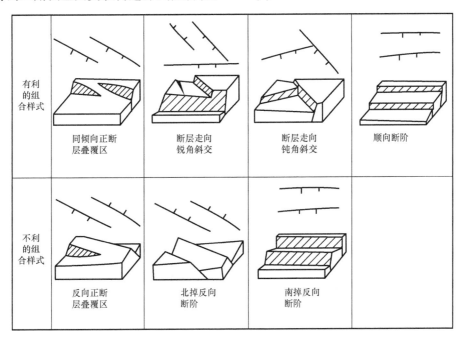

图 5－43　Bongor 盆地控沉积断层组合模式

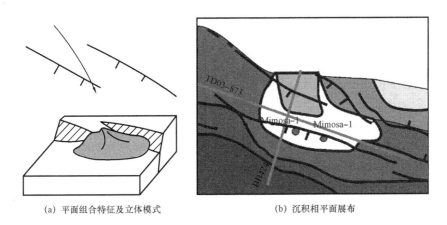

（a）平面组合特征及立体模式　　　　　　　　　（b）沉积相平面展布

图 5－44　同倾向正断层叠覆区模式及剖面特征

（2）反向正断层叠覆区和北掉反向断阶：分布在 Kubla－1 井北部和西北部，其控沉积作用主要表现为分水岭和阻隔水流，强制水流改变方向，阻隔粗碎屑物质进入盆地（图 5－45），该种构造样式造成沉积物较细；

（3）断层走向钝角斜交：分布在 Narmay－1 井的北部（图 5－42），发育与盆地边缘近垂直断裂（图 5－46），是古河流发育的有利地区，往往有强物源注入盆地；

（4）断层走向锐角斜交：分布在 Kubla－1 井东部（图 5－42），发育与盆地边缘大角度断裂，是古河流发育的有利地区，往往有强物源注入，剖面上可见沿断裂发育具切割作用的河道（图 5－47）；

（5）南掉反向断阶：分布在 Narmay－1 井一带（图 5－42），其控沉积作用为具有一定的阻隔水流作用（图 5－48），主要表现为阻碍碎屑物质进入下一级台阶，Narmay－1 井区这类组合规模较大，对沉积亚相有控制作用；

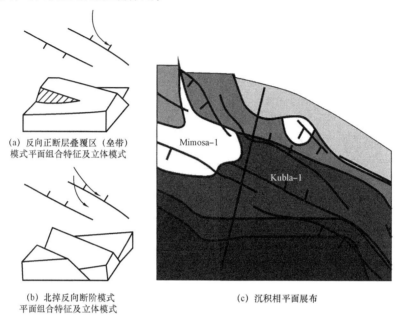

(a) 反向正断层叠覆区（垒带）
模式平面组合特征及立体模式

(b) 北掉反向断阶模式
平面组合特征及立体模式

(c) 沉积相平面展布

图 5－45　反向正断层叠覆区(垒带)和北掉反向断阶模式及平面、剖面特征

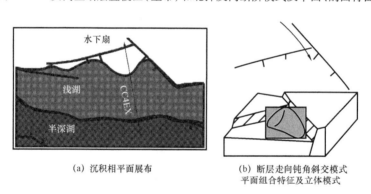

(a) 沉积相平面展布

(b) 断层走向钝角斜交模式
平面组合特征及立体模式

图 5－46　断层走向钝角斜交模式及平面、剖面特征

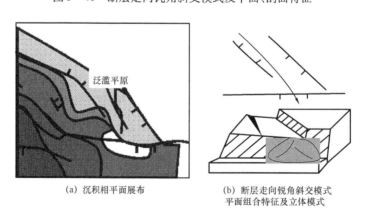

(a) 沉积相平面展布

(b) 断层走向锐角斜交模式
平面组合特征及立体模式

图 5－47　断层走向锐角斜交模式及平面、剖面特征

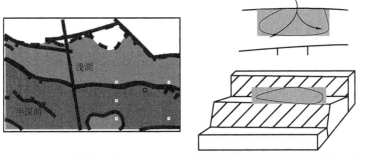

(a) 沉积相平面展布　　　　(b) 南掉反向断阶模式平面组合特征及立体模式

图5-48　南掉反向断阶模式及平面、剖面特征

(6)顺向断阶:分布在盆地的西北部、东南部和西南部(图5-42),其控沉积作用一般表现为形成多期次扇,但工区内未发现这类特殊地质体(图5-49)。

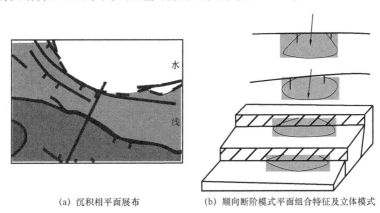

(a) 沉积相平面展布　　　　(b) 顺向断阶模式平面组合特征及立体模式

图5-49　南掉反向断阶模式及平面、剖面特征

(五)沉积特征

通过钻井、地震资料的综合对比和研究,将Bongor盆地的主要目的层划分为10个层序,其中SQ6层序代表了水进体系域;SQ4层序代表了低位体系域,发育河流沉积;SQ3层序代表了水进体系域,以湖相为主。分别论述如下。

1. SQ6 层序

SQ6层序水进体系域一般厚200~300m,最大厚度可达500余米,沉降中心和沉积中心一致,位于Semegin-1井至Bersay-1井附近,呈近东西方向展布。沉积环境以湖泊沉积为主,深湖—半深湖相主要分布在Semegin-1井及其以东地区,以及盆地西部,呈东、西两个次盆。在北部斜坡带为窄条带状的浅湖相,由Kubla-1井向北逐渐转变为滨湖相和河流平原相。盆地西南部的次凹主要为滨—浅湖相。Mimosa-1井处发育三角洲,在Narmay-1井北及南部边缘断裂下盘发育水下扇(图5-50)。

SQ6层序水进体系域沉积时期,沉积物中泥质含量偏高,湖泊面积广大,反映了一个广泛湖侵的过程。较少的三角洲和水下扇反映了该时期物源较少。

2. SQ4 层序

SQ4层序厚度为200~350m,存在东部、中部和西部三个厚度中心,呈近东西方向展布。

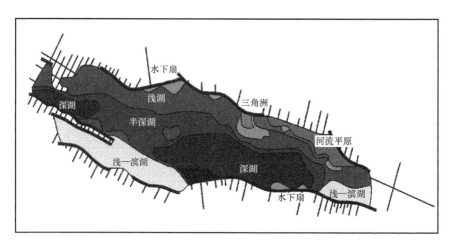

图 5-50　Bongor 盆地 SQ6 层序水进体系域沉积体系展布图

位于 Semegin-1 井至 Bersay-1 井附近的厚度中心厚度最大,可达 600 余米。该层序沉积时期以河流环境为主,湖盆局限于 Semegin-1 井至 Bersay-1 井及其东部地区,主要为浅湖环境和滨湖—三角洲平原环境。河流环境围绕湖盆发育,以泛滥平原和河道带为主,河道带呈窄条带状,一般为北西—南东向,明显受断层控制,在西 Bongor 盆地的沉降中心处发育泛滥盆地(图 5-51)。

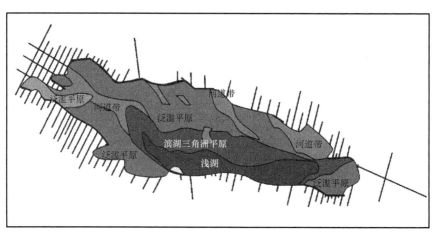

图 5-51　Bongor 盆地 SQ4 层序沉积体系展布图

SQ4 层序沉积物较粗,是盆地构造活动相对静止期后再一次活化时的盆地快速充填阶段的产物。该时期盆地的构造活动增强,盆地再一次开始扩张,差异沉降作用增大,该时期具有较大的地势差,形成强物源区,导致盆地的快速充填,在西 Bongor 盆地中部的河道带可能是河走向的反映。

3. SQ3 层序

SQ3 层序水进体系域厚 50~120m,最大厚度可达 150 余米,沉降中心和沉积中心同样位于 Semegin-1 井至 Bersay-1 井附近,呈近东西方向展布。沉积环境以湖泊沉积为主,深湖—半深湖相主要分布在 Semegin-1 井及其以东地区。半深湖—浅湖相及浅湖—滨湖相呈近东西展布的条带状。在盆地边缘有零星浅湖分布(图 5-52)。

SQ3 层序水进体系域沉积物较细,以泥岩、粉砂岩为主,湖泊面积广大,反映了一个广泛湖侵的过程,是湖盆沉降最大化的表现。

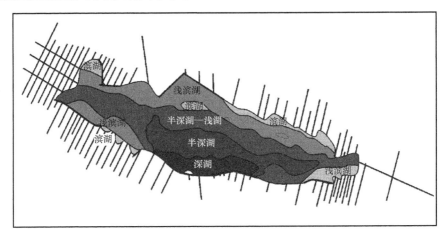

图 5 - 52　Bongor 盆地 SQ3 层序水进体系域沉积体系展布图

第三节　冲断带后缘伸展型被动裂谷盆地——Chelif 盆地

一、形成机制

冲断带后缘伸展型被动裂谷盆地位于造山带或冲断带的后缘,盆地的走向与冲断带走向一致,盆地的成盆期与冲断带活动期基本一致,是冲断带后缘局部伸展环境下形成的盆地。盆地主成盆期的沉积物物源主要来自附近的冲断带(图 5 - 53)。

冲断带后缘伸展型被动裂谷盆地不是十分常见。在冲断带的前缘常常会发育前陆盆地,但由于仰冲或逆冲过程中,冲断带后缘地块对冲断带的拉扯作用,会在冲断带后缘形成局部的拉张环境,形成冲断带后缘伸展型被动裂谷盆地,典型实例是北非的 Chelif 盆地(图 5 - 54)。

阿尔及利亚的白垩纪 Cheliff 盆地处于被动大陆边缘的拉张构造环境,属于海相盆地;到新生代

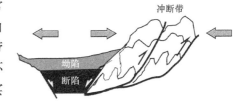

图 5 - 53　冲断带后缘伸展型
被动裂谷盆地模式图

盆地演变为山间盆地,经历断坳演化过程,形成了快速充填的沉积特征,从下至上依次发育白垩系、古近系、新近系和第四系,是盆地南缘的阿特拉斯造山冲断带后缘伸展的被动裂谷盆地。

阿特拉斯褶皱带虽然形成于白垩纪末—古近纪初,但泰勒—阿特拉斯褶皱带形成时间要稍晚于撒哈拉阿特拉斯褶皱带;似其在新近纪盆地大规模沉积时又复沉降,接受沉积,没有起到盆地边界控制古近—新近系盆地沉积的作用。这在西北部和盆地中部西段白垩系出露区中仍然夹杂着古近—新近系露头及它的前缘成片出现古近—新近系露头即可证明。泰勒—阿特拉斯褶皱带在新近纪中新世末期褶皱抬升,使早先沉积地层遭受变形、剥蚀,并隆升成山,形成了 Chelif 被动裂谷盆地。

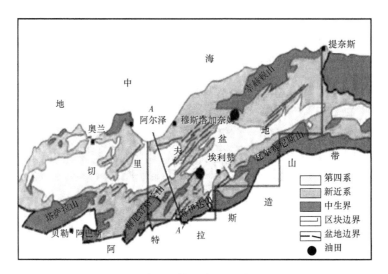

图 5 - 54　Chelif 盆地的构造位置图(据 CNODC,2006)

　　中新统可以分为上中新统和下中新统(图 5 - 55 *AA*′剖面),中新统发育很厚,分为下中新统和上中新统。上、下中新统接触面为一个大的不整合面,下中新统自下而上发育砾岩、砂泥互层,灰泥岩,泥岩,上中新统自下而上主要由砾岩、砂泥互层,硅藻土层、石膏层、泥岩和泥灰岩互层组成。

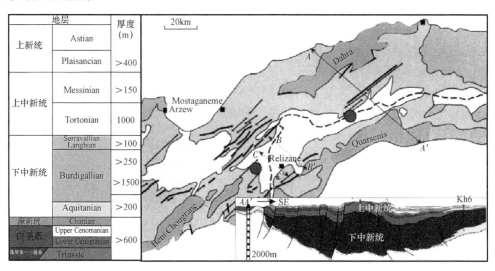

图 5 - 55　Chelif 盆地构造油藏剖面图(据 CNODC,2006)

　　从构造剖面和沉降曲线综合分析(图 5 - 56),同裂谷阶段主要是中上新世,正是造山带主要活动期,成盆与造山是同步的。

　　该地区在渐新世初期发生区域隆升后,伴随南部的造山运动,中上新世至第四纪切里夫地区发生强烈伸展和断陷,形成同造山期的冲断带后缘伸展型被动裂谷盆地。Chelif 盆地的冲断带位于盆地的南缘,是阿特拉斯造山带的一部分,由于北非向南东方向的陆内仰冲作用(可能与阿尔卑斯造山运动的远程效应有关),在冲断带的后缘形成了局部拉张应力,形成了新生代 Chelif 盆地(图 5 - 56)。

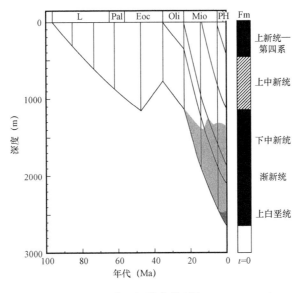

图 5 – 56　Chelif 盆地沉降曲线(据 CNODC,2006)

二、区域地质特征

(一)盆地的区域地质特征

Chelif 盆地位于阿尔及利亚西北部沿海地区,面积 9923km²。地理上属于泰勒—阿特拉斯的一部分,濒临地中海,是一个复杂的中—新生代海相叠合含油气盆地(图 5 – 57)。地理上属泰勒—阿特拉斯(Tellian Atlas)的一部分,区块横跨 Chelif、Relizane、Mostaganem、Mascara四省,沿岸平原到山地地貌,地面海拔 0 ~ 910m。该区块位于阿尔及利亚北部 Tellian Atlas造山带西段,主体地质单元为 Chelif 盆地。

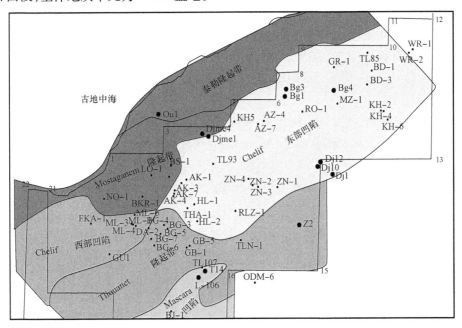

图 5 – 57　Chelif 盆地平面地质图(据 CNODC,2006)

地面出露大部分为新近系沉积物,局部覆盖较薄的第四系沉积物。在地势的高部位,出露白垩系,三叠系也有零星出露。钻井111口(多数是浅井),集中在盆地中部,在不同位置钻遇第四系、古近—新近系、白垩系、三叠系、泥盆系。

(二)盆地的层序地层特征

古生界主要分布于北部山区,岩性主要为片麻岩、云母片岩、砂岩和石英岩等,主要为奥陶系、泥盆系、石炭系、二叠系。Chelif盆地发育的中—新生代地层主要有三叠系、侏罗系、白垩系、始新统、渐新统、中新统、上新统及第四系。

1. 三叠系

在盆地内已有4口井钻遇三叠系,录井资料揭示岩性自下而上依次为底部的砂岩、厚层蒸发岩(膏岩、盐岩),夹白云岩、薄层泥岩、石灰岩和基性火山岩。三叠系在盆地出露非常有限,出露于盆地以东地区,其分布范围和沉积厚度变化不清,据野外考察,在Messila油田东部见到了三叠系出露,岩性为砖红色—黄褐色砂岩,断裂较发育。

2. 侏罗系

侏罗系零星分布于Chelif盆地西南部,岩性为石灰岩、白云岩、页岩等,夹有火山岩。盆地在早侏罗世早期为白云岩、石灰岩沉积,早侏罗世晚期为灰质泥岩/泥灰岩海相沉积。中侏罗世时沉积南北分异,盆地以东地区为较薄的石灰岩沉积,在盆地北部为较厚的泥质碳酸盐岩沉积,在盆地以南的阿特拉斯海槽沉积巨厚的泥岩、砂岩(最大厚度超过2000m),中侏罗世晚期发生海退,陆相沉积由南向北推进。晚侏罗世盆地北部以海相沉积为主,南部以三角洲和陆相沉积为主。该地层在盆地西南出露,但没有一口井钻遇侏罗系。

3. 白垩系

白垩系出露在Chelif盆地南北两侧,是区内出露较广的老地层之一,盆地南北两侧白垩系岩性略有不同。南部主要为灰色泥灰岩,与新近系下中新统呈角度不整合接触;北部为呈暗灰色灰泥岩、泥灰岩与白色石灰岩互层,灰泥岩常呈片状,石灰岩呈块状。盆地有23口探井钻遇白垩系,岩性以厚层砂质黏土岩、泥灰岩为主,夹薄层石灰岩和白云质灰岩、白云岩,白垩系上部石灰岩和白云岩夹层增多,加厚,偶见生物碎屑灰岩,局部见石膏。钻井资料揭示盆地中部发育半深海—浅海—局限台地—滨岸相。

4. 始新统

盆地北部分布泥岩、富含微生物的灰质泥岩/泥灰岩和碳酸盐岩,卢台特(Lutetian)阶和塔内特(Thanetian)阶为典型的货币虫(Nummulite)灰岩。

5. 渐新统

渐新统以碎屑岩沉积为主,基本上为泥岩、陆相砂岩等碎屑岩沉积。

6. 中新统

中新统较厚,分为下中新统和上中新统。盆地南部的下中新统主要发育海相沉积物,下部主要岩性为砂砾岩—砂、泥岩互层;上部为疏松砂砾岩—泥灰岩。盆地北部下中新统下部发育陆相沉积物,上部为海相沉积物。

在Chelif盆地南北两侧均见到了上中新统,均为海相沉积。盆地南部上中新统以角度不整合上覆于下中新统之上,自下而上沉积地层为:滨岸相砂岩、泥灰岩夹薄层石灰岩、泥灰岩及白云岩。盆地北部的上、下中新统接触面为一个大的不整合面,上中新统自下而上主要由硅藻土层、石膏层、泥岩—石灰岩互层组成。

由于上、下中新统之间的不整合面影响，下中新统的高位体系域和上中新统的低位体系域均遭受较严重的剥蚀，厚度过薄，在露头和地震上均难以辨识。综合考虑露头地层展布特征及地震、测井标志，将下中新统分为低位体系域（LST）和海侵体系域（TST）+ 高位体系域（HST）两部分，上中新统分为低位体系域（LST）+ 海侵体系域（TST）和高位体系域（HST）两部分。

上白垩统、上中新统泥灰岩是主力烃源岩，新近系中新统发育有利的储盖组合。将中新统分为两个层序，即下中新统层序和上中新统层序。由于上、下中新统之间的不整合面影响，下中新统的 HST 和上中新统的 LST 均遭受较严重的剥蚀，厚度薄，在露头和地震剖面均难辨识，综合考虑露头地层展布特征及地震、测井标志，将下中新统分为低位体系域（LST）和海侵体系域（TST）+ 高位体系域（HST）两部分，上中新统分为低位体系域（LST）+ 海侵体系域（TST）和高位体系域（HST）两部分。由于研究区构造运动强烈，断裂十分发育，剥蚀严重，影响了油气藏的保存，勘探难度较大。

7. 上新统

上新统在 Chelif 盆地大面积出露，为海退沉积，晚期转变为以陆相沉积为主。盆地大面积出露上新统，主要是岩性为浅黄褐色泥、砂、砾混合堆积的不等粒砾岩和大套半深海厚层暗色泥岩。冲积扇是该阶段盆地的主要沉积相，发育大套暗色泥岩沉积。

8. 第四系

第四系基本为陆相松散冲积扇、洪积扇堆积。

三、盆地构造特征

(一)构造单元划分

该区构造单元可划分为三个隆起和三个坳陷，各单元要素统计见表 5 - 3。

表 5 - 3　构造单元要素统计表

构造单元	面积 （km^2）	基底埋深 （m）	白垩系 顶面埋深 （m）	下中新统 顶面埋深 （m）	上中新统 顶面埋深 （m）	中生界厚度 （m）	N11 - E 厚度 （m）
Chelif 东部坳陷	3200	4500 ~ 6000	3000 ~ 4000	1000 ~ 1700	0 ~ 800	2000 ~ 5000	1100 ~ 3000
Chelif 西部坳陷	1100	3000 ~ 4500	2000 ~ 3000	1000 ~ 1200	400 ~ 600	1300 ~ 2500	1100 ~ 1700
Mascara 坳陷	918.3	>3000	>1500	>700	0	>1500	>600
泰勒隆起	1455	<1500	0	0	0	<2000	0
Mostagnem 隆起	868	2500 ~ 4000	1000 ~ 2000	<500	<200	1000 ~ 2000	<500
Tliouanet 隆起	1985	2000 ~ 3000	<1000			1000 ~ 3000	<500

1. Chelif 东部坳陷

Chelif 东部坳陷面积为 3200km²，基底埋深 4500 ~ 6000m，白垩系顶面埋深 3000 ~

4000m,下中新统顶面埋深1000～1700m,上中新统顶面埋深0～800m,中生界厚度2000～5000m,古近系—第四系的厚度为1100～3000m。该区中生界以白垩系为主,地层巨厚,该坳陷是 Chelif 盆地最主要的生油坳陷。

该坳陷发育三个局部构造带,两个构造带在坳陷的中部,另一个则在坳陷与隆起的交界部位,处于逆冲断层的下方。

2. Chelif 西部坳陷

Chelif 西部坳陷面积为1100km²,基底埋深相对较浅,为3000～4500m,白垩系顶面埋深2000～3000m,下中新统顶面埋深1000～1200m,上中新统顶面埋深400～600m,中生界厚度1300～2500m,古近系—第四系的厚度为1100～1700m。坳陷中部有一个局部构造带,推断为中浅层构造。临近该坳陷的东西两侧隆起上发育两排构造带。

3. Mascara 坳陷

Mascara 坳陷面积为918.3km²,该坳陷基地埋深大于3000m,白垩系顶面埋深大于1500m,下中新统顶面埋深大于700m,中生界厚度大于1500m,古近系—第四系的厚度大于600m。有逆冲推覆构造现象存在。

（二）Chelif 盆地构造演化史

Chelif 盆地是一个中—新生代叠合盆地。Chelif 盆地自中生代以来经历了多次构造运动,形成了三个区域不整合。中生代至新生代早中新世为拉伸断陷期;晚中新世为拉伸断坳期;晚中新世末期应力环境发生改变,由伸展环境变为挤压环境,先存的断裂构造发生正反转,上新世转变为挤压环境下的统一沉积坳陷。现今构造实际上是四期次级沉积盆地的叠加和改造。分别是中生代,新近纪早中新世、晚中新世和晚中新世末期。其中,中生代至新生代早中新世为拉伸断陷期(图5－58a),早中新世为拉伸断坳期,晚中新世中晚期应力环境发生改变,由伸展环境变为挤压环境,先存的断裂构造发生正反转,所以晚中新世为坳陷到前陆盆地的过渡期(图5－58b),到上新世,盆地整体变为挤压环境,形成了一个统一的沉积坳陷。

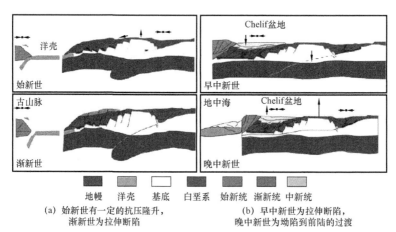

图5－58　盆地构造演化图(据 Zhang 等,2009)

白垩纪,Chelif 地区处于被动大陆边缘,为裂陷盆地,发育半深海—深海相泥灰岩,沉积环境主要为海相,泥灰岩可以作为良好的烃源岩。

晚白垩世或白垩纪末,由于受到南北向挤压应力的作用,阿特拉斯褶皱带形成。Chelif

地区白垩系抬升、褶皱、遭受剥蚀。白垩系与新生代地层之间普遍存在角度不整合接触关系,这在露头跟地震资料上都可以观察到。

至始新世晚期,在区域性扭张应力场作用下,研究区开始沉降。始新世—渐新世,主要是沉积充填作用,范围比较局限,古近系只是充填在一些分隔的、孤立的低洼区,分布面积较小。

至中新世早期,随着拉张应力的加强,盆地开始断陷沉降,沉降坳陷区由白垩纪末形成的隆起或低隆起相分隔。盆地东(南)部边界开始出现,也就是现今沿白垩系出露区的西侧,出现张性正断层,成为盆地的边界,控制着新近系的沉积。同时,在中部地区白垩纪末形成的古隆起两侧,也发育张性正断层,控制着南北两侧的新近系的沉积。

早中新世末,盆地有一短暂的抬升,局部地区地层遭受剥蚀,形成上中新统与下中新统之间的角度不整合。到中新世晚期,盆地整体沉降,属断陷向坳陷转化期,形成统一坳陷。

中新世末期,有一次比较大的抬升构造运动,造成中新统与上新统地层之间普遍的角度不整合接触关系。该期构造运动除了造成中新统的剥蚀之外,还使中新统褶皱变形,使坳陷深部位地层发生反转,使早期张性正断层下降盘地层发生褶皱回返,部分断层性质也发生变化。

从上新世开始,盆地开始转变为前陆盆地。沉降中心的偏移标志着盆地性质的转变,盆地范围开始收缩。中新统沉降中心多位于控凹大断裂一侧,而上新统沉积、沉降中心转移至坳陷中部,厚度向控凹大断裂方向变薄。在低隆起中新统沉积薄区,上新统反而较厚。

古近—新近纪末,盆地遭受强烈挤压,地层强烈变形,上新统普遍遭受剥蚀。

四、沉积体系

沉积体系是一定地质时期内,具有成因联系的沉积相三维组合。做好沉积体系分析,才能识别储集砂体的成因类型和分布规律。Chelif 盆地中新统发育有(辫状、扇)三角洲、水下浅滩、滨岸、障壁岛、潮坪、潟湖、灰岩滩、浅海、半深海 9 种沉积相,下面重点讨论区域内与油气有关的沉积体系。

(一)层序沉积模式

盆地中心的地震剖面反映上了中新统的顶底平均反射间断为 0.49 秒,而上中新统的顶底平均反射间断为 0.73 秒(图 5 - 59a)。通过对合成地震记录结果和井的记录结果进行统计,时深关系反映了上中新统的极限厚度为 1200m,而下中新统的最大厚度为 2000m。上中新统主要沉积在前陆盆地的凹陷中。

通过岩心和地表露头的分析,Chelif 盆地上中新统和下中新统都有地层缺失现象(图 5 - 59b),均与下伏地层呈不整合接触。由于下中新统断层与下伏地层是在控盆断层形成盆地的过程中形成,导致边界地层的角度近于平行。由于在上中新统的地层边界形成时期,构造形式发生了改变,导致了上中新统和下中新统的地层之间形成了角度不整合。

本次研究以 AZ4 井为例,AZ4 井位于 Chelif 盆地的北部,是上中新统及部分下中新统的典型地层学代表,在 AZ4 井地层学划分的基础上,我们发现在下中新统和上中新统的层序中,都发育了三个体系域(图 5 - 59),尽管如此,这些体系域的规模都明显不同,我们将在下面比较两个层序组的体系域区别。

在 Chelif 盆地南北两侧均见到了上中新统,均为海相沉积。盆地南部上中新统以角度不整合上覆于下中新统之上,自下而上沉积地层为:滨岸相砂岩、泥灰岩夹薄层石灰岩、泥灰

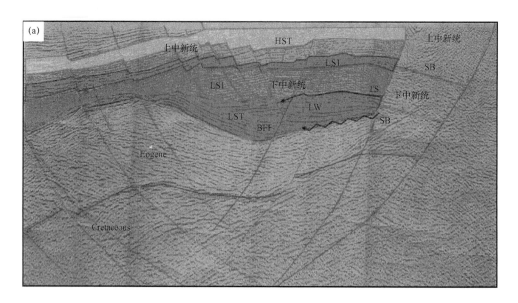

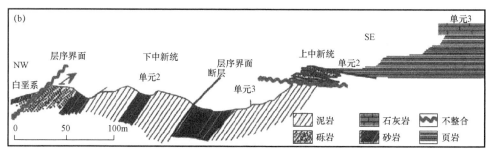

图 5-59 Chelif 盆地上中新统和下中新统地震剖面和盆地层序边界对比

岩及白云岩。盆地北部的上、下中新统接触面为一个大的不整合面,上中新统自下而上主要由硅藻土层、石膏层、泥岩—石灰岩互层组成。

下中新统的 LST 发育下切河谷和斜坡扇,而下中新统的 TST 主要由最大洪泛面进行识别,发育明显的退积型准层序,发育大套泥岩,与上中新统边界相比,向盆地中心发展,其边界明显不规则。

由于上、下中新统之间的不整合面影响,下中新统的 HST 和上中新统的 LST 均遭受较严重的剥蚀,厚度过薄,在露头和地震上均难以辨识。综合考虑露头地层展布特征及地震、测井标志,下中新统的 LST 层序模式发育很好,而 HST 的层序模式不甚发育;上中新统的 LST 层序模式不甚发育很好,而 HST 的层序模式发育很好。根据以上特征,我们将下中新统分为 LST 和 TST + HST 两部分,上中新统分为 LST + TST 和 HST 两部分(图 5-60)。HST 的特点是发育大量石灰岩局限台地和广泛分布的石膏潟湖沉积。

上中新统层序和下中新统层序的沉积体系存在明显差异。露头的调查结果表明,两个层序发育都发育三角洲相和辫状三角洲相(图 5-61)。这些下中新统层序三角洲或辫状河三角洲的规模比上中新统的规模要大,下中新统自下而上沉积的主要岩性为:压实程度高的棕褐色砂砾岩、浅黄色的砂岩夹薄层泥岩、深灰色的泥岩、泥灰岩及白云岩。下中新统沉积相以三角洲沉积和海相沉积为主。

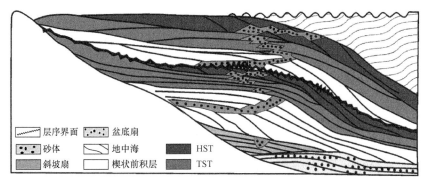

	层序界面		盆底扇
	砂体		地中海		HST
	斜坡扇		楔状前积层		TST

图 5 - 60　中新统的层序变化模式

下中新的 LST 层序模式发育很好,而 HST 的层序模式不甚发育;
上中新统的 LST 层序模式不甚发育很好,而 HST 的层序模式发育很好

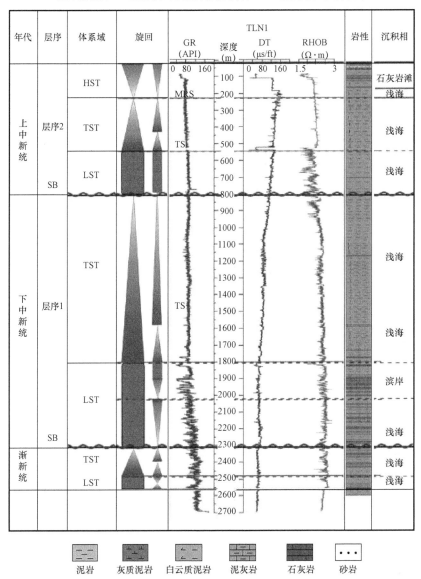

| | | | | | 泥岩 | 灰质泥岩 | 白云质泥岩 | 泥灰岩 | 石灰岩 | 砂岩 |

图 5 - 61　单井层序划分和中新统沉积相特征(TLN - 1 井)

盆地的北部下中新统发育大量的陆地冲积扇(姜在兴,2003),盆地的南部下中新统以辫状河三角洲为主,上中新统以角度不整合上覆于下中新统之上,自下而上沉积地层为:滨岸相砂岩、泥灰岩夹薄层石灰岩、泥灰岩及白云岩。主要的沉积相为三角洲相,扇三角洲相、大陆架相。

盆地北部的上、下中新统接触面为一个大的不整合面,上中新统自下而上主要由硅藻土层、石膏层、泥岩—石灰岩互层组成。

通过前期对 Chelif 盆地进行层序地层学、沉积学研究,得出了以下认识:纵向上本区最有利的地层为下中新统层序 LST 和上中新统层序 TST,最有利的沉积相为(扇、辫状河)三角洲前缘的水下分流河道砂体。

(二)、沉积相平面展布

1. 下中新统 LST 沉积相平面展布

在该时期发育的砂体主要是扇三角洲、辫状三角洲和水下浅滩沉积(图 5 - 62)。大体的沉积环境为浅海相。

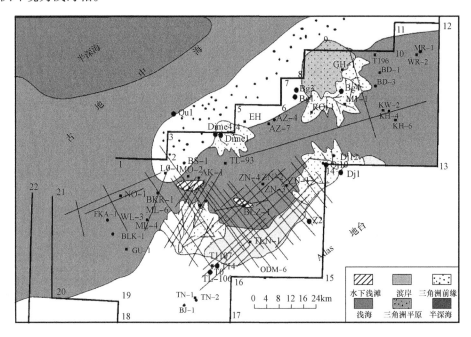

图 5 - 62   下中新统 LST 沉积相平面展布图

研究区的北部和西北部发育扇三角洲沉积;靠近南部大断层发育辫状三角洲和滨岸相沉积。

2. 下中新统 TST—HST 沉积相平面展布

在该时期发育的砂体属于扇三角洲、三角洲、水下浅滩沉积(图 5 - 63)。大体的沉积环境为浅海相,属于海陆交互相模式。

在研究区北部发育扇三角洲沉积,砂体连片出现,分布较广。

在南部断层部位发育的主要为三角洲沉积。三角洲的延伸很局限,只是在 Tliouanet 隆起带露头和 GB4 井、GB5 井范围内。在中部的 AK 井的小隆起发育水下浅滩。南部的三角洲砂体和水下浅滩砂体由于缺乏样品,没有孔隙度和渗透率的统计。

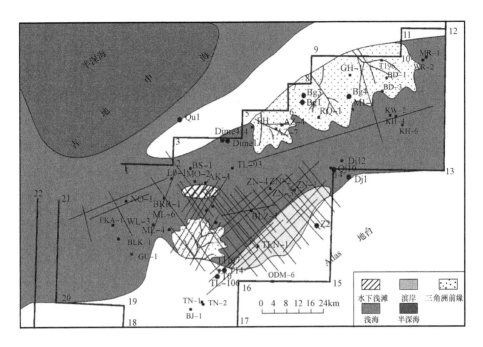

图 5-63 下中新统 TST—HST 沉积相平面展布图

3. 上中新统 LST—TST 沉积相平面展布

在该时期发育的砂体属于辫状三角洲和三角洲沉积(图 5-64)。大体的沉积环境为浅海相。研究区的北部发育辫状三角洲沉积,其中西北部辫状三角洲前缘的砂体物性较好。

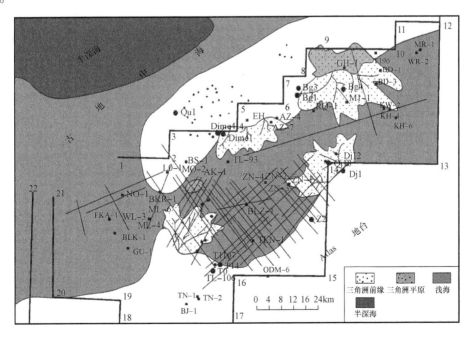

图 5-64 上中新统 LST—TST 沉积相平面展布图

4. 上中新统HST沉积相平面展布

在该时期发育的砂体属于障壁岛或水下浅滩沉积(图5-65)。

研究区西北部发育以膏岩和岩盐沉积为主的潟湖、潮坪沉积。靠近南部大断层发育局限台地的石灰岩滩沉积。

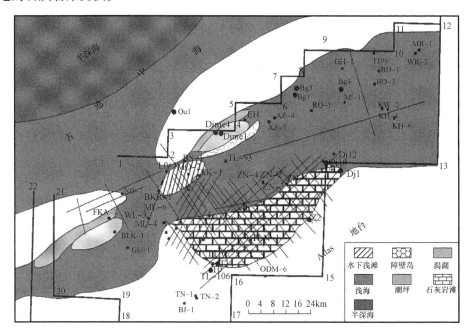

图5-65 上中新统HST沉积相平面展布图

(三)Chelif盆地构造对沉积及油气藏的影响

Chelif盆地构造样式主要受控于断层特征,其断层发育特征多样性,形成了形式各异的构造圈闭,主要包含有断背斜、披覆背斜、断鼻、断块。由于主断裂长期持续活动,在断层内侧便形成了多个大型滚动背斜构造;又因为主断裂分阶,便形成了断块山等。

在前人对Chelif盆地的圈闭分布及形态的研究基础上,将二维地震测线覆盖的研究区分为三个带,分别为北部反转带、中央隆起带和南部反转带。南部反转带多分布断背斜圈闭,靠近断层处容易形成断鼻圈闭,南部反转带东北部发育地层超覆圈闭;中央隆起带发育断背斜圈闭,在继承性隆起上发育有披覆背斜圈闭,西南部发育断鼻圈闭、砂岩上倾尖灭圈闭;北部反转带以断背斜为主。

为了更好地反映地层演化特征和确定圈闭形成时间,有学者研究制作了三条平衡剖面,分别是测线05CH02、测线05CH28、测线05CH57(图5-66)。分别模拟了南部反转带、东部反转带和中央隆起带几个具有典型意义的圈闭形成过程,反映了对圈闭具有重要作用的断层特征。

应用平衡剖面原理和构造地质学的基本原理,针对Chelif盆地三条构造剖面,解决了采用"逐层回剥"方法编制构造演化剖面时遇到的影响古构造复原的几个问题,分析了Chelif盆地的构造演化特征。该三条平衡剖面的制作,为深刻认识构造发育史,分析油气运移及聚集规律提供了依据(图5-67)。

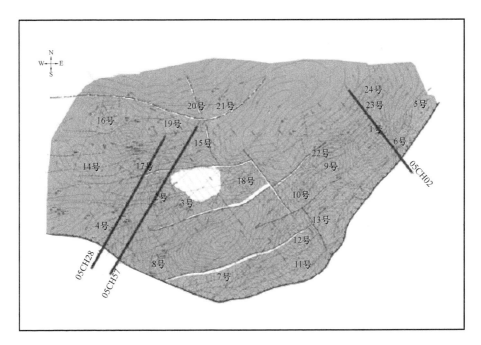

图 5 - 66　平衡剖面位置示意图(据 CNODC,2006)

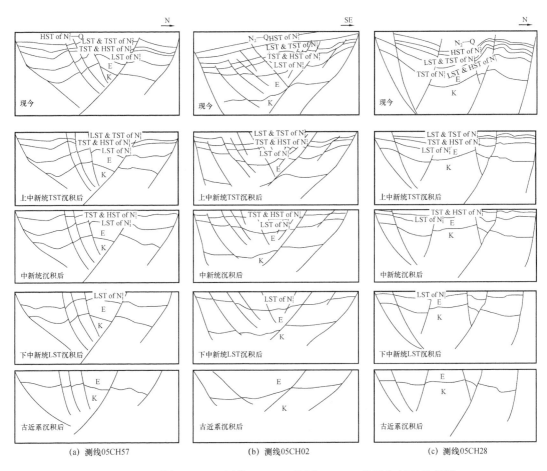

(a) 测线05CH57　　　　　(b) 测线05CH02　　　　　(c) 测线05CH28

图 5 - 67　测线05CH57、测线05CH02、测线05CH28 的平衡剖面示意图

通过以下三条平衡剖面反映的地层演化期次,认为 Chelif 盆地的大部分中新统圈闭形成于上中新世末期—上新世早期。

(1)中央隆起带。

如测线 05CH57 所示,该测线过中央隆起带的 2 号圈闭,基岩从古近纪中后期开始隆起,直至早中新世中末期开始地层遭挤压定型,圈闭也形成于早中新世末期。圈闭后期保存较好。

(2)东部反转带。

如测线 05CH02 所示,该测线过 1 号圈闭,此断背斜圈闭形成于早中新世中期—早中新世 TST 末期。早中新世 TST 之后断层发生逆冲,导致上中新统和上新统以上地层部分缺失。

(3)南部反转带。

如测线 05CH28 所示,该测线过 4 号圈闭,早中新世 LST 末—TST 时期,断层开始逆冲,导致上中新统缺失,下中新统的储层保存较好。该鼻状构造位于南部反转带上,圈闭形成于早中新世末期。后期逆冲,导致上中新统和上新统以上地层部分缺失较严重,保存条件有限。

通过前期对 Chelif 盆地进行层序地层学、沉积学研究进行综合研究,在测线 05CH57、测线 05CH02、测线 05CH22 及测线 05CH29 的平衡剖面示意图上可以看出(图 5 - 68),与边界正断层相关的断阶构成盆地的陡坡带,其断层多呈板式和阶梯式,由于断层的构造样式及其活动规律不同,导致形成的砂体类型、规模及油气富集程度有明显差异,特定的断裂及其组合方式控制了特定的各类砂体乃至特定的圈闭的发育。纵向上本区最有利的地层为下中新统层序 LST 和上中新统层序 TST,最有利的沉积相为(扇、辫状河)三角洲前缘的水下分流河道砂体。

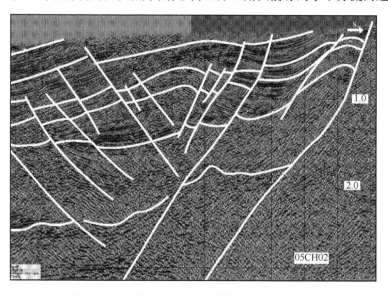

图 5 - 68　测线 05CH02 地震剖面(ZN - 1 井东)

在下中新统层序低位体系域,ZN - 1 井东的下中新统发育辫状三角洲砂体,LST 同时发育泥岩,TST - HST 发育大套泥灰岩,可成为良好盖层。多期断层成为油气运移的良好通道。

南部的辫状三角洲有良好的构造发育,在控制测线 05CH29 和测线 05CH22 的地震剖面中可以识别出断层的形态多呈板状和阶梯式构造(图 5 - 69),发育的多条断层是油气运移的良好通道,下中新统 LST 发育辫状三角洲砂体,成为良好的储层。

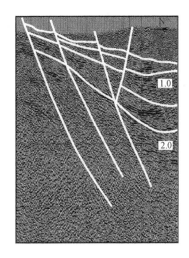
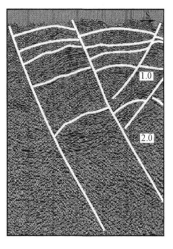

图5-69 测线05CH29、测线05CH22地震剖面(BG-2井南构造)

(四)沉积模式

通过露头相、测井相、地震相等分析,确定了研究区主要发育三角洲、辫状三角洲、扇三角洲、滨岸、水下浅滩、障壁岛、局限台地的石灰岩滩、潮坪、潟湖、浅海、半深海等主要沉积相类型。结合本区的基本地质背景,建立了具有本地特色的两种沉积相模式。

本文确定研究区发育物源匮乏期的海岸平原—潮坪—潟湖—陆棚沉积模式与物源丰富期的海陆交互三角洲(辫状三角洲、扇三角洲)沉积模式。并且总结了中新世Chelif盆地沉积模式发育的规律,勾画出立体沉积模式图(图5-70)。在早中新世,盆地处于断陷期,物源供给充足,在物源山口或断层处,向浅海、半深海方向发育三角洲、扇三角洲、辫状三角洲等沉积体系,在浅海的水下高地发育水下浅滩沉积相。

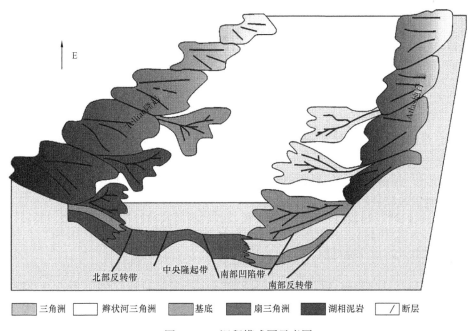

图5-70 沉积模式图示意图

在上中新统 HST，由于盆地向坳陷型盆地转变，物源供给不足，盆地发育了石灰岩滩、潮坪、潟湖、障壁岛、浅海、半深海沉积体系，石灰岩滩主要发育在盆地南部，潟湖—潮坪—障壁岛沉积体系主要发育在盆地北部，在浅海的水下高地也可发育水下浅滩沉积相。

Chelif 盆地发育着不同的沉积体系，形成了与各沉积演化阶段相对应的为数众多、成因类型多样的砂岩储集体（表 5 - 4）。

表 5 - 4　研究区中新统不同层序储层成因类型与发育情况表

层位	沉积相类型
上中新统层序 HST	水下浅滩、障壁岛
上中新统层序 LST、TST	三角洲、辫状三角洲、水下浅滩
下中新统层序 TST、HST	三角洲、扇三角洲、水下浅滩、滨岸沙坝
下中新统层序 LST	辫状三角洲、扇三角洲、滨岸沙坝、水下浅滩

第四节　碰撞诱导型被动裂谷盆地——莱茵地堑

一、碰撞诱导型伸展裂谷盆地形成机制

碰撞诱导型伸展裂谷盆地位于碰撞造山带的附近或碰撞造山作用的应力场影响到的地区。裂谷的走向与造山带走向垂直，与区域挤压方向一致。裂谷的成盆期与造山时期基本一致（图 5 - 71）。

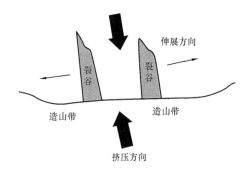

图 5 - 71　碰撞诱导型伸展裂谷的模式图

碰撞诱导型伸展裂谷盆地通常规模比较小，多分布在造山带附近，与造山带垂直，如特提斯带附近、青藏高原上一些近南北向的新生代裂谷盆地、阿尔卑斯山脉北侧的裂谷盆地，其中最典型实例是莱茵地堑（Rhine Graben）。莱茵地堑的走向与阿尔卑斯造山带的走向大体垂直，为新生代碰撞诱导型伸展裂谷盆地。

从莱茵地堑的大地构造位置分析，莱茵地堑恰好位于新近纪形成的阿尔卑斯造山带以北，地堑的走向几乎与造山带走向垂直。根据莱茵地堑的构造样式分析，控盆断裂的伸展方向与地堑走向垂直，最大挤压方向与造山带的最大挤压方向一致。地堑的控盆断裂为对称的铲形断层，主要断陷期为新近纪，与阿尔卑斯造山带时代完全一致。

二、盆地的区域地质特征

莱茵地堑大致呈南北向，横切以前所有的构造，并接受新生代的沉积，长约 300km 的范围内，宽度（约 36km）无明显变化。两侧的主断层相互平行，甚至两侧的地貌也对称一致。地堑中心部分还被众多的小型正断层切割，地垒发育，这些地垒由侏罗系较老的地层组成。

三、盆地构造演化特征

主要裂谷作用发育在新近纪,由非洲板块和欧洲板块的碰撞引起。

始新世末期有底砾岩分布,渐新世发生海侵(海侵可能来自南方),晚始新世和渐新世沉积了较厚的盐类沉积物。

中新世断裂活动增强,并伴有火山活动,大量岩流聚集在莱茵河谷,标志着裂谷作用的开始。中新世末,地堑进入强烈裂陷期,地堑南部接受了较厚的磨拉石型沉积,其中产类似象的恐象 Dinotherium 化石。

上新世,莱茵地堑进入裂谷萎缩期,接受三角洲沉积和河流沉积。

四、构造背景分析

始新世开始,莱茵北部地堑经历了晚始新世至渐新世早期三个主要沉降事件,最新的一次是渐新世早期到中新世早期和上新世早期到第四纪。

北部转移带是最重要的转换带,影响了莱茵河上游地区北部地堑在整个新生代的构造演化,顺着 Darmstadt – Stockstadt – Alsheim 横断面,北部转移带走向为北东—南西向。北部转换带把莱茵北部地堑分为极性相反的南部半地堑和北部半地堑(图 5 – 72)。然而,北部次盆地的沉积中心与地堑的西部边界断层相邻,南部次盆地的沉积中心与西部的主断层有紧密联系。

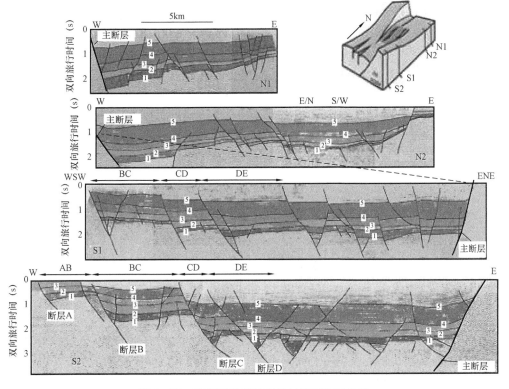

图 5 – 72　莱茵河北部地堑的地震剖面的解释

1—前裂谷期的顶部;2—Rupel 黏土层顶;3—Niederrdern 层顶;4—Cprbicula 层顶;

5—Hrdrobia 层顶。S2 剖面的数据来自 geo forschungs zentrum potsdam

莱茵地堑南部也有相似转换带，它穿过了东部主断层和西部地堑边缘。

莱茵地堑北部次盆和转换带分布有同向断层和反向断层。这些断层决定了盆地内的断块和小的沉积体发育，在盆地形成初期，这些小的沉积中心彼此孤立。

莱茵地堑北部次盆晚 Priabonian 早期到 Rupelian 沉降期（早裂谷期）受由次盆沉降引发的近西北西—东南东向的扩展控制（Illies 1978；Meier、Eisbacher 1991；Schumacher，2002），同裂谷期早期的沉积被分开。Bergerat（1987）认为大倾角的断层是右旋走滑断层，在 Aquitanian 期形成的，而 Meier 和 Eisbacher（1991）认为，扩张旋转的方向是由 Rupelian 期的西北西—东南东向变化为 Aquitanian 期的北东—南西向，在该时期，晚始新世到早渐新世的断层被选择性激活。

在这个地堑变窄的过程中，可以观察到一些西部边缘半地堑的废弃（剖面中断块 A—B 和 B—C 的部分）及在断层 C 和西部主断层之间的持续沉降（图 5－73）。

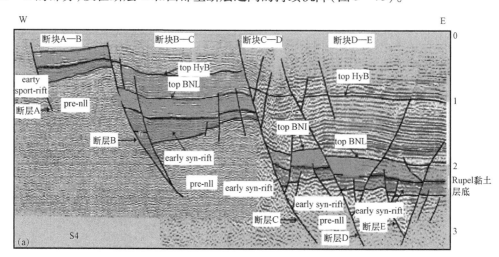

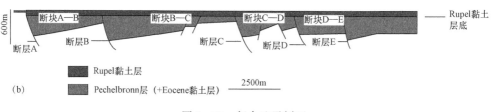

图 5－73　复合地震剖面

五、莱茵地堑北部次盆的构造演化

研究显示，在晚 Priabonian 期到晚 Rupelian 期是莱茵河上游北部地堑的同裂谷期早期，这时期主要是西北西—东南东向的扩张。

沉积中心位于旋转断块的斜坡位置（旋转断块被同生断层所控制），沉积包括了始新世的泥岩，Pechelbronn 层（晚 Pechelbronn 阶到早 Rupel 阶）和 Rupel 层的泥岩（晚 Rupel 阶）（图 5－74）（Derer，2003）。

同裂谷期早期的沉积开始于 Pechelbronn 层，不整合发生在二叠纪的早裂谷地层中。继 Pechelbronn 层以后的同期裂谷沉积和 Rupel 层泥岩可分为两个大的基准面旋回：C－I－1 和 C－I－2。

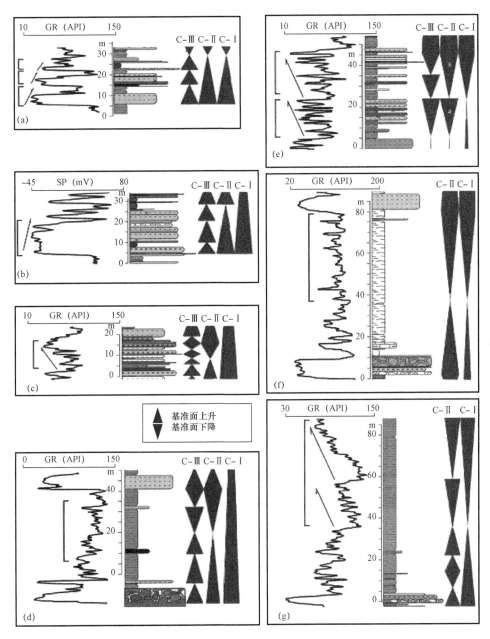

图 5-74 裂谷早期的相序与基准面旋回的对应关系

旋回 C-I-2 包含了基准面下降和基准面上升半旋回（图 5-74）。下降的半旋回（中 Pechelbronn 层上部）记录了一个半咸水环境的消退和一个进积过程。在 C-I-2 的上升半旋回中，是上 Pechelbronn 层河流和河流间的沉积物，沉积中心的楔形交错层理是盐类的残余沉积。在晚 Rupelian 期的海侵时期，开阔海形成的页岩覆盖了这些海洋沉积物。在其他的欧洲盆地中 Rupelian 期也存在有海侵的记录（Grimm 等，2000；Derer，2003）。在这个时期，莱茵河上游发生了间歇性海浪的作用，这种作用同样也发生在有磨拉石生成的海岸和北海盆地。C-I-2 旋回的上界沉积了 Rupel 层泥岩。

这可以推断这两个大规模的基准面旋回（直接和间接）是三阶海平面的升降，在许多欧洲的盆地中可以找到相似的例子。然而，在莱茵河上游地堑中，沉积环境的分布和它们的堆积在这些旋回中都受构造的控制,同时气候也对旋回有一定的影响。

(一)同裂谷期早期构造环境

在莱茵河上游北部地区的早同期裂谷盆地时期有三个最主要的构造单元:(1)北部的转换带;(2)沿西部边界断层有少量的位移(断层 B);(3)相邻的次级倾斜断块/半地堑(图 5 – 75)。对早同期裂谷的构造研究可以解释在古近—新近纪和第四纪断块的体制及晚始新世—早渐新世的断层被部分激活的原因。然而,大多数早同期裂谷的几何构造特征都被保存了下来。

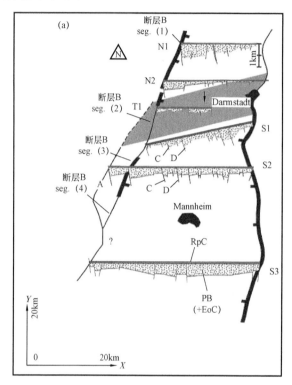

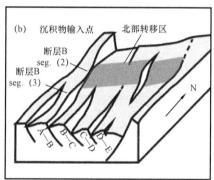

图 5 – 75　还原剖面,深度转换,断裂早期的顶部即 Rupel 黏土层底部的还原数据

(a)在北部子盆地中,沉积中心靠近西部边界断层,但是在南部,沉积中心靠近东部边界断层。剖面 N1、N2、T1、S1 和 S2 是用油田的地震剖面建立的,但是只是粗略的表示它们的位置。数据的地表比例尺在 X 轴方向增大。N1 中给出的比例尺在各个剖面中都有效。(b)详细解释了东部的 T1 剖面。块状图是上莱茵地堑的简化模型,其中有断裂早期南部子盆地的西部断块 A—B、断块 B—C、断块 C—D 及断块 D—E。在北部转换带西南端断层 B 处的沉积物输入量很丰富

(1)北部的转换带,把次一级盆地分为北部和南部地区,在早同期裂谷时期已经找到了足够的证据。这个转换带使沉积中心从地堑的西部转移到地堑的东部边缘(在图 5 – 75 中进行了复原)。次一级盆地的沉降速率比转换带的构造和古地理的高部位都要高,与转换带走向相反的主原始坡度演化成子盆地,子盆地控制着沉积物的分布。

(2)在早同裂谷时期,莱茵河北部地堑中,西部边界断层(断层 B)的位移不同。就像是断层剖面 2 的位移明显比临近的南部和北部的断层位移要小,它形成了低洼地带,可以使沉积物进入盆地。这对上面的 C – I – 1 旋回和 C – I – 2 旋回是很好的证明。

(3)次一级的生长断层把转换带和次一级盆地分为倾斜断块,次盆地形成了莱茵河上游北部地堑的基本构造格局。这些倾斜断块的宽度和长度范围分别从 2 ~ 5.5km 到 14km。半

地堑与这些断块形成的沉积中心有关系。从这些下盘前缘的可容纳空间向下扩展到相邻断块，这样就产生了次级坡度垂直的地堑轴。在这些半地堑中，被压紧的沉积物的厚度是不等的，但是，最厚可以达到 500m。与盆地边缘平行分布了大规模的倾斜断块说明盆地是典型的伸展盆地。

结合以上的三个构造特点说明盆地复杂的地质特征，这些特点影响了本区可容纳空间的变化。从这些断块前缘的可容纳空间向下增加至断层 C，断层 C 的边界向西延伸。断层 C 在向南方向上位移增加，远离转换带。结果，在相同的方向上，断块 C—D 的沉降速度增加，创造了一个沿轴向的沉积梯度。相应地，这个断块形成了一个向南方倾斜的构造（远离转换带）。在这个斜坡上，沉积物会转移到南部的次盆地中。在下降和地层走向上沉积速率的横向差异，都是研究莱茵河上游北部地堑的沉积历史必须考虑的因素。

（二）同裂谷期早期沉积相特征

在莱茵河上游北部的 Pechelbronn 层和 Rupel 泥岩层，前人利用测井曲线的校正和基础核心数据判断本区主要发育六个沉积相。GR 曲线和 SP 曲线的特征形状可以显示同裂谷期早期的沉积环境和反映具体可容纳空间的一级沉积物的供给情况。

1. 单一河道

单一的河道相组成了连续交替的河道和河漫滩沉积。河道侵蚀河床沉积了细—中粒砂岩。河道和河漫滩沉积显示了向上变细的趋势。曲流河的水流流速小，有利于可容纳空间的增大，因此厚的河漫滩利于沉积和保存。

2. 多期河道

多期河道相与河道的融合有很大的联系，抑制了河漫滩的沉积。叠置的河道是因为可容纳空间的减小和大量粗粒沉积物的供给，特别是高能量的河流系统（辫状河）。

3. 冲积扇

冲积扇至下而上有变粗的反韵律特点，粒度范围从泥到细粒、粗粒。从下至上，冲积扇记录了一个沉积物供给速度增加和可容纳空间减小的相序。

4. 河间/湖相

河间/湖相相包括了漫滩和湖泊泥岩及粉砂质泥岩。它们都是包含了原地的生物扰动和干旱的环境所形成的构造。粉砂岩的夹层和细粒砂岩代表了斜面的沉积（粒度向上变粗的趋势）。泛滥平原和湖泊环境反映了高的可容纳空间和低的沉积物注入。

5. 三角洲和临滨相

从下到上变粗的反韵律代表了三角洲和临滨相序。在这种相序中，从下到上 A/S 逐渐减小。三角洲和临滨相序出现在干旱环境的中 Pechelbronn 层。在这个环境中，含有很多的藻类化石（Reiser，1992）。在第二次 Rupel 阶海侵开始时，在上 Pechelbronn 层出现了三角洲和临滨相序，代表了 Rupel 泥岩沉积的增加。

6. 近海的半咸水沉积

半咸水相只有在中 Pechelbronn 层中沉积。它代表了远源、干旱、建设性的三角洲沉积和临滨体系，其中包括了相同的动物群组合。这种相里有生物扰动的泥岩和泥灰岩，其中含有薄层的粉砂岩和细粒砂岩夹层。因为有大的可容纳空间，它反映了在风暴浪基面以下的低能量的环境。沉积物主要来自悬浮物质（泥质），只有轻微的牵引流和浊流（低的沉积物供给）。

7. 近海(远滨)沉积

近海相出现在 Rupel 泥岩中, Rupel 泥岩是莱茵河上游地堑海侵的主要沉积物。因为有大量海生生物化石的沉积, Rupel 泥岩中的开阔海生物扰动页岩来自深度在 $100\sim200m$ 的悬浮物, 在整个研究区域的测井和地震剖面中特征明显。

(三)同裂谷期早期构造—沉积模型

基于以上研究, 我们对莱茵河上游北部地区的同裂谷期早期的构造—沉积演化建立一个模型(图 5-76)。这个模型解释了构造对沉积环境在侧向上变化的控制作用。结合此模式, 我们可以总结出以下几点认识:(1)控盆断裂为铲式断层, 上部直立;(2)盆地规模较小, 狭长, 构造坡度大;(3)构造转换带对沉积有很强的控制作用;(4)发育扇三角洲沉积。

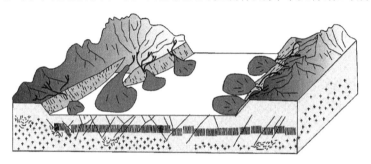

图 5-76 莱茵地堑碰撞型被动裂谷盆地沉积模式图

第五节 造山后伸展型被动裂谷盆地——南图尔盖盆地

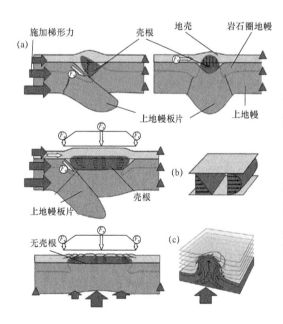

图 5-77 南图尔盖盆地形成的
动力学机制示意图

一、造山后伸展型被动裂谷盆地形成机制

造山后伸展型被动裂谷盆地这类造山后伸展盆地的动力学成因机制一般都经历三个演化阶段(图 5-77)。

(一)岛弧增生造山阶段(水平挤压)

这一阶段大洋壳的俯冲和大陆壳的碰撞均刚刚开始, 岛弧向大陆拼贴, 一方面俯冲的大洋地壳在俯冲接触面上由于摩擦和牵引作用形成简单剪切, 另一方面大陆地壳间的碰撞作用形成垂向的纯剪切。该阶段以水平挤压作用为主(图 5-77a)。

(二)高原演化阶段(水平挤压+重力载荷)

岛弧拼贴和碰撞造山作用形成高原。高原地区表面的重力载荷和岩根在重力均衡作用下造成水平的张力, 俯冲板片提供的水平压应力弥补了这种减薄作用, 它的向下弯折,维持了高原岩根不致扩大。该阶段是水平挤压作用与重力载荷作用的均衡(图5-77b)。

(三)重力垮塌阶段(重力载荷)

当俯冲板片的水平压应力卸载或造山运动的水平压应力停止时,高原岩根有了水平扩张的空间,在重力均衡衍生出的水平张力作用下造成高原的重力垮塌,体现为两种效果:一方面岩根的减薄导致的均衡作用使得高原地势降低,另一方面派生的水平张力形成在高原上部形成一系列正断层构成的拆离体系,从而发育造山后伸展型裂谷盆地(图5-77c)。

造山后伸展型被动裂谷盆地在本次研究中,我们以哈萨克斯坦中南部的南图尔盖盆地为研究对象,具体以其成盆机理,其形成的动力学机制为出发点,去探讨其盆地的构造—沉积响应特征、沉积体系分布及演化特点。

二、盆地的区域地质特征

(一)区域地质特征

南图尔盖盆地位于哈萨克斯坦中部,地理位置大致为东经63°00′~67°20′,北纬44°40′~47°44′,呈近南北向长轴状展布,盆地总面积约8×10⁴km²(图5-78)。该盆地是哈萨克斯坦的主要含油气盆地之一。

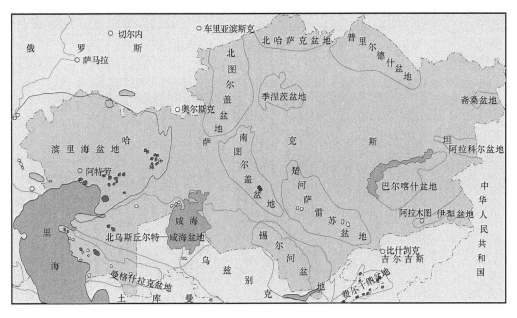

图5-78　哈萨克斯坦含油气盆地分布图

图尔盖盆地的主体在南部,称南图尔盖盆地。南图尔盖盆地平面上可分为三个次级构造单元:北部的Zhilanchik坳陷、中部的Mynbulak隆起和南部的Aryskum坳陷。目前发现的油气主要集中在南部的Aryskum坳陷(图5-79)。南图尔盖盆地由垒堑相间的构造单元组成,盆地的构造分带性控制了油气的形成与分布。

(二)区域板块构造演化

从区域构造位置看,南图尔盖盆地处于乌拉尔—天山缝合线转折端剪切带,位于中哈萨克斯坦板块西南,周边与北图尔盖盆地、楚河萨雷苏盆地、锡尔河盆地为邻,西部靠近乌拉尔褶皱山系(图5-80)。

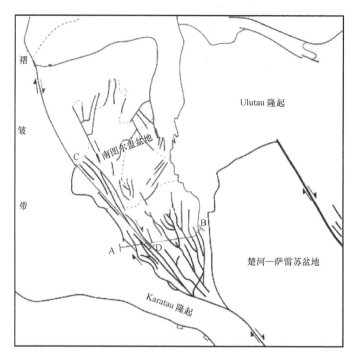

图 5 - 79　图尔盖盆地区域位置图

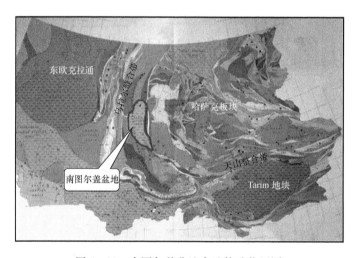

图 5 - 80　南图尔盖盆地大地构造位置图

中亚地区接受了二叠系、侏罗系、白垩系三套陆相为主的沉积。是由哈萨克斯坦—准噶尔板块、卡拉库姆—塔里木板块组成的三角形块体。三角形的三边分别被东欧、西伯利亚、印度三大板块所夹持(图 5 - 81),这三个板块相对于中亚地区板块的运动,对其构造形成演化有直接的控制作用。

乌拉尔造山带是东欧板块与哈萨克斯坦板块的缝合带,是长 2000km,地表出露宽 3 ~ 20km 的蛇绿混杂岩带,由低绿片岩相的变质基性到酸性火山岩、火山角砾岩、化学沉积岩、大量的超基性岩组成,在地震剖面上为东倾、低到中倾角的混杂岩带,向深部至少延伸 15km。乌拉尔造山带发育大量逆冲推覆构造,卷入最新地层为石炭系蒸发盐岩,在造山带西

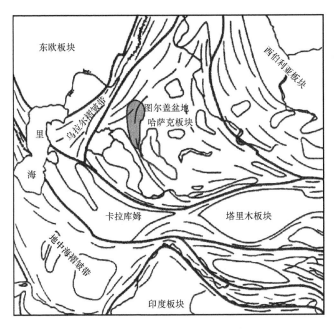

图 5-81　中亚地区大地构造背景(据李春昱等,1982)

侧发育二叠系(乌法前陆盆地)磨拉石沉积,多数学者认为这两个板块接缝时间为海西期,陆—陆碰撞焊合的时间为二叠纪晚期并延续至三叠纪,侏罗纪发生准平原化,古近—新近纪以来持续抬升。另有资料称,位于其南端发育的侏罗系产状水平,表明侏罗纪以来已无剧烈活动。造山带构造走向为北北东向,反映主压应力轴为北西西—南东东向。

东欧板块与哈萨克斯坦板块的碰撞也引起了哈萨克斯坦板块内部形变。据中亚地区地质图,哈萨克斯坦的乌勒套山为一元古宇分布带,其走向与乌拉尔造山带一致。据南图尔盖盆地钻井资料揭示,该盆地基底大面积分布元古宙变质岩,少部分地区(Kyzylkia 北部和Doshan 地区)分布古生界碳酸盐岩和砂页岩,推断盆地中的元古宙变质岩是乌勒套构造带的向南延伸部分,此构造带越过 Karatau 断层时可能存在右行错位,然后一直延伸到西南方向的于奇库杜克,呈南东条带展布。从整个哈萨克斯坦西部地区看,出露元古宇的范围可能只限于一些相对狭窄的条带,而且在它的下面仍可能有古生界"原地体",乌勒套构造带应该是和乌拉尔造山带同期形成的逆冲推覆构造带。

与乌拉尔造山带走向一致、位于哈萨克斯坦板块东南缘的天山山脉是哈萨克与塔里木板块的接缝带。研究表明,天山造山带基本格架在古生代晚期已经初步形成,平行造山带广泛分布的二叠纪红色磨拉石证明当时造山隆升作用非常强烈,说明塔里木—哈萨克斯坦板块的拼贴进入陆—陆碰撞的"焊合"阶段,其时间与东欧—哈萨克斯坦板块拼贴时间一致。由于这三者之间的碰撞均发生在侏罗系沉积之前,所以,它主要影响南图尔盖盆地基底。尽管如此,也会对侏罗系及上部地层产生间接影响。在南图尔盖盆地,一些北北东走向的构造可能和基底断裂有关,是基底逆断层在右行扭动(北西向)应力场中表现出的断层复活和构造反转。

阿尔泰山是西伯利亚板块与哈萨克斯坦—准噶尔板块的接缝带,也是兴(安岭)—蒙(古)弧形造山带的西南段。这两个板块的洋壳俯冲时间可以追溯到晚泥盆世,但其陆—陆碰撞时间根据古生物群落分布推断为早二叠世,造山运动在早、晚二叠世之交(郭福祥,2001)。Sengor 等(1978)发现内蒙古的晚二叠世浊积岩已卷入到叠瓦冲断层,而该时期的陆相砂岩则不整合于消减—增生杂岩之上,这说明陆—陆碰撞时间为晚二叠世晚期,与东欧—哈萨克斯坦—塔里木板块碰撞时间相同。以上分析表明,西伯利亚、哈萨克斯坦、东欧、塔里木等板块在海西末期已焊为一体。而且,在中亚的大部分地区均缺失三叠系,以此推测,三叠纪很可能是板块拼贴后持续抬升的一个时期。

阿尔泰造山带是西伯利亚与哈萨克斯坦—准噶尔板块的缝合线,该缝合线走向为北西向,南图尔盖盆地的主要构造走向与之一致。表明西伯利亚与哈萨克斯坦—准噶尔板块的相对运动对南图尔盖盆地北西向隆凹相间及构造形成起主要作用。

有关资料证明,西伯利亚板块对哈萨克斯坦板块的“挤榨”活动自侏罗纪以来一直进行着。任收麦等曾广泛收集近年发表的华北块体和西伯利亚板块显生宙以来的古地磁数据,探讨两大块体在晚三叠世—晚侏罗世闭合过程中的运动学特征。侏罗纪以前,西伯利亚板块与华北板块一直以“追击”方式向北移动,至早侏罗世时,西伯利亚板块突然掉转方向由北向南运动(与北冰洋大洋中脊扩张有关),并推动华北板块一起向南运动,前者的运动速度大于后者,表明地层缩减量大,挤压十分强烈。而且,这中间西伯利亚板块一直呈顺时针“转动”(磁偏角资料说明),非洲大陆在西南方向与之靠拢。根据古纬度资料,西伯利亚板块在早侏罗世—早白垩世转向南以后,运动轨迹几经周折,晚白垩世—古近纪早期又向北运动,古近纪晚期又向南运动,在向南运动过程中中亚地区接受剪切挤压的强度增大。

西伯利亚板块与中亚地区板块“挤榨”带来的直接后果除了在阿尔泰造山带形成大量逆冲推覆构造外,在哈萨克斯坦板内形成了七条大型右行走滑断层,其中也包括穿过南图尔盖盆地的 Karatau 断层,每条断层的走滑距离在 80 ~ 200km,而且越靠近西伯利亚板块其上盘逆冲推覆越明显。据众多苏联地质学家的研究成果,哈萨克斯坦境内大规模右行走滑构造运动发生于晚古生代末,是三大古板块碰撞拼合产生的近南北向巨大压力作用的结果(何国琦等,1995)。与此相伴的构造变形是平面上的顺时针“卷曲”现象。

值得注意的是准噶尔西北缘发生的逆冲推覆现象(图 5 - 82)。该冲断带走向北东,代表北西为主的压应力方向。从不同地段的地震剖面上可以看到,冲断发生在二叠纪、侏罗纪两个时期,后者在规模上远大于前者。而且,侏罗纪的逆冲推覆应该不是晚期,而是早、中期,这一时间段与南图尔盖盆地发生裂陷的时间段相同。根据这一时期板块拼贴的重大事件和北西为主的力源方向,它应该与古特提斯洋消失、扬子—华北板块拼贴,秦岭—大别造山带形成,以及太平洋—库拉板块对中国大陆俯冲有关,早、中燕山期是上述造山运动的强盛时期。

必须指出,在海西期已生成北西向右行走滑断裂基础上,一旦出现反向力偶扭动,如从右行剪切破裂换成同向左行剪切,或在压性破裂基础上旋转 90°方向再挤压等,则容易出现构造负反转,将原先带压性的走滑断层转变为张性断层。侏罗纪,西部地区一方面发育了像鄂尔多斯盆地、准噶尔盆地西部边缘具有的西向东冲断,另一方面则是与东西或北西断裂相关的湖沼沉积,两者方向垂直,断裂性质截然不同,其实属于同一应力作用下的产物,只是先天条件不同。当存在北西向断裂(早期大型走滑断裂)时,只要发生换向剪切则很容易使原

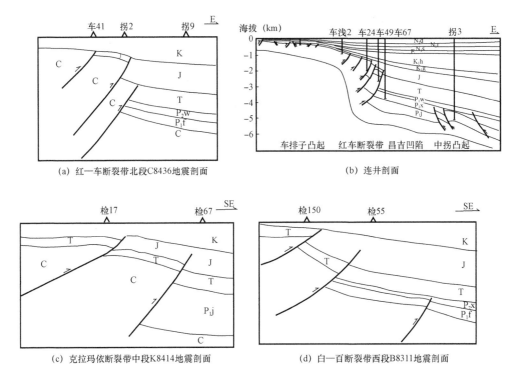

图 5-82 准噶尔西北缘构造剖面(据何登发,2004;靖辉等,2007)

断裂张开,这就是南图尔盖盆地早—中侏罗世发生裂陷的主要机理。

(三)成盆特征分析

根据南图尔盖盆地的构造剖面图和综合地质柱状图分析(图5-83、图5-84),前三叠系为由火山岛弧拼贴增生而成的造山带岩石组合,三叠系—侏罗系明显受控盆断裂控制,为生长断层,表明该时期南图尔盖盆地进入同裂谷阶段,发育强烈断陷。白垩纪盆地进入坳陷阶段,断裂不发育。

根据区域地质和沉降史分析,南图尔盖地区的区域基底构造层为前古生代—志留纪(570—408.5Ma)结晶基底或沉积层;古生代被动陆缘盆地构造层为早泥盆世—早石炭世(408.5—311.3Ma);盆地的基底为海西期乌拉尔造山带构造层,即晚石炭世—早三叠世(311.3—245Ma)碰撞褶皱基底构造层;造山后伸展盆地发育断陷构造层,即中三叠世—中侏罗世(241.1—163.3Ma)盆地进入同裂谷阶段(图5-84);中侏罗世—晚白垩世(161.3—65Ma)进入后裂谷阶段,发育坳陷构造层;始新世—渐新世(56.5—0Ma)进入喜马拉雅期挤压构造反转阶段。

综上所述,南图尔盖盆地的成盆演化机理如下:

(1)早石炭世发育岛弧火山岩和海相沉积,晚石炭世—二叠纪发育海西期火山岛弧拼贴增生型造山带。

(2)随后发生了造山后伸展作用,从三叠纪开始进入裂谷阶段,主要为陆相沉积。

(3)晚侏罗世盆地进入后裂谷坳陷阶段,以陆相沉积为主;晚白垩世存在部分浅海相,随后又转为陆相沉积。

(4)从古新世开始盆地进入喜马拉雅期挤压阶段,有利于形成构造圈闭。

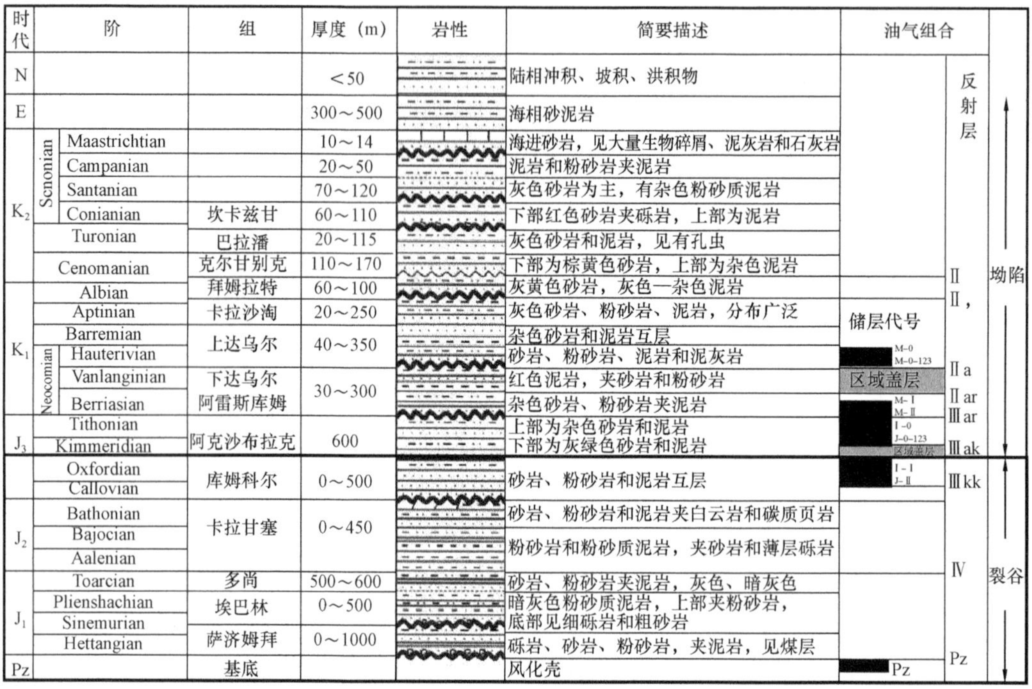

时代
阶
组
厚度（m）
岩性
简要描述
油气组合
N
＜50
陆相冲积、坡积、洪积物
E
300～500
海相砂泥岩
K2
Senonian
Maastrichtian
10～14
海进砂岩，见大量生物碎屑、泥灰岩和石灰岩
Campanian
20～50
泥岩和粉砂岩夹泥岩
Santanian
70～120
灰色砂岩为主，有杂色粉砂质泥岩
Conianian
坎卡兹甘
60～110
下部红色砂岩夹砾岩，上部为泥岩
Turonian
巴拉潘
20～115
灰色砂岩和泥岩，见有孔虫
Cenomanian
克尔甘别克
110～170
下部为棕黄色砂岩，上部为杂色泥岩
K1
Albian
拜姆拉特
60～100
灰黄色砂岩，灰色—杂色泥岩
Aptinian
卡拉沙淘
20～250
灰色砂岩、粉砂岩、泥岩，分布广泛
Neocomian
Barremian
上达乌尔
40～350
杂色砂岩和泥岩互层
Hauterivian
砂岩、粉砂岩、泥岩和泥灰岩
Vanlanginian
下达乌尔
30～300
红色泥岩，夹砂岩和粉砂岩
Berriasian
阿雷斯库姆
杂色砂岩、粉砂岩夹泥岩
J3
Tithonian
Kimmeridian
阿克沙布拉克
600
上部为杂色砂岩和泥岩
下部为灰绿色砂岩和泥岩
Oxfordian
Callovian
库姆科尔
0～500
砂岩、粉砂岩和泥岩互层
J2
Bathonian
Bajocian
Aalenian
卡拉甘塞
0～450
砂岩、粉砂岩和泥岩夹白云岩和碳质页岩
粉砂岩和粉砂质泥岩，夹砂岩和薄层砾岩
J1
Toarcian
多尚
500～600
砂岩、粉砂岩夹泥岩，灰色、暗灰色
Plienshachian
Sinemurian
埃巴林
0～500
暗灰色粉砂质泥岩，上部夹粉砂岩，
底部见细砾岩和粗砂岩
Hettangian
萨济姆拜
0～1000
砾岩、砂岩、粉砂岩，夹泥岩，见煤层
Pz
基底
风化壳
储层代号
M-0
M-0-123
区域盖层
M-Ⅰ
M-Ⅱ
Ⅰ-0
J-0-123
区域盖层
Ⅰ-Ⅰ
J-Ⅱ
Pz
反射层
Ⅱ
Ⅱ，
Ⅱa
Ⅱar
Ⅲar
Ⅲak
Ⅲkk
Ⅳ
Pz
坳陷
裂谷

图 5－83　南图尔盖盆地地层沉积特征简图

T3
J
K
P
N
T3
J3
J2
J1
K1¹
K1²
K2
P1
P2
P3
N1
N2Q
200
150
100
50
Mio Years
0
1000
2000
3000
4000
深度（m）
T℃
AGE
N2Q
K1nc
K1nc
J3
J3
J1-2
T2-J1
Pz1
50
60
70
80
90
100
110
120
130
140
古近纪开始
反转阶段
白垩纪
后裂谷阶段
三叠纪
侏罗纪
同裂谷
阶段

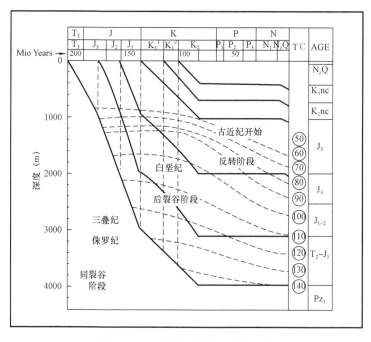

图 5－84　南图尔盖盆地埋藏史图

三、南图尔盖盆地结构特征

(一)盆地结构特征

南图尔盖盆地具有垒—堑相间的结构特征，盆地内凸起和凹陷相间排列，从南往北呈北

西—南东至南北向散开的帚状。凹陷埋深大。盆地主要沉积侏罗系—白垩系,沉积层主要为河相、湖相砂泥岩;由下至上发育了几个大型区域不整合。由于盆地凹陷分割性强,各凹陷有着相对独立的构造、沉积体系,成为相对独立的烃类生成、运移和聚集基本单元,大型继承性低幅度隆起成为油气高产富集区(油田主要发现在地垒和走滑伴生隆起区)。

南图尔盖盆地结构、构造特征概括起来主要有以下四个特点:

(1)南图尔盖盆地是一个以古生界沉积岩或元古宇变质岩为基底、以侏罗系—白垩系为主体的中、新生代盆地;

(2)南图尔盖盆地属于断—坳复合盆地,早、中侏罗世为断陷期,晚侏罗世为坳陷期,白垩纪成为中亚大型陆内坳陷一部分,自下而上各套沉积逐层向基岩隆起超覆,沉积范围不断扩大(图5–85);

(3)中、下侏罗统沉积在数个分隔的地堑内,地堑为断层控制下的狭长条,呈北西走向,本区地堑有双断式地堑、单断式箕状地堑、断层参与下的坳陷等多种结构类型(图5–85);

(4)盆地内主要发育两种类型的构造圈闭、三种性质的断层。两种类型分别为背斜、断背斜、断鼻等挤压构造和压实或压实—挤压双重作用下发育在基底地貌背景上的多期叠合构造;三种断层分别是正断层、逆断层、走滑断层。正断层发育在早、中侏罗世,逆断层、走滑断层主要发育在晚侏罗世和古近—新近纪,构造和断层的主要走向为北西向。

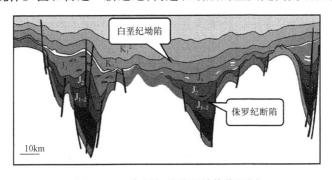

图5–85　南图尔盖盆地结构位置图

(二)构造单元划分

依据本区剩余重力异常特征、主密度界面(相当于基底)埋深图揭示的基底起伏特征,结合基底断裂的平面展布特征及地震、钻井、地面地质等资料,将研究区划分出三隆(或鞍部)、一坳四个二级构造单元,即 Karatau 隆起、Mynbulak 鞍部、Ulutau 隆起及 Aryskum 坳陷,而其中的 Aryskum 坳陷和 Mynbulak 鞍部归属于南图尔盖盆地。在 Aryskum 坳陷具有垒—堑相间地质结构,包括四个地堑和三个凸起七个三级构造单元:Aryskum 地堑、Aksai 凸起、Akshabulak 地堑、阿希尔凸起、Sarylan 地堑、Tarabulak 凸起及 Bozingen 地堑。

四、南图尔盖盆地构造特征

(一)构造演化

南图尔盖盆地发育两个明显的区域性角度不整合面,一个是基底构造层顶面,另一个是侏罗系顶面。在这两个区域性角度不整合之间,还发现三个局部不整合:下侏罗统顶面、中侏罗统顶面及上侏罗统库姆克尔组(J_3km)顶面。

南图尔盖盆地中—新生界按地层构造标志序列,可划分出反映区域构造演化特征的五个明显阶段,即初始张裂阶段、断陷发育阶段、断坳转换阶段、坳陷发育阶段和后期隆起阶段(图5-86)。本次研究主要集中在初始张裂阶段、断陷发育阶段和断坳转换阶段。

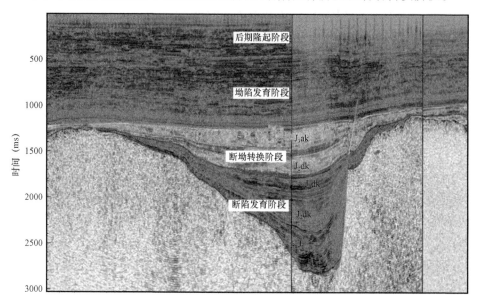

图5-86 南图尔盖盆地构造层划分(过北 Akshabulak 地堑剖面)

(1)初始张裂阶段:南图尔盖盆地基底固结于早古生代末,中—晚古生代形成碎屑岩—碳酸盐岩过渡层,晚三叠世裂谷出现拉张导致盆地形成初始断裂。

(2)断陷发育阶段:早—中侏罗世,盆地在近东西向拉张应力场的作用下,形成 Karatau 大断层及其支脉,盆地经历强烈的分异沉降,进入裂陷发育阶段,盆地四凹三隆格局基本形成。其中,早侏罗世断块、断陷差异沉陷强烈,晚侏罗世沉陷作用变缓。

盆地中侏罗世后期进入断坳转换期,盆地沉积范围逐渐扩大,同时沉积的中心向东、向南迁移。中侏罗世未的构造反转,使盆地产生许多背斜构造。

(3)断坳转换阶段:晚侏罗世是盆地断坳转换的过渡时期,在该时期,裂陷作用停止,坳陷开始形成。盆地沉积范围扩大,上侏罗统库姆克尔组已经覆盖了除 Aksay 隆起外的大部分地区,上侏罗统阿克沙布拉克组(J$_3$ak)已经沉积在盆地绝大部分地区。晚侏罗世,盆地沉积中心继续向南、向东迁移。由于热松弛导致沉积作用的扩大,但这种扩大仅限于南部的 Aryskum 坳陷,且沉陷作用缓慢。

(4)坳陷发育阶段:在经历了晚侏罗世断坳转换期之后,盆地从白垩纪开始进入差异热沉降为主的坳陷阶段。在该阶段,地堑活动强度减弱,整个盆地转为缓慢坳陷阶段,并逐渐停止沉积,部分地区遭受剥蚀。

(5)后期隆起阶段:古近纪早期的隆起发生局部侵蚀,上侏罗统和白垩系被剥蚀,在 Zhilanchik 槽地和 Mynbulak 隆起,一直可以侵蚀到中侏罗统。始新世—渐新世印度板块与欧亚板块南缘的碰撞,导致原已存在的右旋走滑断层复活及西南侧 Karatau 褶皱带的变形和隆起。

(二)断裂特征

盆地内断层绝大部分为基底卷入型断层,断面陡直。盆地基底大断裂受乌拉尔—天山缝合带的双重影响,沿盆地的西缘产生走滑作用,从而形成 Karatau 走滑大断层,整个盆地的结构和局部构造均受到该断层的影响。盆地内部还衍生一系列与 Karatau 近平行的断层。与此同时各个地堑边界断裂均发育,形成控凹断层。

盆地断层为北东—南西向,主要表现为板式和铲式两种,大部分断层为倾角较陡的板式断层,少部分边界控凹断层表现为铲式断层。剖面的组合方式为平行斜列式(多米诺式),少量斜交式(Y 形断层)。

(三)南图尔盖盆地的走滑特征

南图尔盖盆地属被动裂谷盆地,是在张应力—压应力交替作用下形成的顺向走滑—反转型裂谷盆地(图 5-87)。挤压走滑构造反转造成湖底相对平缓,三角洲发育;张性走滑拉伸裂陷走滑构造造成烃源岩发育和斜坡部位扇体发育。

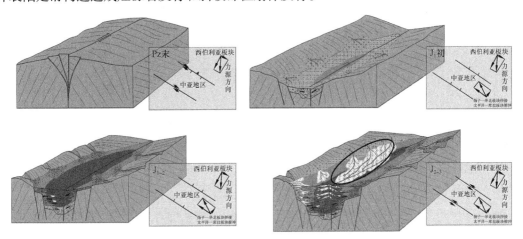

图 5-87　南图尔盖盆地顺向走滑—反转型裂谷盆地演化图

(四)南图尔盖盆地构造样式对沉积充填的影响

为了解全区的构造格架和地层特征,首先根据资料情况,在工区内选择具有代表性的若干条测线作为骨干剖面进行详细分析,以其作为构造解释的基础。本区选择骨干剖面的基本原则是:

(1)选择地层发育齐全、厚度大且能跨越南图尔盖盆地不同构造区带的剖面作为基干剖面。

(2)为了清楚地反映各个地堑构造沉积特征及其变化,选择的骨干剖面覆盖了 Aryskum 地堑、Akshbulak 地堑陷、Sarylan 地堑等构造单元,据此,可以了解盆地内各二级构造之间的相互关系及层序发育和沉积特征上的差异与演变。

(3)尽量选择垂直或平行于主要构造走向、地震结构清楚的剖面,以便清楚地揭示出地层几何形态、接触关系、厚度变化等层序地层特征和沉积学特点。

(4)充分利用钻井资料,选择反射特征清楚的过井剖面,建立地震剖面和钻井剖面之间的联系。

基于上述原则,我们选择了 6 横 3 纵共 9 条地震剖面作为层序划分的骨干测线网(图 5-88)。各个骨干剖面展示了该盆地构造具有如下特点。

1. 盆地具有凹凸相间的构造格局,从南往北呈北西—南东至南北向散开的帚状

整个盆地从西往东依次由三凸四凹相间排列组成,即 Aryskum 地堑、Aksay 凸起、Akshabulak 地堑、Ashisay 凸起、Sarylan 地堑、Tabakbulak 凸起和 Bozingen 地堑。盆地东侧为

Ulutau 隆起,西侧为下锡尔河隆起(图 5 - 89、图 5 - 90)。这一构造格局在 T_3—J_1 裂谷期就已形成。盆地南部窄,北部宽,呈北西—南东至南北向帚状展布。凸凹之间呈并联组合。

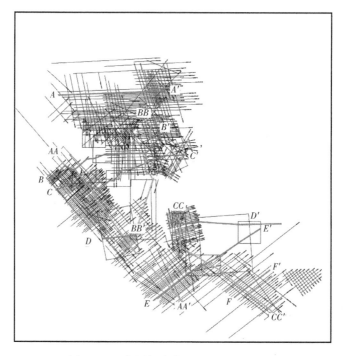

图 5 - 88 南图尔盖盆地骨干地震测线网

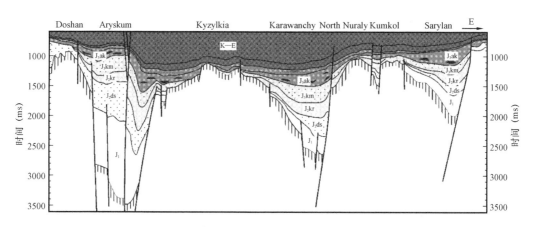

图 5 - 89 南图尔盖盆地北部东西向地质结构图

2. 盆地内各地堑为东断西超的箕状半地堑

裂陷作用表现为一侧强一侧弱的不对称特点,导致伸展构造的非对称性。盆地内四个地堑均表现为东部断裂与凸起分隔,西部超覆于隆起之上,形成东部断层陡坡、西部缓坡超覆的箕状半地堑,各地堑之间主要为凸起分隔。

3. 盆地在剪切应力作用下,形成以 Karatau 断层为代表的右旋断层和构造,并存在两期以上的走滑作用,分别发育于晚侏罗世 J_3km 晚期和白垩纪之后,两期都具有活动时间短、活动剧烈、对沉积控制小等特点

Akshabulak 地堑和 Bozingen 地堑的走滑断层系与 Aryskum 地堑发育的走滑断层系具有

明显不同。Akshabulak 地堑和 Bozingen 地堑的走滑断层系基本没有刺穿 K_1（图 5 – 91），而 Aryskum 地堑的走滑断层系则刺穿了整个地层（图 5 – 92）。

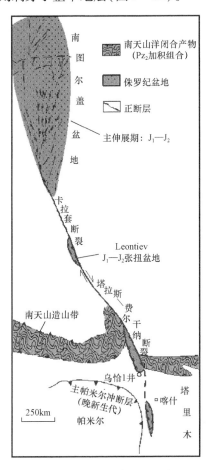

图 5 – 90　南图尔盖盆地展布图

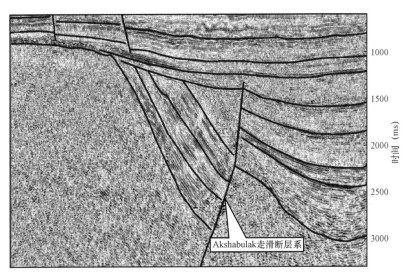

图 5 – 91　南图尔盖盆地南部 Akshabulak 地堑 1057_L12 地震剖面

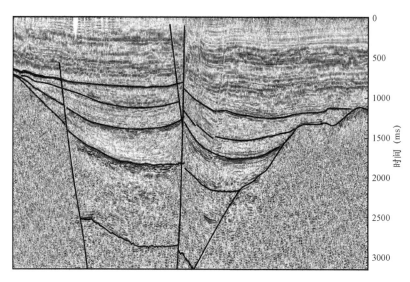

图 5 - 92 南图尔盖盆地南部 Aryskum 地堑 1057_L05 地震剖面

侏罗系—白垩系是在构造沉降的背景下产生;在构造抬升的背景下遭受抬升剥蚀。
Akshabulak地堑和 Bozingen 地堑的走滑断层系的发育过程伴随着地层的反转剥蚀,因此
J_3km 残余地层是在走滑断层系发育前沉积的。在 Akshabulak 地堑 J_3km 既有非常明显的走
滑反转剥蚀现象,又有大段沉积(图 5 - 93)。Akshabulak 地堑和 Bozingen 地堑的走滑断层
系消亡于晚侏罗世 J_3ak 发育前,而形成于晚侏罗世 J_3km 发育晚期。

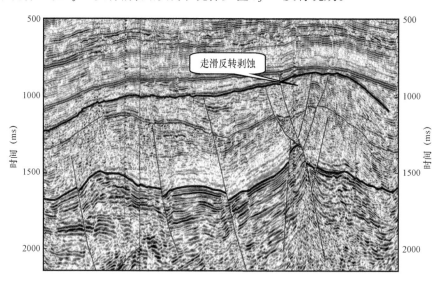

图 5 - 93 南图尔盖盆地南部 Akshabulak 地堑 1057 地区地震剖面

Aryskum 走滑断层系深入基底是在强大的构造活动背景下形成的,该走滑断层系具有
的特点有:(1)规模大,切割了所有地层,一直到地表,延伸长,横贯整个 Aryskum 地堑;
(2)左盘(上升盘)各地层与右盘(下降盘)各地层厚度基本一致,这种现象在地堑的南部、中
部、北部非常普遍,反映构造对沉积控制作用很小或几乎无控制作用;(3)地堑内各地层在地
震上的反射特征都是平行或亚平行,反映了一种比较稳定的沉降条件(图 5 - 94)。根据以上特
征和构造背景可知 Aryskum 走滑断层系是受喜马拉雅构造运动控制的后期大型走滑断层。

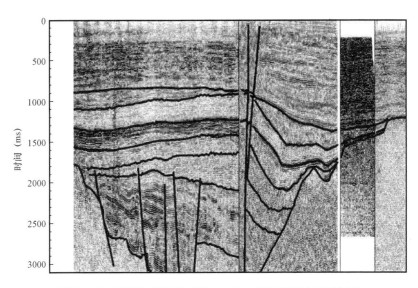

图 5 - 94   南图尔盖盆地北部 Aryskum 地堑东西向地震剖面

4. 盆地发生多期构造反转作用,形成褶皱隆起或削蚀不整合

南图尔盖盆地分别在侏罗纪末期和古近纪早期发生两次大规模的构造反转运动,致使盆地局部地区发生褶皱隆升并被侵蚀,在 Bozingen 地堑和 Aryskum 地堑内这两次构造作用都很明显,形成盆地区域性不整合面。上侏罗统和白垩系局部遭受剥蚀,在 Zhilanchik 槽地和 Mynbulak 隆起,一直可以侵蚀到中侏罗统,侏罗纪末期形成的走滑断层在始新世—渐新世发生复活。

除了这两次构造运动外,在北部 Aryskum 地堑和 Sarylan 地堑,早侏罗世末期的构造运动形成大量的断裂及抬升剥蚀。上侏罗统牛津阶末期的构造运动在盆地南部 Bozingen 地堑和 Akshabulak 南部地堑比较明显。发生在 Akshabulak 地堑和 Bozingen 地堑内,与 Akshabulak 和 Bozingen 走滑断层系相伴。Bozingen 地堑的走滑反转强于 Akshabulak 地堑的走滑反转,前者除了削掉 J_3km 外,还把 J_2kr 全部削掉,而后者只削蚀了 J_3km 部分地层。Bozingen 地堑的走滑反转使基底反转隆升强烈,而 Akshabulak 地堑的走滑反转对基底的抬升作用不明显。

5. 现今构造展布

盆地现今构造具有继承性发育的四凹三隆的构造格局。中侏罗统 J_2ds 顶面构造图表明,中侏罗统在裂陷中央局限分布,地堑之间并不连通,盆地中间为地堑区,其中 Akshabulak 地堑又分出南北两个地堑,埋深可达到 3600m,Sarylan 地堑埋藏较浅。Aryskum 地堑内具有东深西浅的特征。Aryskum 地堑窄而深,走向和沉降中心均与断裂相重合,东、西边缘均为边界正断裂。从中侏罗统 J_2kr 顶面构造图来看,仍在地堑范围内发育,裂陷作用加深,隆起区无地层沉积,较前一时期,地层分布范围扩大。J_3km 和 J_2kr 分布已扩大至整个盆地,地层埋深变浅,沿北西向呈条带状盆地中间低,四周为斜坡抬升的面貌。

五、沉积相展布特征

盆地在侏罗系识别出 9 个层序界面、在白垩系识别出 4 个层序界面,共计 12 个三级层序。从而确定了研究区的层序划分方案(表 5 - 5)。本次工作重点研究侏罗系—下白垩统的 SQ3、SQ4、SQ5、SQ6。

表 5-5　南图尔盖盆地地层简表

地层系统			层序界面	
系	统	组	名称	层序发育背景
白垩系	上统	Balapans		构造活动以整体沉降为特征,气候温湿,沉积地貌平缓,准平原化沉积背景
		Kyzylkia		
	下统	Karachetau	SB11(K$_1$nc$_2$)	
		Dauls　上		
		下	SB10(K$_1$nc$_1$)	
		Aryskum	SB9(J$_3$ak)	
侏罗系	上统	Akshabulak	SB8(J$_3$km)	弱构造挤压,局部抬升
		Kumkol	SB7(J$_2$kr)	
	中统	Karagansky	SB6(J$_2$ds)	
		Doschan	SB5(J$_1$ab)	构造拉张,强烈分异沉降,不同坳陷沉积地貌分异大
	下统	Aybolin	SB4(J$_1$sb—in)	
		Sazymbai	SB3(J$_1$sb—in)	
			SB2(J$_1$bz)	
		Bozingen		
	前侏罗系基底		SB1(PZ)	

南图尔盖盆地南部的沉积相类型包括曲流河流相、辫状河流相、三角洲相、扇三角洲相、辫状河三角洲相、湖泊相、滩坝相和水下扇相。各种沉积相的发育特征及空间展布受构造沉积旋回和凹陷结构控制,沉积模式表现为:盆地断陷期围绕凸起周缘沉积扇三角洲砂体;断坳转换期以正常三角洲、扇三角洲以及凸起斜坡部位的滩坝砂体为主;坳陷期以辫状河三角洲、正常三角洲和河流为主;滨浅湖围绕盆地的凹陷边缘发育,深湖—半深湖相发育于凹陷

中心地带。

J₁sb(SQ3 层序)沉积时期(图 5-95):Aryskum 地堑、Sarylan 地堑均经历了一次快速沉降,整个盆地经历第一次湖泛。盆地出现深湖平相、半深湖亚相。整体以滨浅湖、半深湖为主。扇三角洲平原相、扇三角洲前缘相等均向岸退缩,以致局部消亡,主要沉积体为扇三角洲前缘。

J₁ab(SQ4 层序)沉积时期(图 5-96):Aryskum 地堑、Sarylan 地堑继承 SQ3 沉积格局。主要沉积体仍以滨浅湖、半深湖为主,在 Aryskum 地堑西部、Sarylan 地堑的 Dongeleke1 井有三角洲平原发育。自 SQ4 开始,Akshabulak 地堑、Bozingen 地堑开始断陷,沿 Akshabulak 地堑东部发育一系列扇三角洲、水下扇等。扇体最远可到达 Kar7 井—Kar12 井一线。沿 Bozingen 地堑。南坡发育小型扇三角洲,延伸范围比较局限。总之,该时期各个地堑整体以滨浅湖为主,湖中心局部可达到半深湖、深湖。

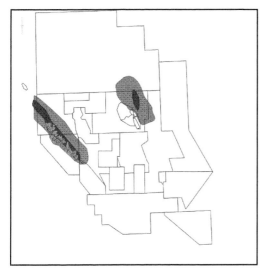 

图 5-95　南图尔盖盆地 SQ3 层序沉积相　　　　图 5-96　南图尔盖盆地 SQ4 层序沉积相
平面展布图(J₁sb 沉积相平面图)　　　　　　平面展布图(J₁ab 沉积相平面图)

J₂ds(SQ5 层序)沉积时期(图 5-97):Aryskum 地堑继续保持湖相为主的沉积格局,北部水体较深,南边水体浅,整体为滨浅湖沉积环境,物源继承了 SQ4 时期的特点,主要来自下锡尔河隆起,物源供给量加大,沿地堑西坡发育一系列扇三角洲沉积,北部的扇三角洲可以连片。Akshabulak 地堑水体整体比较浅,为滨浅湖沉积环境,地堑北部接受来自 Ashisai 地垒、Aksai 地垒三个方向的物源,物源非常丰富,沿地堑边缘发育大型的扇三角洲、三角洲及辫状河沉积体系;Akshabulak 地堑南部在该时期物源相对贫乏,只在北坡部位发育规模不大的扇三角洲。Sarylan 地堑沿凸起边缘发育大范围的辫状河沉积,湖面范围较小,水体也比较浅,为滨浅湖沉积,在地堑西坡发育大规模的扇三角洲沉积。Bozingen 地堑整体上也是滨浅湖沉积环境,在南部发育归不大的扇三角洲沉积。

J₂kr(SQ6 层序)沉积时期(图 5-98):这个时期发生第二次大规模湖侵,各个地堑湖面有很大程度的扩张。在 Aryskum 地堑,半深湖—深湖范围进一步扩大,三角洲、扇三角洲沉积都向凸起方向退缩,在地堑南部,由于湖面不断扩大,坡度平缓,加之碎屑物质供给充足且粒度变细,形成了物源来自南侧的大型三角洲。Akshabulak 地堑和 Bozingen 地堑的沉降速度大于 Aryskum 地堑,并且 Aryskum 地堑和 Akshabulak 地堑局部已经连通。在 Akshabulak 地堑内,物源主要来自北部、西部的 Aksai 地垒,整体为南北向的滨浅湖,沿西坡发育一系列规模不大的三角洲沉积,北部为扇三角洲沉积,南部东部水体较深,为半深湖—深湖沉积,近东部陡坡部位发育较大规模的水下扇沉积。在 Sarylan 地堑,北部为大面积的冲积扇及冲积平原沉积,南部以滨浅湖相为主,范围较小,在湖的周边发育有小型的三角洲、扇三角洲沉积。在 Bozingen 地堑,整体上为滨浅湖沉积环境,沿湖盆边缘发育一系列小规模的扇三角洲沉积。

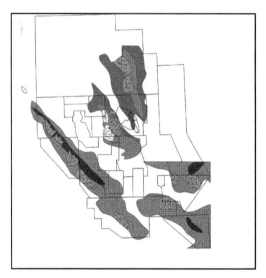

图 5 - 97　南图尔盖盆地 SQ5 层序沉积相
平面展布图(J$_2$ds 沉积相平面图)

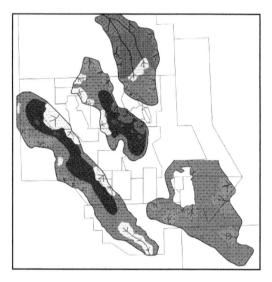

图 5 - 98　南图尔盖盆地 SQ6 层序沉积相
平面展布图(J$_2$kr 沉积相平面图)

第六章　主动裂谷盆地与被动裂谷盆地对比研究

在主动裂谷中,地壳变形与热柱或热席对岩石圈底部的上拱作用有关。来自地幔柱的热传导、岩浆作用生成的转换热或对流热可以引起地壳的减薄,即软流圈均衡上隆产生的张应力会引起岩石圈(地壳)的裂谷活动。被动裂谷由非地幔上拱导致的地壳拉张形成,经历了地壳拉张减薄、地壳均衡上拱和热收缩坳陷,如苏丹裂谷盆地的 Muglad 盆地及 Melut 盆地等,被动裂谷盆地的形成、沉积充填、烃源岩的形成和演化及油气的聚集与分布,在很大程度上不同于已被广泛研究的主动裂谷盆地。这些差异不仅表现在成盆动力学方面,还表现在盆地的构造样式、斜坡类型,汇水体系、成藏特征等方面。

第一节　主动裂谷盆地与被动裂谷盆地沉积体系对比

一、盆地成盆动力学特征

尽管两类裂谷盆地之间有许多共性,但也有很多不同的地方,首先是成盆动力机制不同,这也是两者不同类型盆地最本质的区别。

(一)主动裂谷的构造演化模式

板块俯冲引起地幔底辟上隆,上隆作用可以将热能传递给隆起区。同时,由于隆起区的密度差,使之在临界面上产生张应力,引起岩石圈伸展(王东坡、王骏,1998)(图6-1)。

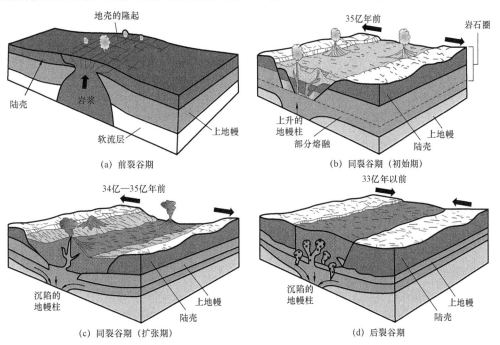

图6-1　主动裂谷盆地构造运动模式图

渤海湾盆地是主动裂谷盆地典型的代表,结合欧阳文生、张枝焕等(2007)对渤海湾盆地构造模式的研究成果,其成盆过程与太平洋板块向欧亚板块俯冲引起的地幔上隆有关,其构造演化序列包含了以下基本过程(图6-2):(1)前古近系的渤海湾盆地(图6-2a);(2)太平洋板块向西俯冲,地幔热流上隆,地壳岩石圈开始伸展减薄,盆地出现张裂下陷,局部薄弱区域出现小规模的火山喷溢(相当于孔店组沉积时期的沉积建造,如图6-2b所示);(3)盆地大幅度裂陷,区域性发育张性正断层,各凹陷都表现出充填式沉积,火山活动剧烈,因此拉张裂陷和火山活动一直伴随着渤海湾盆地古近系沉积过程(图6-2c);(4)张裂溢陷,热量损失殆尽,区域拉张变缓,裂陷和充填趋于平衡和稳定,盆地进入坳陷期(新近系)(图6-2d)。

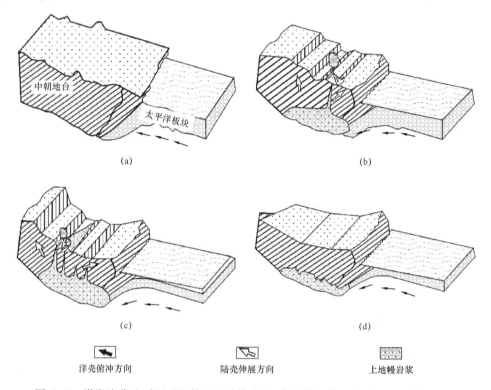

(a)   (b)

(c)   (d)

洋壳俯冲方向   陆壳伸展方向   上地幔岩浆

图6-2　渤海湾盆地(新生界)构造运动模式图(太平洋板块)(据欧阳文生等,2007)

实例分析表明,在主动裂谷盆地中,地幔上隆和火山作用是盆地形成的第一阶段,岩石圈均衡上隆和伸展减薄是第二阶段。

(二)被动裂谷的构造演化模式

按照形成机制的不同,被动裂谷盆地可进一步划分为四种类型,分别为:(1)走滑相关型;(2)造山后伸展型;(3)碰撞诱导型;(4)冲断带后缘伸展型。其共同的特征是其地壳的拉张不是由地幔上拱导致的,在经历了地壳拉张减薄阶段之后,才发生地壳均衡上拱和热收缩坳陷阶段。

以中非裂谷群为例(图6-3),中生代末期,非洲大陆和美洲大陆开始解体,"三叉裂谷"的两个主支裂谷由于大西洋的裂陷扩张,能量急剧释放,形成大西洋;而向东的一支,由于前两支的扩张泄能而夭折,最终演变成了长约2000km并控制整个非洲中部张性应力场的"中非剪切带"。

被动裂谷盆地(如 Melut 盆地)多位于克拉通内部,受非地幔热导致的地壳拉张应力的影响,上、中地壳的纯剪切伸展特点明显,走滑分量相对较小。主动裂谷盆地以主动裂陷为主,上、中地壳的简单剪切伸展特点更明显,有深断裂走滑作用叠加在区域裂陷伸展之上,两者差异明显。

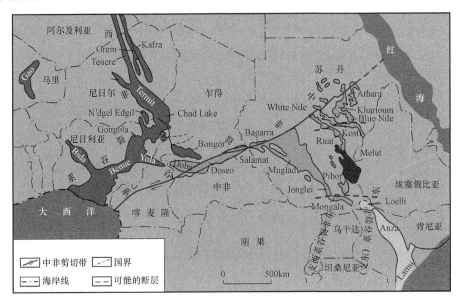

图 6-3　中非剪切带及主要裂谷分布图(据 Genik,1993,有修改)

二、盆地构造样式

两类裂谷盆地均以地堑、半地堑结构为主,正断层是主要的断层类型,有相似的断层组合样式及油气圈闭样式,如断阶带、背斜、鼻状构造等。但是由于被动裂谷盆地与主动裂谷盆地形成过程的差异性,地幔上拱时序及上拱幅度不同,导致被动裂谷盆地和主动裂谷盆地的构造样式存在较大的差异,主动裂谷盆地横向断层发育,以铲式正断层控制的半地堑为主,主断层位移所占比例较大,断层分支、交截现象普遍;而被动裂谷盆地变换构造以斜向、走向凸起和斜坡为主,断层之间软连接更普遍。这种差异导致了被动裂谷盆地沉积物的成分成熟度和结构成熟度比主动裂谷盆地低。

(一)主动裂谷盆地的构造样式

主动裂谷盆地形成初期,在地幔柱的作用下,莫霍面隆起的幅度很大,产生一系列缓断面的正断层,呈有规律地展布,总体呈向盆地中心倾斜,逐级下掉,发育大型低角度铲式正断层,断陷以半地堑为主的特征,发育中央背斜构造带,边界断层的断面一般较缓。图 6-4 反映渤海湾盆地的断层发育情况,剖面中多数断层的倾角为 30°~50°,呈上陡下缓的铲式断面形态。

渤海湾盆地古近纪同裂谷期伸展量多在 30% 左右,最大可达 40% 以上。因此,绝大部分凹陷的总体构形为大型半地堑,半地堑内部还发育大量基底次级断层和盆地盖层断层,与凹陷边界的基底主断层构成各种复杂的连锁关系(图 6-5)。单个半地堑长 30~70km,宽(古近系分布范围)20~30km,深(古近系最大厚度)3000~6000m。半地堑多为北北东向或北东向走向,并且串联或斜列成带。

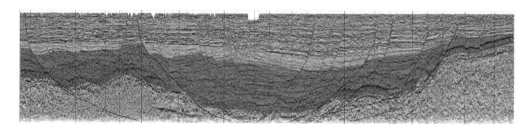

图6-4 主动裂谷盆地(渤海湾盆地歧口凹陷)典型地震剖面

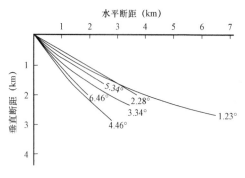

图6-5 松辽盆地北部断陷
边界主断层剖面

同一凹陷带内的各半地堑的构造样式和主边界断层位置可以不同,由各种形式的横向或斜向传递带构造来协调各区段的伸展变形并使其成为一个整体。

(二)被动裂谷盆地的构造样式

被动裂谷盆地的断裂在平面上多呈雁行式排列或交叉、斜交,如 Fula 1、2、3、4 号断层,反映该区受剪切拉张应力作用。由于被动裂谷盆地窄陡,陡坡断阶带普遍发育。主断层多下切到基底,上切至古近—新近系、第四系。断层垂直断距大,坳陷西界 Fula 西断层最大断距达 9000m。

断层在剖面上组合类型丰富,其中 Y 形组合、阶梯式组合、地堑、地垒式组合等常见。

被动裂谷盆地由多个半地堑组成,且以陡断面为主。以 Muglad 盆地 1 区块 Unity 凹陷为例,由 1 区向 5 区延伸的重力负异常带北窄南宽,Abu Gabra 组北部呈东断西超箕状断陷,南部断陷逐渐变缓过渡到向基底超覆斜坡接触。在 Unity 凸起的东翼 Abu Gabra 组上倾呈楔状减薄,凸起脊部 Abu Gabra 组则被严重削顶剥蚀。由于断层面产状相对较陡,盆地总体伸展量较小,约为 17.2%(图 6-6)。

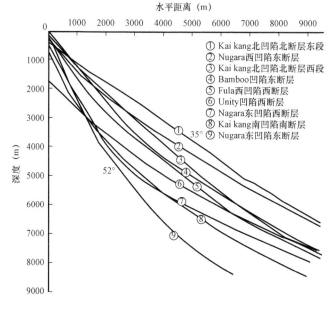

① Kai kang北凹陷北断层东段
② Nugara西凹陷东断层
③ Kai kang北凹陷北断层西段
④ Bamboo凹陷东断层
⑤ Fula西凹陷西断层
⑥ Unity凹陷西断层
⑦ Nagara东凹陷西断层
⑧ Kai kang南凹陷南断层
⑨ Nugara东凹陷东断层

图6-6 Muglad 盆地主要断陷边界断层倾角

前人对 Muglad 盆地各凹陷边界断层进行了统计和研究,发现盆地的边界断层普遍较陡,倾角多为 30°～60°,集中分布在 50°(图 6－7),常形成多米诺式地堑。通过典型地震大剖面的平衡剖面分析发现,裂谷的主要伸展期在早白垩世,占三期总伸展量的 50%～70%(窦立荣等,2005)(图 6－8),此后的另外两期的断坳旋回中,盆地的伸展量仅占 30%～50%,明显不同于渤海湾盆地的均衡伸展序列。被动裂谷盆地断层倾角大,直接导致了"断层控砂"作用强,这种沉积物往往粒度粗、相带杂、相带窄。

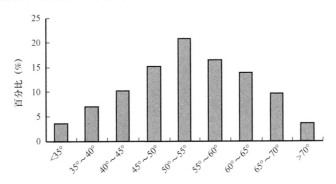

图 6－7　被动裂谷(Muglad 盆地)盆地主要断陷边界断层倾角

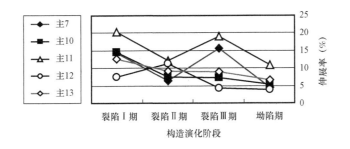

图 6－8　苏丹 Muglad 盆地不同时期伸展量折线图

值得强调的是,两类裂谷盆地的断层排列方式各有特点,主动裂谷盆地断裂在平面上的排列方式呈环状分布(图 6－9),如渤海湾盆地东营凹陷近环形分布的断裂系控制的断阶带对沙河街组低位体系域扇体有明显的控制作用(图 6－9),大部分低位体系域的扇体沿着同沉积断裂分布,说明断阶带造成了沉积古地貌的明显坡折,即存在有明显的断崖;被动裂谷盆地断裂平面上呈雁列式,如苏丹 Muglad 盆地 1/2/4 区(图 6－10),剖面上呈 Y 形或反 Y 形组合等。

由于断裂作用对砂体的展布具有控制作用,主动裂谷盆地环状分布的断层控制了环状分布的砂体,且砂体规模较大;相反,被动裂谷盆地内砂体规模一般较小,但较厚,受转换带的影响,被动裂谷盆地中受断层组合控制的呈侧列式展布的砂体多呈条带状分布,是油气运移聚集的有利场所。

三、斜坡类型特征

不同的裂谷盆地,其坡度类型存在较大的差异,这种差异也必将体现在其对沉积体系的影响上。

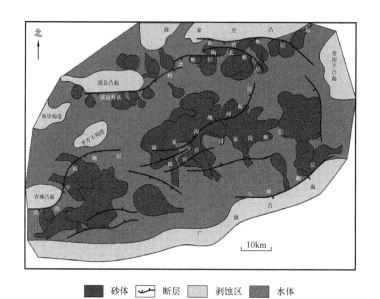

图6-9 主动裂谷盆地断裂平面上排列方式呈环状分布(东营凹陷)

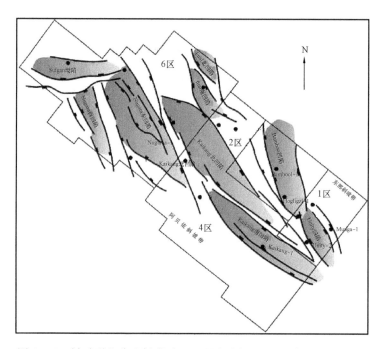

图6-10 被动裂谷盆地断裂平面上呈雁列式(Muglad盆地1/2/4区)

(一)"构造坡"对裂谷盆地的影响

这里所指的"构造坡"是指由断层作用而形成的古地貌形态。整体而言,被动裂谷盆地的几何形态以深陡为主,构造坡度较大;主动裂谷盆地形态以宽缓为主,构造坡度较缓。

裂谷盆地控盆断层及其控制的上盘称为陡坡带。由于成盆因素不同,被动裂谷盆地与主动裂谷盆地陡坡带的几何特征及其对沉积体系的控制作用存在明显差异。

1. 陡坡带差异

陡坡带发育在对盆地具有控制性的边缘断裂一侧,该带在盆地中往往岩性是最粗的,以发育各种扇为特征(图6－11)。

　　1)被动裂谷盆地

　　被动裂谷盆地断层较陡,最常见的类型为板式陡坡带和阶梯式陡坡带(图6－12,表6－1)。

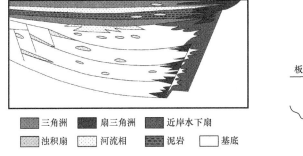

三角洲　　扇三角洲　　近岸水下扇
浊积扇　　河流相　　泥岩　　基底

图6－11　陡坡带沉积模式图

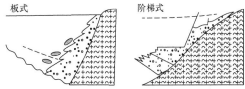

图6－12　被动裂谷盆地主要的
陡坡带类型模式图

表6－1　被动裂谷盆地陡坡带类型

类型	物源	粒径	规模	分选	沉积类型	备注
板式	近	粗	大	极差	近岸水下扇	Y形断层,牵引背斜,垂向加积,平面相带窄,扇根发育,期次不明显,难成藏
					洪积扇	
阶梯式	远	细	较小	较好	滑塌浊积扇	多米诺构造,形成盆倾断阶带,断层向盆方向的断层变新,最有利于成藏

　　(1)板式陡坡带。

　　板式陡坡带主断面陡峭而平直,断面倾角在60°以上,呈平板状,为单条控带断层,多呈Y形。板式断层作为控盆断层时,其控制的陡坡带沉积物颗粒粗、大小混杂、分选极差,多发育近岸水下扇沉积和洪积扇沉积,沉积类型单一,沉积作用主要表现为垂向加积。但平面相带窄,围绕凸起呈窄条状分布。扇根大而厚,扇中及扇端分布范围很小。该类断裂分布较广,如苏丹 Muglad 盆地1/2/4区板式陡坡带,主控断裂为东倾正断层,断裂形态呈Y形,在其控制之下,形成了大量滚动背斜(图6－13)。

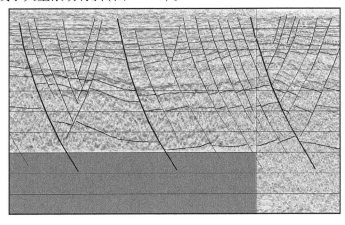

图6－13　苏丹 Muglad 盆地1/2/4区板式陡坡带

板式断层在被动裂谷盆地中都较为普遍,且其为控盆断层时,在盆地或者凹陷边缘带扇体呈裙带展布,由于岩性粗而混杂,不同期次的扇体相互叠置呈柱状,缺少隔层,这些地段成藏条件较差,油气不易聚集。

（2）阶梯式陡坡带。

阶梯式断裂带由铲状主断面与多条次级顺向断裂构成,这些次级顺向断裂相互平行成阶梯状,节节下掉,亦称多米诺构造,其沉积特点是源远流长、沉积类型丰富、期次特征明显。从物源区到沉积物的最前端绵延十几千米,在最前端可发育滑塌浊积扇和深水浊积扇,近端可发育近岸水下扇,垂向上砂砾岩扇体的厚度并不大,一般在几十米,最大不超过200m。此类陡坡带发育广泛,如苏丹 Muglad 盆地 1/2/4 区阶梯式陡坡带（图6-14）。苏丹 Muglad 盆地 Fula 凹陷 Keyi 山前带、Jake 山前带各陡坡带均不同程度发育扇三角洲。这种阶梯式陡坡带的另一个特点是:滑塌浊积扇常见且规模较大（图6-15、图6-16）。

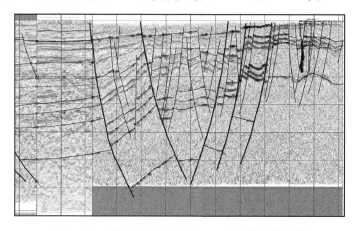

图6-14　苏丹 Muglad 盆地 1/2/4 区阶梯式陡坡带

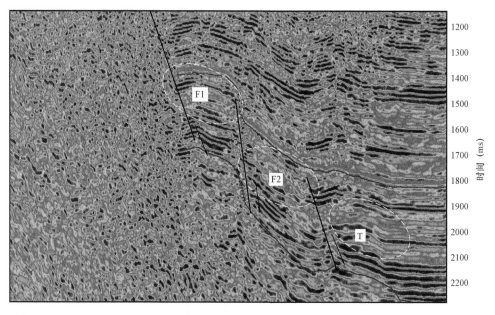

图6-15　Muglad 盆地 Jake 区块 Inline375 测线,可见扇三角洲和浊积砂体的分布受断层控制
（F—扇三角洲;T—浊积扇砂体）

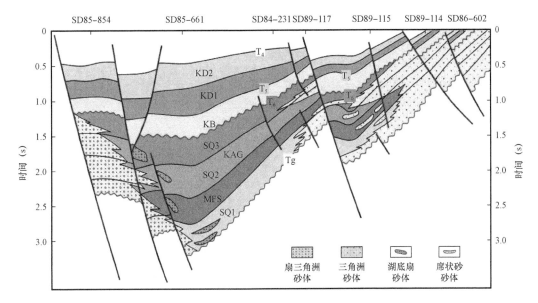

图 6-16　苏丹区块区域层序地层格架剖面图

2) 主动裂谷盆地

主动裂谷盆地陡坡带断层较缓,如渤海湾裂谷盆地陡坡带类型多见铲式、座墩式、马尾式等(图 6-17,表 6-2)。

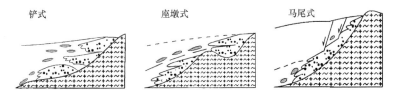

图 6-17　主动裂谷盆地主要陡坡带类型

表 6-2　主动裂谷盆地陡坡带类型

类型	物源	粒径	规模	分选	沉积类型	备注
铲式	较远	较粗	较大	较差	冲积扇 扇三角洲 辫状河三角洲	上陡下缓,可发展为阶梯组,断块圈闭,同沉积型,平面分布面积大,期次明显,能成藏
座墩式	较远	较粗	较小	较差	洪积扇 扇三角洲	基岩潜山,潜山与陡坡间的沟谷充填洪积扇,潜山向盆方向发育扇三角洲,新生古储易成藏
马尾式	近	粗	较大	差	砂砾岩扇	一组断层与主断层顺向斜交,多条断层向下收敛成马尾状,向陡坡方向断层变新,断裂切割使扇破碎,次生溶孔,易成藏

(1) 铲式陡坡带。

铲式陡坡断面呈铲状,断层面与上覆块体同时发生旋转,上部倾角为45°~60°,下部为30°~45°。

据统计,济阳坳陷东营凹陷内控制大型背斜构造的主干断层也属于此种类型,如东营凹陷的陈南断层(图 6-18)。另外,埕子口凸起南陡坡带的郭北段、宁津—无棣凸起南陡坡带的滋北段、八里泊段的大部分地区及阳北段亦为此类。

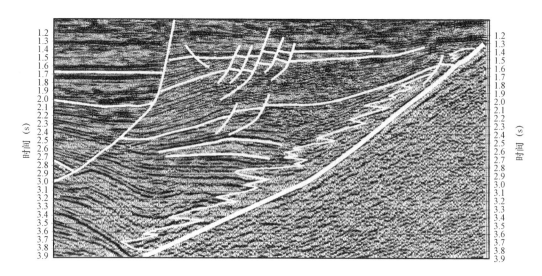

图 6 - 18 济阳坳陷东营凹陷陡坡带中段典型地震剖面

　　这类陡坡带沉积区距物源较近,发育冲积扇、扇三角洲及小型的辫状河三角洲,扇体规模大,期次较明显,扇与扇之间可被泥岩分割。沉积作用主要表现为侧向加积,垂向上厚度并不大,但平面上展布范围较大,扇体分布宽度一般在几千米以上,砂岩分选较好,成藏条件好。

　　(2)座墩式陡坡带。

　　铲状主断面上残留一个基岩潜山,比正常的陡坡带好像多了一个"座墩",潜山面积一般不大,高差也小。在潜山与后侧主断面间形成沟谷,其中常充填数百米厚的洪积扇沉积,在潜山上方和前方可发育扇三角洲沉积(图 6 - 19)。

　　座墩式陡坡带潜山孔洞发育,而填满沟谷的洪积扇颗粒大小混杂,岩性致密,成为良好的盖层或侧向遮挡层,成藏条件优越,油气极易富集。

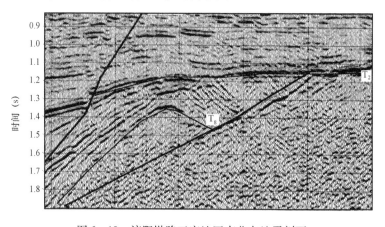

图 6 - 19 济阳坳陷王庄地区南北向地震剖面

　　(3)马尾式陡坡带。

　　一条铲式主断层与一系列顺向断层斜交,这些顺向断层向下倾方向收敛成马尾状(图 6 - 20)。这种陡坡带断层向盆地陡坡边界断层变新,表明盆地沉积速度小于沉降速度。多条顺向断裂切割近岸水下扇或扇三角洲,构造裂缝发育,地下水活跃产生溶蚀孔洞,改善砂砾岩扇体的储集性。

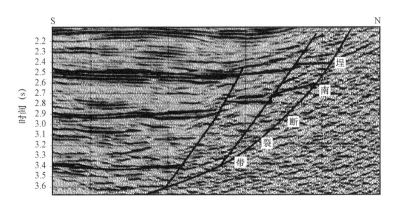

图 6 - 20　济阳坳陷埕南断裂带南北向地震剖面

2. 缓坡带差异

裂谷盆地中以斜坡形式与凸起相连的超、剥单斜带称缓坡带,主要为滨—浅湖相,发育河流三角洲、湖岸滩坝砂体。因地带靠近湖岸,河流作用和物源的影响特别明显。在河流作用强、粗碎屑物质供应充足的地带,无论是主动裂谷还是被动裂谷都可以形成各种近岸浅水砂体(图 6 - 21)。如济阳坳陷各凹陷南部缓坡带;若物源区水动力很弱,供应的是大量泥质物质,则沉积大量的泥滩。

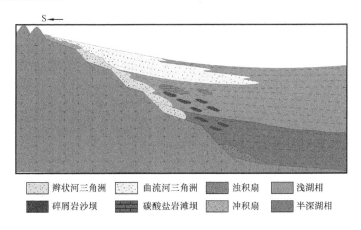

| 辫状河三角洲 | 曲流河三角洲 | 浊积扇 | 浅湖相 |
| 碎屑岩沙坝 | 碳酸盐岩滩坝 | 冲积扇 | 半深湖相 |

图 6 - 21　缓坡带沉积体系充填模式(据周立宏,2009)

主动裂谷盆地缓坡带以宽缓斜坡带为主,被动裂谷盆地缓坡带以窄陡斜坡带为主。主动裂谷与被动裂谷的构造样式不同,其沉积特征也不同。

1)被动裂谷盆地

被动裂谷盆地的缓坡带以窄陡缓坡带为主,其上常发育同向断层和反向断层共同构成的堑—垒组合样式。控制堑—垒组合样式的同向、反向断层一般产生于裂谷盆地的强烈断陷期,同时可见正向和反向断层组合。

在被动裂谷盆地中,断阶带控制了缓坡带的展布,坡折断层两盘的沉积厚度有明显差别,窄陡斜坡带层序发育较全,无显著缺失,但各层序厚度向凸起方向逐渐变薄。

在被动裂谷盆地的具构造转换带的缓坡断阶带以辫状三角洲沉积体为主,如 Melut 盆地的北部凹陷带发育至少 4 条区域性斜向低凸起为特征转换构造带,构造调节带主要发育辫状河三角洲沉积体系(图6-22、图6-23)。由于地形坡度很小,使得辫状三角洲分布范围非常广。

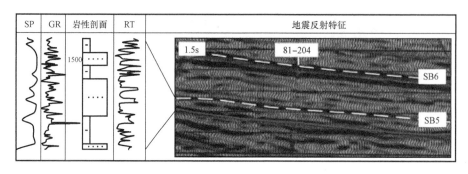

图6-22 进积辫状三角洲平原的测井响应及地震反射特征(Nal-1井,SD81-203)

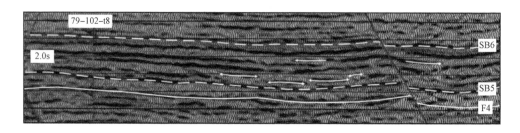

图6-23 辫状河道的上超充填反射特征(SD80-100)

Fula凹陷FN-67井位于Muglad盆地的缓坡带,在Abu Gabra组沉积期沉积相以辫状河三角洲相和湖相为主,该三角洲相在本区主要发育三角洲前缘沉积,尤其是在Abu Gabra组上段更为发育,水下分流河道、河口坝与席状砂等砂体类型,成为Fula凹陷的重要的储集体(图6-24)。同时三角洲相和湖相形成了油气良好的生储组合,既提供了良好的生油层,也为油气的优势聚集提供了优质的储层。

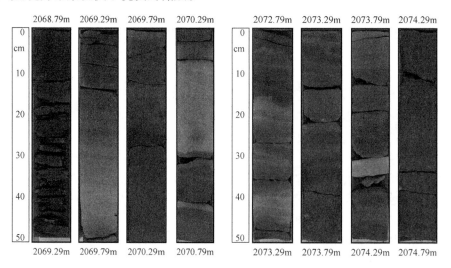

图6-24 Fula凹陷FN-67井阿加组岩心照片
(Fula凹陷的FN-67井;2068.79~2074.79m)

在湖盆的深陷期,被动裂谷盆地沿着缓坡构造坡折带发育特殊的沉积类型—缓坡浊积扇。

2)主动裂谷盆地

主动裂谷盆地以宽缓型缓坡为主,如辽河坳陷西斜坡(图6-25)。宽缓斜坡带地震相的外形呈楔状,顶部特别是近岸带地震相上有削蚀和顶超的表现,底部为下超或上超接触,代表了河流和三角洲沉积体系。从缓坡向湖心方向地层增厚,相位增多,向缓坡边缘方向有同相轴非系统性侧向终止现象。这种地震相并不一定是由顶面的顶超和削蚀造成,也可能与箕状断陷各部位的沉降和沉积速率有关,收敛端指向滨湖区,散开端指向深湖区。

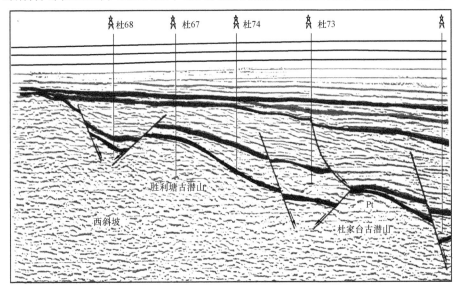

图6-25　辽河坳陷西斜坡东西向地震剖面

主动裂谷盆地缓坡一侧常有三角洲体系或带状砂沉积,生物滩、湖湾沙坝和滨滩平原沿着湖岸线发育,深水部位沉积有暗色泥岩和浊积砂体。在干旱或半干旱气候下,可形成盐层、石膏和泥岩组成的咸湖相蒸发岩。

由于主动裂谷盆地的断层倾角比被动裂谷盆地的断层倾角要小,且落差相对较小,反映了在砂体规模和分布上,主动裂谷与被动裂谷具有明显差别:主动裂谷盆地砂体的分布与规模受到了断阶和断层的影响,相带的分异十分明显,以缓坡带为例,常常可以划分出明显的相带分异界限;被动裂谷盆地砂体的分布及规模受断层与构造转换带的影响,由于断层的坡度较大,砂体易发生滑塌形成滑塌沉积或冲积扇等,在断阶坡折带处可堆积呈条带状或与断层走向近于平行的窄相带粗碎屑沉积体,分选差,物性相对较差。相带的分异不如主动裂谷盆地那么清晰。

(二)"沉积坡"对裂谷盆地的影响

"沉积坡"是指在构造坡控制下的沉积体前缘斜坡或前积层的斜坡,其坡度大小受沉积物粒度的大小和水深控制。一般情况下,三角洲沉积体前缘斜坡的坡度越大,沉积物的稳定性越差,外界条件稍一触发,就会导致沉积物的滑动;当坡度达到临界稳定角时,甚至出现无外界触发机制的滑动(鄢继华等,2004)。

1. 主动裂谷盆地

主动裂谷盆地水深变化相对较慢,沉积体前缘坡度较缓且变化较慢,沉积体推进速度相对较慢,相带分异明显。缓坡带常可划分出明显的相带界限,如图6-26反映了渤海湾盆地冀中坳陷西南缓坡沙河街组三段中亚段砂体展布的特征,其相带界限明显,由于有断阶坡折带的影响,深水环境中滑塌沉积体(规模小,粒度细,零星分布)多呈透镜体。

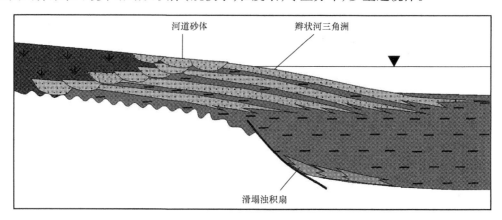

图6-26　渤海湾盆地冀中坳陷西南部沙河街组三段中亚段砂体展布示意图

操应长等对东营三角洲中4、中5、中6等前积体前缘斜坡的坡度角(α)与L之间建立良好的关系图,并通过回归分析建立两者之间的相关关系式:

$$y = -2287.1\ln x + 7273.6$$

其中,y为前缘斜坡脚距P3点的长度,m;x为三角洲前缘斜坡的坡度角,(°)。

针对沙河街组三段中亚段东营三角洲的中6三角洲沉积体与滑塌浊积岩分布分析,发现该时期三角洲前缘斜坡角一般为3°~8°,利用前面得出的公式推算前三角洲斜坡延伸距离为2517~4760m,这意味着在前积体的前方2500~5000m附近将是滑塌浊积岩有利分布区,这与该时期的浊积岩的分布情况基本吻合。

图6-27为胜利油田根据勘探实践和地质研究所建立的三角洲沉积体与该前积体前缘的滑塌浊积岩分布关系图,该时期的滑塌浊积岩主要分布在距离前缘边界线2000~6000m的范围内。

2. 被动裂谷盆地

在被动裂谷盆地中,沉积坡度对沉积体系的影响较小。由于被动裂谷盆地断层的倾角较大,一般都超过30°,而当沉积体或沉积地形坡度达到20°以上时,一般与断层有关,断坡控砂就是说明了砂体一般靠近断层分布于下降盘之上(冯友良,2001)。

随着水流继续向前流动,近岸水下扇扇端的沉积坡度较缓,洪水水流开始分散,但仍能在冲蚀扇中区下伏沉积物形成分叉的水下辫状水道,快速堆积了能反映颗粒流(液化流)特征的具块状层理和递变层理的扇中砂砾岩。随着搬运距离的继续增加,洪水水流的能量逐渐损失,由于沉积物在扇根主水道和扇中水下辫状水道中大量卸载,已不具备冲蚀湖底形成水道的水流强度,因此当含有大量悬浮物质的强搅动洪水水流到达扇中前缘和扇端时,便形成了反映低密度浊流沉积的具似鲍马序列的浊积岩。此时基本上已无水下河道形成,地形趋于平缓,并向湖盆方向逐渐过渡为湖相暗色泥岩沉积(赵俊青,2005;宋荣彩,2007)。

综合比较发现,主动裂谷盆地断层倾角比被动裂谷盆地的断层倾角小,且落差也相对较小,反映了在砂体规模和分布上,主动裂谷与被动裂谷具体明显的差别:

(1)主动裂谷盆地砂体的分布与规模受到了断阶和断层的影响,相带的分异十分明显,

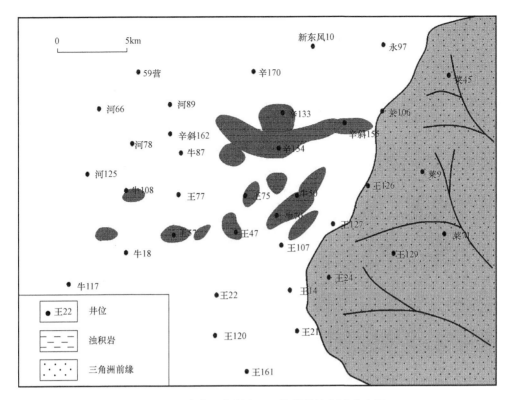

图 6-27　东营三角洲中 6 亚期滑塌浊积岩分布图

以缓坡带为例,常常可以划分出明显的相带分异界限;

（2）被动裂谷盆地砂体的分布及规模受断层与构造转换带的影响,由于断层的坡度较大,砂体常常呈柱状展布（沉积柱）,这种砂体可发生滑塌形成滑塌浊积扇,在断阶坡折带处可堆积呈条带状或与断层走向近于平行的窄相带粗碎屑沉积体,分选差,物性相对较差。

（3）被动裂谷盆地的相带分异性不如主动裂谷盆地清晰。由于被动裂谷盆地的陡坡断阶带对湖平面的升降变化敏感,存在多个水进和水退过程,湖平面变化都会引起岸线位置的剧烈摆动,这造成了辫状三角洲前缘相、平原相、水上分支河道相和水下分支河道相复合叠置,形成了不同的宏观沉积体几何形态和砂体组合类型,因此,沉积亚相复合叠置,具体不易区分。

（4）受构造控制,被动裂谷盆地陡坡带一侧物源补给不充分,除局部地区发育小型扇三角洲外,以湖相沉积为主。

（5）被动裂谷盆地的沉积作用主要发生在盆地缓坡带,以辫状三角洲沉积体为主,其他类型的沉积体系很少见。

（6）被动裂谷盆地缓坡的特点是斜坡延伸长、地形坡角很小,使得辫状三角洲分布范围非常广;加之水体较浅,滨浅湖相分布范围局限,盆地内以辫状三角洲砂体的推进为主要沉积作用。

四、盆地古地貌的差异

（一）洼陷带差异

洼陷带夹持于陡坡带和缓坡带之间,是裂谷湖盆长期性的沉降带,也是盆地烃源岩的主要发育区域。洼陷带断裂构造不发育,主动裂谷盆地的洼陷几何形态多呈环状,如东营凹陷

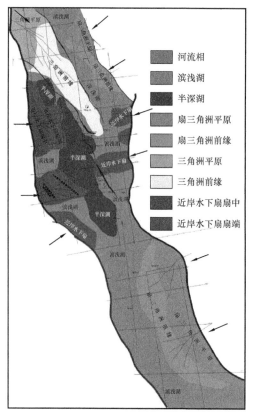

图6-28 Fula凹陷AG组沉积相平面分布图

河流相
滨浅湖
半深湖
扇三角洲平原
扇三角洲前缘
三角洲平原
三角洲前缘
近岸水下扇中
近岸水下扇扇端

洼陷带,被动裂谷盆地的洼陷带由于受走滑、碰撞等外界应力的作用,其几何形态多呈条带状,如图6-10的Muglad盆地1/2/4区洼陷带在平面上呈雁列式展布。

洼陷带以深湖和半深湖亚相沉积为主。其岩性以灰黑、深灰、深褐灰色泥页岩为主,常见油页岩、薄层泥灰岩或白云岩夹层。如渤海湾盆地沙三段下—沙三段中部有很厚的深湖或半深湖沉积,主要断陷期深湖区面积占湖泊总面积的60%~90%,岩性和厚度比较稳定。被动裂谷盆地的洼陷带深,沉积物厚,泥质发育,由于快速堆积导致欠压实作用,常有泥岩底辟现象。

洼陷带常见滑塌浊积扇和深水浊积扇两类储集体,特定的水动力条件下还可沿洼陷带的轴向发育大型三角洲沉积,如在苏丹裂谷盆地的Fula凹陷带由于在转换带的控制下,可能发育轴向三角洲(图6-28)。

(二)中央背斜带差异

被动裂谷一般不发育中央背斜带,主动裂谷盆地由地幔上隆形成,古隆起发育(图6-29)。受箕状断陷湖盆主体的差异升降沿主断面深部产生的上拱力和盆地断陷、扩展、沉积压实的不均衡等在盆地中央产生的挤压力的影响,主动裂谷盆地开阔的湖盆多发育中央断裂背斜构造带。中央背斜带走向一般平行于盆地轴向,区域构造位置靠近陡坡带。中央背斜带断裂构造十分复杂。如济阳坳陷有著名的东营中央断裂背斜构造带,临商—林樊家中央断裂背斜带,东濮凹陷由于黄河断裂活动强度较大,断层上下盘基岩落差达700~3000m,形成"凹中隆"。

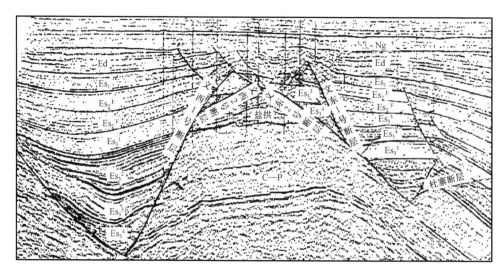

图6-29 东濮凹陷中央构造带背斜带东西向地震剖面

主动裂谷盆地常被中央背斜带分割成多个小凹陷,每个凹陷有独立的演化和沉积体系,渤海湾地区古近纪发育了65个小型裂陷盆地群,每个半地堑或地堑都是一个独立的沉降和沉积单元。而被动裂谷盆地受断层控制,盆地演化具有更好的连续性,砂体连续性分布。被动裂谷盆地由于快速下沉,水体加深快,全盆地相通相连,沉积的连续性或可对比性相对较好(凹陷中部)。渤海湾盆地已发现和探明的古潜山油气藏数量较多,储量较大。

主动裂谷盆地具有潜山构造,这种构造格局常常引起了相带的不连续性,水下的这种隆起式构造形成了沉积的阻隔,或者提供了物源。明显不同于由剪切作用形成的被动裂谷盆地。据统计,已知的61个古潜山油气藏的探明储量占盆地总储量的10.4%。潜山具有多样性,不同类型的潜山有不同的空间分布规律。

基岩隆起程度和上覆新生代地层的发育,对潜山是否成藏和油气富集规律起决定性作用(王传虎,2002)。潜山披覆背斜的形成和发展都与长期活动的基岩断裂有关,如济阳坳陷发育的北西向、北东向和近东西向三组基岩断裂,控制了潜山披覆构造带的展布(图6-30)。

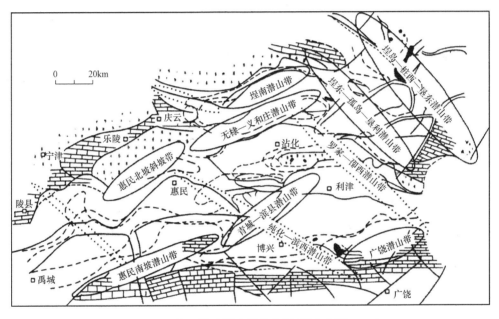

图6-30 济阳坳陷潜山带分布图(据张永刚,2006)

(三)盆地坡折带特征

坡折带(slopebreak)原是地貌学概念,指地形坡度突变的地带。由于古地形突变形成可容纳空间,当物源沉积物搬运至此产生卸载,往往使沉积相带和沉积厚度发生突变,对地层层序的发育和隐蔽油气藏的形成具有重要的控制作用。

在沉积盆地中,坡折带分布广泛发育,而且成因类型丰富、组合样式复杂,与盆地复杂的动力背景有密切的关系,从成因上,坡折带主要分为构造坡折带、沉积坡折带和侵蚀坡折带三种类型,其中构造坡折带和沉积坡折带在同沉积期发育,侵蚀坡折带在沉积之前形成的。在裂谷盆地中,构造坡折带更为发育,构造活动正是通过构造坡折带实现对盆地层序地层格架和沉积体系的控制。根据控制构造坡折的同沉积构造类型的不同可以划分为不同的类型:断裂坡折带、挠曲坡折带及缓坡枢纽带,裂谷盆地中最常见的是断阶带。

1. 主动裂谷盆地

在主动裂谷盆地中,沿陡坡或缓坡带常发育同沉积的断阶构造,构成沉积坡折。

1)陡坡断阶带

在沿盆地的陡坡带常发育两至三个断裂坡折带(同沉积断阶),控制着多个相带的展布(图6-31)。盆内洼陷边缘断裂坡折一般构成盆地演化早期边缘冲积扇或浅水扇三角洲的沉积边界。随后盆地边缘断阶上超,形成凸起与斜坡边缘断裂坡折,并控制着扇三角洲沉积边界,而洼陷边缘坡折则控制着扇三角洲前缘砂质沉积加厚带;进入深水湖盆发育阶段,洼陷边缘断裂坡折控制着湖底浊积扇和低水位期扇三角洲前缘沉积带的分布,而凸起边缘坡折则控制着近端扇和扇三角洲的展布。

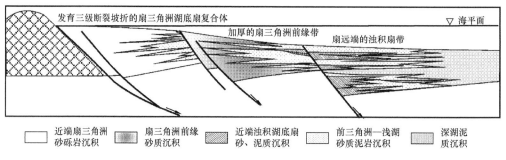

图6-31 断陷湖盆陡坡断裂坡折带样式与沉积相分布示意图(据蔡希源,2004)

2)缓坡断阶带

在缓坡带,斜坡与洼陷边缘断阶坡折往往控制着盆地早期的主要沉积边缘,随后被超覆。凸起边缘断阶坡折则限定湖盆扩张期的沉积边界,而洼陷边缘坡折则成为制约着三角洲前缘加厚带、浊积扇及低水位期进积楔状体的发育部位。在渤海湾盆地的沾化凹陷罗家斜坡带,沙河街组沉积期发育了二至三级断裂坡折,凸起边缘断裂坡折制约着沙四段和沙三段层序的河流—三角洲平原和扇三角洲的沉积相带,而洼陷边缘断裂坡折控制着三角洲前缘、深湖浊积或低水位相带的总体展布。

黄骅坳陷缓坡带的生长断层对缓坡带沉积厚度和沉积相带分布起着重要的控制作用。其中重要沉积界限是超覆不整合、剥蚀不整合线、生长断层线、侧向岩性尖灭线和岩性透镜体界线。图6-32为埕宁隆起北部的一个四级构造单元,处于埕宁隆起与歧口凹陷之间的缓坡带,发育的四条走向北东—北东东,倾向北北西的二级主断层,自南向北分别为羊二庄南、赵北—羊二庄、张东—海4和歧东断层,共同构成了由埕宁隆起向歧口凹陷中心节节下掉的断阶结构(周立宏,2008)。自古近纪以来,该区一直保持着缓坡的特点,近物源,砂体规模大,储集条件好,是油气勘探的主要目标。

下面以东营凹陷断阶坡折带的分布与其沉积相带展布之间的关系为例,说明断阶坡折带对沉积体系的控制作用。东营凹陷是一个典型的北断南超的半地堑盆地,发育北部陡坡和南部缓坡两套断阶坡折系统(图6-33)。

(1)陡坡断阶带。

盆地的陡坡断阶带主要发育在永安—胜坨—滨南一带,这种断阶坡折带的同生断层落差大,其最显著的特点是坡折带之上和之下的沉积环境变化快,其下以发育粗粒的冲积扇—扇三角洲沉积体系及浊积扇体系为特征。

胜坨陡坡断阶坡折带断面较缓、断阶带较宽,但落差大。由陈南、胜北断层把该带划分

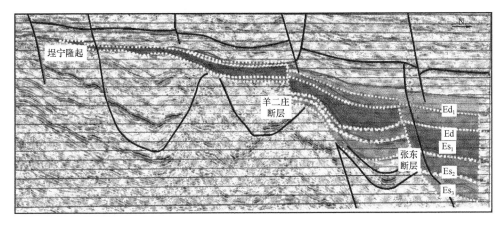

图 6-32　黄骅坳陷缓坡带构造剖面(据周立宏,2008)

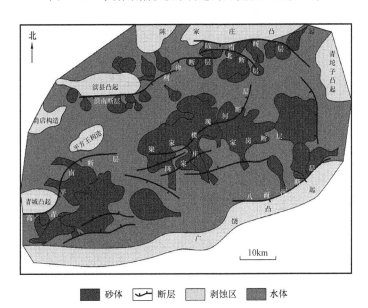

砂体　断层　剥蚀区　水体

图 6-33　东营凹陷构造坡折带对沉积体系的控制

为两个大的断阶,一个是胜北断层的下降盘(低台阶),一个是胜北断层的上升盘(高台阶),这使得胜坨陡坡断阶构造坡折带受湖剖面的升降影响很大:湖平面快速下降,构造坡折带之上高台阶产生河流相发育,低台阶则发育浊积扇即扇三角洲体系的远端部分,随后而来的湖平面上升使得低台阶发育扇三角洲远端部分及浊积扇,高台阶发育扇三角洲—河流及扇三角洲平原—冲积扇沉积。因此整体而言,陡坡断阶带多发育较厚的冲积扇、扇三角洲、近岸水下扇等砂砾岩体群。

(2)缓坡断阶带。

盆地的南部为缓坡带,主要控制一套辫状河三角洲或滨浅湖沉积体系,这个部位的扇体分布范围广,相带宽,分异明显,但是厚度较薄。在湖盆的深陷期,沿着缓坡坡折带发育有缓坡浊积扇。当湖平面下降时,可导致近岸砂体的二次搬运,越过坡脚入湖可形成湖底扇。因此,此时坡折带以上是剥蚀区,下切河道发育;其下为缓坡扇(湖底扇)发育的部位。

盆地的缓坡断阶带主要发育在东营凹陷南部缓坡的王家岗和博兴洼陷南坡,这种构造坡折由多个平行分布的同向断层组成,在其控制下形成的缓坡带沉积相砂体规模大,主要发育冲积扇、河流、三角洲体系及滨浅湖滩坝等沉积体系。

2. 被动裂谷盆地

断裂构造在被动裂谷盆地沉积演化过程中,对沉积体系和砂体发育过程具有明显的控制作用:(1)它在盆内形成坡折断裂带,为沉积提供潜在的空间和充填动力;(2)它影响着物源的碎屑供给,断裂活动越活跃,越有利于物源供给。

1)陡坡断阶带

在被动裂谷盆地,同沉积断裂活动贯穿于整个裂陷期,因此在盆地内大型同沉积断裂引起差异沉降,形成陡坡构造坡折带的断阶(图6-34),其下降盘是低位体系域扇体(湖底扇或浊积扇)最易形成的部位,对隐蔽油藏群的分布有重要的控制作用。

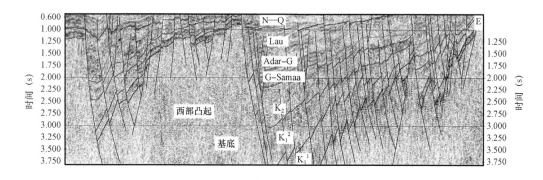

图6-34 Melut盆地断层倾角较陡,多条主干断裂同向排列,陡坡断阶带发育

在被动裂谷盆地的断裂条件下,陡坡带沉降速率很高,但其沉降历史一般是幕式的,存在着多幕拉伸过程,并产生一定的沉积响应(潘元林等,2003),在被动裂谷的断裂演化阶段,这种多幕式的拉伸运动频繁出现,从而导致了在被动裂谷盆地中陡坡带沉积体系主要以陡坡断阶带沉积体系为主。

陡坡断阶带的沉积主要发育扇三角洲(水下扇)—浊积扇—深湖泥体系。被动裂谷盆地,沉积物近源堆积,由于颗粒粗,盆地边缘沉积体前缘坡度较大,因此陡坡断阶带的扇三角洲砂体受断层的控制沉积体常呈柱状展布(即"沉积柱"),相带分异特征较差。苏丹地区Muglad盆地Jake区块陡坡断阶带的扇三角洲砂体呈柱状展布,形成了良好的岩性地层油气藏储层砂体(图6-35)。

值得注意的是,陡坡带主要发育扇三角洲和水下扇沉积(图6-34、图6-35),湖盆边缘浅水地带的扇三角洲砂体受外界影响,易产生滑塌再搬运,在扇三角洲体系前方的半深湖—深湖区再堆积下来形成滑塌浊积扇。如Melut盆地在主4测线上扇三角洲发育的前方发育有一明显的丘形透镜体,推测为近岸浅水砂体前方的滑塌浊积扇(图6-36)。

在目标盆地的分析中,沿陡坡带大断裂,扇三角洲和浊积扇沉积发育普遍,以Melut盆地为例,其陡坡带发育扇三角洲,在地震剖面上有楔形地震反射特征(SD80-75)(图6-37),断阶带之下往往发育浊积扇沉积即扇三角洲体系的远端沉积,如Melut盆地坡折带之下发育滑塌浊积扇,在地震剖面上,滑塌浊积扇呈丘状反射特征(SD80-056)(图6-38)。

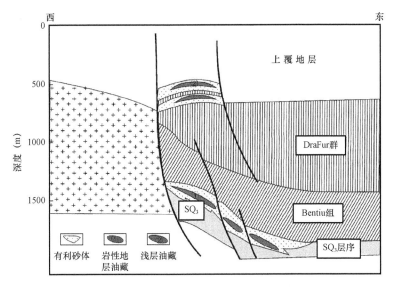

图 6 – 35 苏丹陡坡带油藏剖面预测图

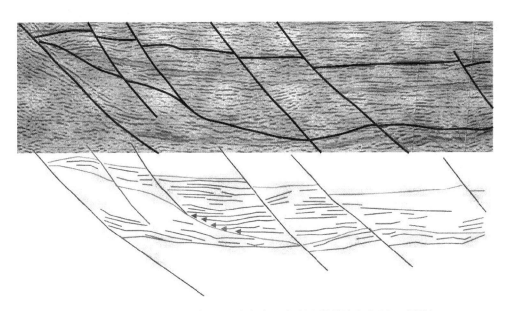

图 6 – 36 Melut 盆地层序 S1 发育的扇三角洲和滑塌浊积扇(主 4 测线)

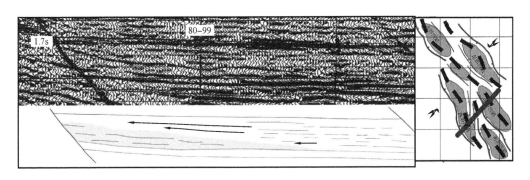

图 6 – 37 Melut 盆地陡坡带扇三角洲的楔形地震反射特征(SD80 – 75)

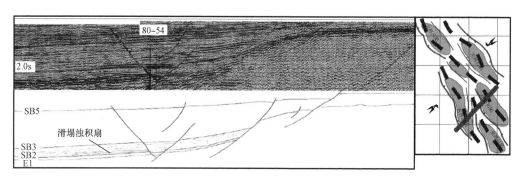

图 6-38　Melut 盆地坡折带滑塌浊积扇的丘状反射特征(SD80-056)

在断陷初期,陡坡断阶带主要为冲积扇—水下扇沉积体系;到了深陷期,则为水下扇—浊积扇—深湖泥体系;在坳陷—断陷转换期,则发育水下扇—浊积扇、扇三角洲—水下扇沉积体系;到了坳陷期,为冲积扇—扇三角洲体系(表6-3)。

表 6-3　具断阶的陡坡带盆地演化各阶段发育沉积体系和砂体类型

盆地发育阶段		沿控盆断裂陡坡发育的砂体类型	具断裂坡折的陡坡发育的砂体类型
衰亡期	坳陷	河流、冲积扇砂体	扇三角洲
萎缩期	坳陷—断陷	河流、扇三角洲	近岸水下扇
第二次深陷期		近岸水下扇	浊积扇
收敛期	断陷	扇三角洲	近岸水下扇
深陷期		近岸水下扇	浊积扇
断陷早期		扇三角洲	近岸水下扇
断陷拉张初期	拉张期	冲积扇	扇三角洲

2)缓坡断阶带

被动裂谷盆地的缓坡带主要发育一套辫状河三角洲或者滨浅湖沉积体系,由于地形坡度很小,缓坡带辫状三角洲展布规模比陡坡带要大,但是厚度不如陡坡带。以 Melut 盆地缓坡断阶带为例,其主要发育辫状三角洲,多分布于湖盆的缓坡带,且以退积型的辫状河三角洲为主。

进积型辫状三角洲平原亚相由粉砂岩、细砂岩、中粗砂岩与杂色泥岩互层沉积构成,发育分流河道、河道间微相。地震上具有中弱振幅交互、较连续的平行反射结构,局部可见河道上超的充填反射特征(图6-39)。辫状三角洲前缘亚相河口坝不发育,以砂、泥薄互层沉积为特征。自然电位曲线响应极差,电阻率曲线呈尖峰状。地震相则表现为前积反射结构,前积层的倾角较大。

退积型辫状三角洲为研究区主要的沉积相类型。该类辫状三角洲亚相分带不明显,主要由叠置的水下三角洲辫状河道组成。砂体底部突变,发育粒序层理、粗细韵律交错层理。测井剖面上自然电位及电阻率曲线表现为箱形—钟形—指形组合特征,箱形曲线为多期河道砂体叠置的反映。地震上具有中弱振幅交互、较连续、亚平行反射结构,可见河道上超充填的反射特征(图6-39)。在横切辫状三角洲主体的地震剖面上,辫状河道横向上频繁迁移、纵向上叠加形成丘状地震反射相(图6-40)。

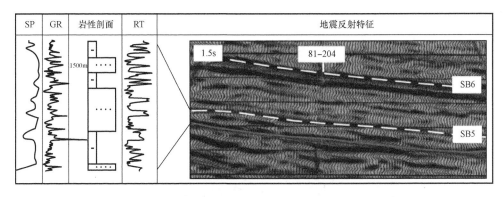

图6-39　进积辫状三角洲平原的测井响应及地震反射特征

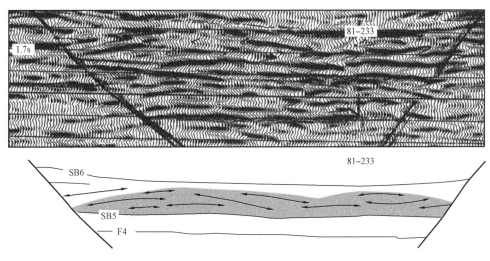

图6-40　辫状三角洲的丘形反射特征(SD79-006)

(四)盆地构造转换带差异

转换带是发育于不同半地堑间的、为保持区域伸展应变守恒而产生的伸展变形构造的调节体系。由于转换带控制了盆地地形,因此,其对盆地的沉积体系的类型和分布具有重要的意义。在转换带附近通常是大量富砂质沉积的源区,因此转换带控制物源入口,决定了砂体的展布规模,转换带的形成和发展与主断层的活动有密切关系。苏伊士湾现代裂谷,发育由转换带控制的扇体(图6-41),由转换带控制的砂体是油气富集区。

目前已识别出的大型辫状三角洲沉积体系主要是分布在这些转换构造带,转换带的作用与断阶带是形成砂体发育的主控因素。

以Melut盆地为例,对区域构造进行研究,发现Melut盆地北部凹陷发育至少四条区域性构造转换带,以宽缓的斜向低凸起为特征(图6-42),不发育转换断层。在北部凹陷由于两组不同性质、方向略有差异的张应力的作用使基底结构发生明显转换,造成盆地北段和中段盆地形态的明显差异,即北部西陡东缓、西断东超,中部双断,南部东陡西缓、东断西超。这种盆地结构的转换导致了湖盆形态、沉积地形及沉积格局的变化。盆地北部西陡东缓的基底形态导致湖盆水体西深东浅、沉积中心位于西侧陡坡带前缘。陡坡一侧物源补给不充分,除局部地区发育小型扇三角洲外,主要以湖相沉积作用为主。东部缓坡一侧则发育大型

图6-41　苏伊士湾现代裂谷在转换带的控制下,扇体发育规模比横向水系的规模大

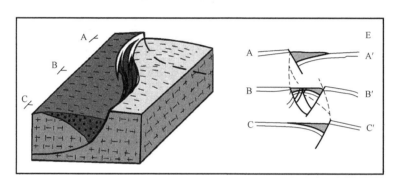

图6-42　Melut盆地北部凹陷结构简图

辫状三角洲体系。与此对照,北部凹陷南部西侧由于古地形明显变缓,在盆地发育的中早期形成了大型辫状三角洲体系和冲积河流相发育。

被动裂谷盆地内的转换带控制了大型砂体的展布,相向叠覆型或聚敛型的构造转换带是"大规模砂体"发育带,在Fula凹陷,断阶带与构造转换带形成中央构造带砂体发育的主控因素,并为油气的聚集提供了场所。据CNODC统计可知,Fula凹陷中部构造转换带控制了89%的储量。因此在转换带部位,表现出多个断层方向,具有多样化的构造和地层组合,是有利的油气聚集区。

第二节　被动裂谷盆地与主动裂谷盆地沉积模式研究

一、裂谷盆地沉积体系

裂谷盆地沉积体系发育的特征,直接受控于盆地的构造运动模式(周永胜,王绳祖,1994;刘和甫,1997)。主动裂谷和被动裂谷在沉积中都体现出断—坳分异,但是断坳的幅度不同。同时,两者之间的整体差异还表现在盆地沉积演化的旋回性上:主动裂谷一般只发育单旋回(一断一坳),而被动裂谷则可以发育多旋回(如Muglad盆地的三断三坳)。

裂谷盆地通常发育三个阶段地层单元:(1)前裂谷期地层是裂谷作用前的岩石,可能为伸展前的结晶基底、变质岩或沉积物;(2)同裂谷期地层包括沉积岩和(或)火成岩,是与地壳伸展同时沉积(和侵入)的;(3)后裂谷期沉积物是沉积在由于冷却和岩石圈收缩而形成的凹陷中的地层。上述的三个阶段的沉积充填有较大差异,同时,两类不同性质的盆地在不同的构造演化阶段具有不同的沉积充填特征。

(一)前裂谷期沉积体系

前裂谷期岩石可以是裂谷作用开始前任何年代的岩石,包括沉积岩、变质岩及岩浆岩。但主动裂谷盆地前裂谷期的沉积物由于盆地的抬升隆起可能遭受剥蚀而没有保存下来,形成不整合面,由于火山活动,可见火山岩。不同裂谷内保存的前裂谷期地层差异很大,如渤海湾盆地冀中坳陷的古近系直接覆盖在奥陶系石灰岩之上,而黄骅坳陷的古近系却覆盖在中生界碎屑岩之上。而被动裂谷盆地是裂谷作用开始后才开始抬升,前裂谷期大部分地层得以保存。

(二)同裂谷期沉积体系

主动裂谷盆地的同裂谷期由于地幔上拱导致地壳弯曲到一定程度产生的断裂塌陷沉降,因此表现为快速、持续沉降,沉降速率大(图6-43),形成一个长期发育的湖盆(图6-44a);被动裂谷盆地断陷期由于外力诱导产生地壳表层破裂沉降,外力作用具有脉动性,表现为脉冲式快速沉降,间隔期为缓慢收缩沉降(图6-43),形成多个短暂湖盆和河流充填相间叠置,因此由多个次级的断坳旋回组成(图6-44b)。

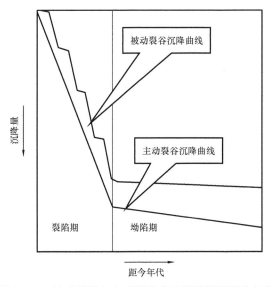

图6-43 被动裂谷与主动裂谷盆地断陷期沉降史差异

主动裂谷盆地与被动裂谷盆地的差异还表现在岩性组合差异和沉积相序差异上。

岩性组合差异:主动裂谷断陷期湖盆区由大套厚层泥岩构成,湖相沉积分布面积大,湖相发育持续时间相对较长,砂体局限发育在湖盆的边缘,以东营凹陷南北向连井剖面为例(图6-45),发现其形成的湖相沉积是保存有机质并形成烃源岩的良好条件。

被动裂谷盆地断陷期砂泥岩间互,断陷间隔期砂岩厚度稳定,可连续追踪,中段泥多砂少,下段和上段砂多泥少(图6-46),以 Muglad 盆地断陷期储层发育情况为例,发现湖相沉积与砂体交替发育(图6-47),可以形成良好的生储盖组合。

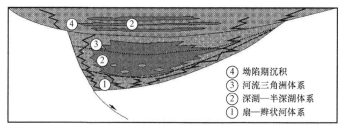

(a) 主动裂谷盆地

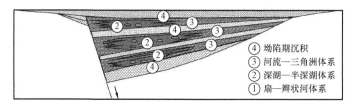

(b) 被动裂谷盆地

图 6-44　不同类型裂谷盆地的沉积模式

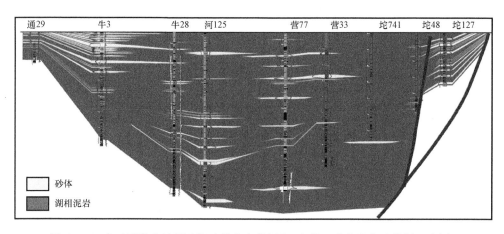

图 6-45　主动裂谷盆地断陷期砂体发育特征(以东营凹陷南北向连井剖面为例)

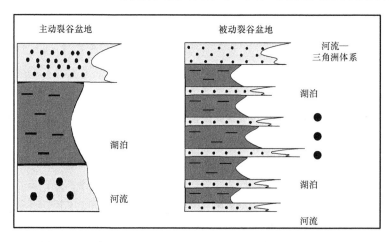

图 6-46　主动裂谷盆地与被动裂谷盆地的湖盆中心相序差异

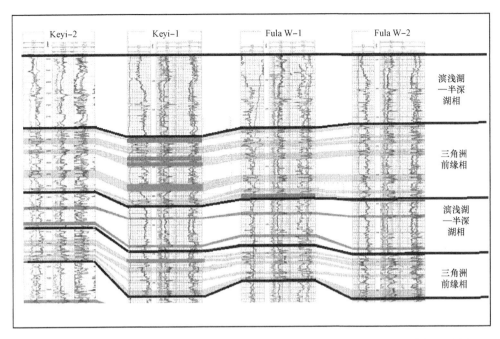

图 6 - 47　被动裂谷盆地断陷期砂体发育特征(以 Muglad 盆地断陷期储层发育情况为例)

沉积相序差异:主动裂谷湖盆区为完整湖盆相序,而被动裂谷湖盆区为短暂湖盆相序和短暂河流相序间互叠置。

(三)后裂谷期坳陷沉积体系

坳陷期,裂谷盆地的面积大大超过同裂谷期沉积范围,坳陷期沉积物可能是陆相的或海相的,主要取决于裂谷作用结束后的区域背景。尽管坳陷中的沉积物通常不受与裂谷有关的断层作用影响,但可以形成烃源岩和储集岩及年轻的构造圈闭和地层圈闭。例如在松辽盆地,大湖沉积和大型三角洲沉积构成了极好的生储盖组合。

二、被动裂谷盆地的沉积充填模式

以中西非被动裂谷盆地为例,我们研究了被动裂谷盆地的沉积充填模式。针对裂谷早期、扩张期及萎缩期三个阶段的构造演化和古地貌特征,建立了盆地沉积充填的三种模式。

(一)裂谷初始期发育河道—近岸水下扇—扇三角洲—浅湖沉积体系

被动裂谷盆地初始裂陷期,由于受外力影响,控盆断层开始活动,但是断层彼此分离,将盆地分割成许多孤立的小盆地,汇水体系从相邻的高盆地流向低盆地,形成内向流水系(图 6 -48)。地层厚度不大,分布范围小,反映了沉积物快速堆积的特点。

该时期主要发育陆地沉积体系的冲积扇或者河流沉积、滨岸沉积体系及浅湖沉积体系,以横向水系为主要物源供给。若物源来自盆地的陡岸,则多形成近岸水下扇;物源来自缓岸,则多形成扇三角洲。这套沉积序列均发育在被动裂谷盆地沉积下部。由于被动裂谷盆地受拉张力断裂下陷,盆地初始期沉积充填不容易被剥蚀,能被较好地保存下来。

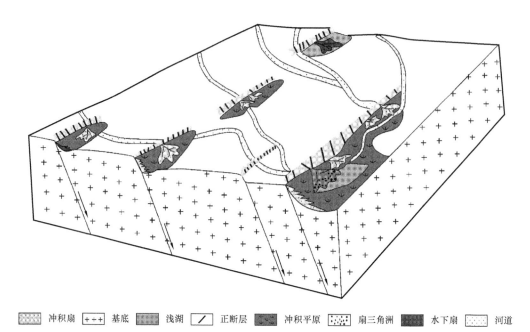

图例: 冲积扇 | +++ 基底 | 浅湖 | / 正断层 | 冲积平原 | 扇三角洲 | 水下扇 | 河道

图6-48 被动裂谷盆地初始期的冲积扇或近岸水下扇—深湖盆地充填型式图

（二）裂谷扩张期发育河流—近岸水下扇—滑塌浊积扇—深湖体系或者冲积河道—扇三角洲（或辫状河三角洲）—缓坡浊积扇—深湖体系

被动裂谷盆地裂谷扩张期断层活动加大，切穿整个地层，此时断层开始连接并形成统一的控盆断层，地形高差较大，不同部位水体深度变化较大，以横向水系为主要的物源供给。在盆地的沉降中心，可能发育半深湖—深湖相，孤立的小扇体受断阶和转换带的控制，成群发育，形成裙状扇体。

盆地受边界断层控制，紧邻断层附近地层发育最厚，是沉降中心，也是沉积中心。边界陡岸发育近岸水下扇体系和扇三角洲体系，以近岸水下扇为主，该沉积体是由冲积扇直接进入水体而形成，为一套粗碎屑沉积物组成的重力流性质的扇体，沉积厚度较大，有时可沿湖底发育深水水道，规模小，作用范围有限。近岸水下扇扇体的形成与分布受同生断层控制，其根部紧邻断层，沿断坡坡脚分布，平面上呈扇形，可见多个扇体呈裙状展布。陡坡带的前缘坡脚，可见滑塌浊积扇这类重力流成因的沉积体。

被动裂谷盆地裂谷扩张期主要的物源可能来自缓坡带方向，在断层和转换带的多重控制下，发育规模较大的辫状河三角洲或扇三角洲沉积体系，由于同沉积断层强烈活动的影响，在断阶下部发育缓坡浊积扇。辫状三角洲主要由叠置的三角洲水下分流河道组成。因此在裂谷扩张期的缓坡带主要形成冲积河道—扇三角洲或辫状河三角洲—缓坡浊积扇—深湖体系。

盆地滨岸地形及物源方向对形成砂体的类型有很大影响。若物源来自盆地的陡岸，则多形成水下扇；物源来自缓岸，则多形成扇三角洲、辫状平原三角洲或辫状三角洲（图6-49）。

（三）裂谷萎缩期发育河流—三角洲—扇三角洲—浅湖体系

在此演化阶段，盆地充填趋于平缓，断层不再有强烈的活动，盆地沉降稳定，但沉降速率

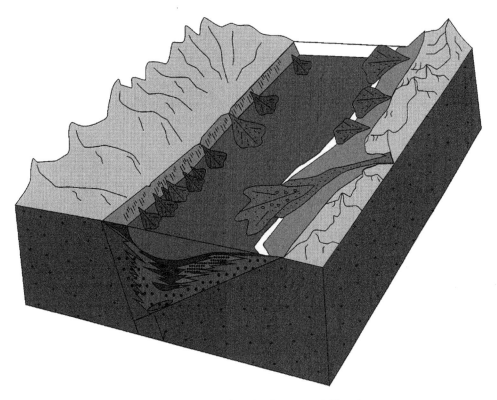

图 6 - 49　被动裂谷盆地萎缩期的沉积充填型式图

较小,出现全盆地的长时期准平原化,盆地开阔平宽,以河道及三角洲沉积为主(图 6 - 50)。如在 Muglad 盆地 Fula 凹陷裂谷萎缩期沉积了盆地的第一套区域性储层,即 AG 组上部砂岩 SE 层序形成了规模大、推进距离远的大型河流相沉积体系,岩性为大套块状河流相砂岩,沉积范围广;只在东部断阶缓坡带发育了规模较小的三角洲沉积体系。

相较扩张期而言,盆地的轴向水系和物源相当发育,长轴物源和断阶缓坡带及转换带起主导作用,形成了规模大、推进距离远的大型河流相沉积体系,只在断阶缓坡带发育了规模较小的三角洲沉积体系。此时横向上相带演变剧烈:在边界断层下降盘继承性发育了水下扇,由断阶缓坡带到坳陷中心再到坳陷陡侧,沉积相演变为河流相—(扇)三角洲相—浅湖—深湖相,或者是河流相—(扇)三角洲相—浅湖—深湖相—水下扇相。

三、主动裂谷盆地的沉积充填模式

中国东部中、新生代断陷盆地多为主动裂谷盆地,其有着较类似的构造沉积背景。在不同历史阶段,盆地有其不同的沉积充填型式。本次研究将中、新生代断陷盆地按裂谷早期、扩张期及萎缩期三大阶段,划分出以下几种类型的盆地沉积充填型式。

(一)裂谷早期

1. 火山岩及火山碎屑岩堆积—浅湖或深湖

这种模式主要表现了东部中生代裂谷盆地早裂谷期的充填型式,有陆地沉积体系、浅湖或深湖沉积体系及火山岩体系的分布。沿盆地断层边缘有中酸性、基性喷发岩及火山碎屑岩堆积(图 6 -51)。湖相沉积为黑色或灰色泥岩、泥质粉砂岩及纹理粉砂岩等,有的地区夹

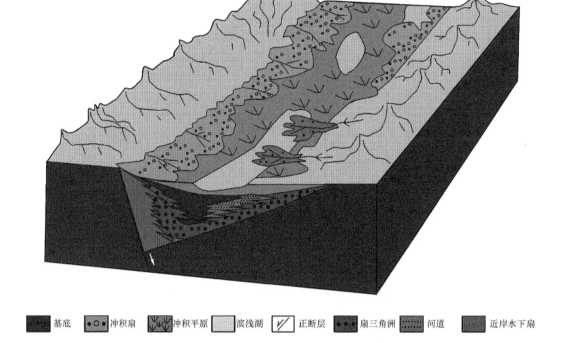

图6-50　被动裂谷盆地萎缩期的河流相—三角洲—扇三角洲—浅湖充填型式图

有劣质煤层,这套沉积序列均发育在中生代断陷盆地沉积下部。有些小型断陷盆地在盆地裂陷期之后即停止继续发展;有的盆地发展演化过程很短,其后又遭剥蚀,从而形成单断型单一充填型式。

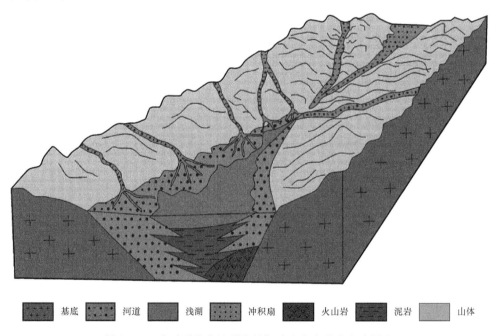

图6-51　主动裂谷盆地裂谷早期冲火山岩及火山碎屑岩
堆积—浅湖或深湖沉积体系充填型式图

2. 冲积扇—河流—沙坪或三角洲—泥坪—膏盐湖

此类沉积充填型式主要沉积有盐湖沉积体系的红色岩系、膏泥层及盐韵律层及湖相沉积。在此期间尚有基性、中性火山喷发岩。图 6-52 代表渤海湾盆地裂陷期的泥膏湖沉积充填型式。由盆地短轴方向物源供屑，组成冲积扇—沙坪—泥坪—泥膏湖沉积充填型式。在干旱气候带的盐湖，则组成河流—三角洲—滩坝—湖泥或泥坪—盐湖的沉积充填型式。

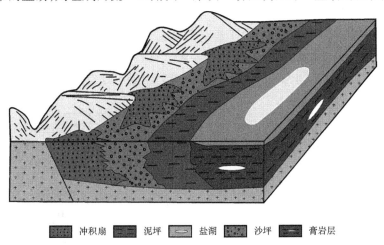

冲积扇　　泥坪　　盐湖　　沙坪　　膏岩层

图 6-52　主动裂谷盆地的泥膏盐湖盆地充填型式图

(二)裂谷扩张期

1. 冲积扇或近岸水下扇—扇三角洲—深湖或者辫状河三角洲—深湖

这类充填型式是古近—新近纪断陷盆地扩张期较常见的一种充填型式(图 6-53)，由陆地沉积体系的或者河流沉积体系、滨岸沉积体系及深湖沉积体系组成，以短轴方向为物源供给。

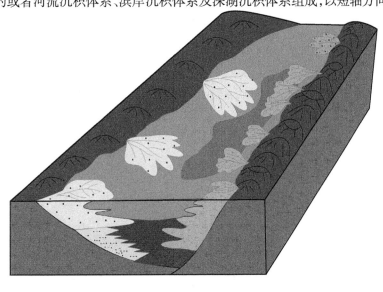

辫状河三角洲　　冲积扇　　扇三角洲　　河道　　基底

泥岩　　浅湖　　滨浅湖　　火山岩

图 6-53　主动裂谷盆地冲积扇或近岸水下扇—扇三角洲—
深湖或者辫状河三角洲—深湖充填型式图

陆地冲积扇一般前积直接进入深水湖内,形成断层陡岸的水下扇,为一套粗碎屑沉积物组成的重力流性质的扇体。由于粗碎屑水下扇多次加积,沉积厚度较大,扇体面积大小不等。有时可沿湖底发育有深水水道,呈块状透镜状砂体顺长轴方向或断层走向方向延伸,这种水道可能是水下扇体某水道的延伸而形成的。盆地滨岸地形及物源方向对形成不同类型砂体有很大影响。盆地陡岸带沉积物以(近岸)水下扇为主;缓坡带的沉积物则以扇三角洲或者辫状平原三角洲、辫状三角洲为主。

2. 冲积扇—扇三角洲—浅湖—水下扇—深湖

此类也属主动裂谷盆地扩张期较常见的一种充填型式(图6-54),由陆地沉积体系、滨岸沉积体系、浅湖及深湖沉积体系组成。以短轴方向为物源供屑。

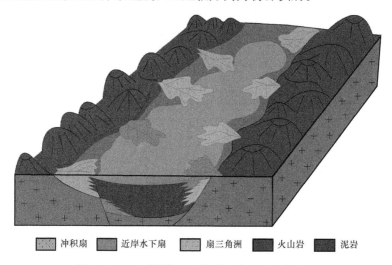

冲积扇　　近岸水下扇　　扇三角洲　　火山岩　　泥岩

图6-54　主动裂谷盆地的冲积扇—扇三角洲—
浅湖—水下扇—深湖沉积充填型式图

这类型式与上述类型相似,但它在断层陡岸形成两个断层阶地,强调了断阶坡折带对沉积的影响。在浅水的断层台阶,冲积扇前积进入浅水形成扇三角洲;冲积扇前积进入深水断层的台阶下形成近岸水下扇,为重力流性质的沉积。二者均为粗碎屑沉积,但二者砂体沉积性质不同。在缓岸可以形成粗粒三角洲类型,这在渤海湾盆地的几个坳陷中均有分布。深湖湖底在局部地区也有水下水道形成,可以是横向,也可以是沿盆地的纵向方向。断层的活动及分布对各类砂体的形成至关重要。

3. 扇三角洲—三角洲—浅湖—水下扇—深湖

此类也属主动裂谷盆地扩张期较常见的一种充填型式(图6-55),由陆地沉积体系、滨岸沉积体系、浅湖及深湖沉积体系组成。这类型式与上述类型相似,但它强调了中央构造带对沉积的影响。中央构造带形成辫状河三角洲前缘砂体,在湖盆两岸有小型扇三角洲和水下扇体群分布,在湖盆的缓坡带主要发育三角洲体系,陡坡带主要发育水下扇和扇三角洲。

(三)裂谷萎缩期

在裂谷盆地萎缩期,由于热沉降,盆地整体凹陷,形成了统一的盆地。沉积物的类型单一,覆盖面广,广泛发育河流—三角洲体系(图6-56),如渤海湾盆地区域性(盆地性)的新近系河流相沉积储层几乎在整个盆地都能钻遇,而且馆陶组底部的底砾岩还是整个渤海湾盆地新生界内部的一级地层对比标志层。这套裂谷萎缩期沉积物,其规模、幅度、物性乃至岩石学性质也类似于被动裂谷盆地坳陷期沉积的储层(欧阳文生、张枝焕,2007)。沉积有陆地沉积体系、滨岸沉积体系及浅湖沉积体系。在此演化阶段,盆地充填趋于平缓,断层不再有强烈的活动,盆地开阔平宽,以砂质河及三角洲沉积为主。但在局部地区短轴物源河流尚有较粗碎屑供给,形成辫状三角洲。位于三角洲砂体之间或古岛岸边有透镜状沙坝形成。

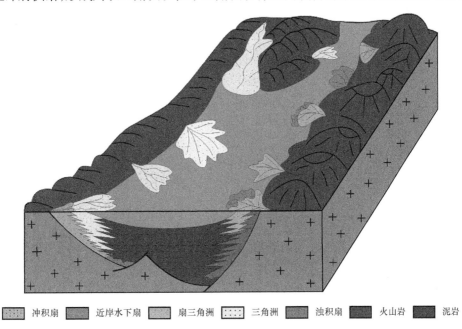

| 冲积扇 | 近岸水下扇 | 扇三角洲 | 三角洲 | 浊积扇 | 火山岩 | 泥岩 |

图6-55 主动裂谷盆地的河流冲积平原—三角洲或砂质滩、
坝或砂泥坪—浅湖—深湖或滑塌浊积岩充填型式图

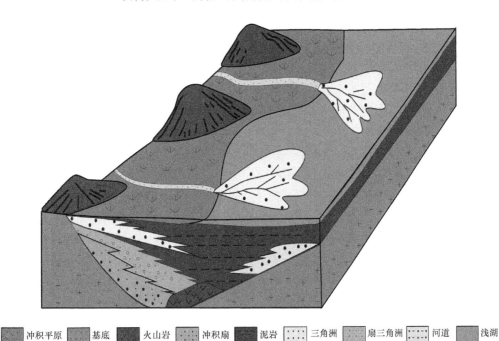

| 冲积平原 | 基底 | 火山岩 | 冲积扇 | 泥岩 | 三角洲 | 扇三角洲 | 河道 | 浅湖 |

图6-56 主动裂谷盆地的冲积扇—扇三角洲—浅湖—
水下扇—深湖充填型式图

四、主要的沉积体系类型

通过对被动裂谷盆地及主动裂谷盆地的沉积体系进行研究,主要识别出了辫状三角洲体系、扇三角洲体系、河道—冲积平原体系、河道—近岸水下扇体系滑塌浊积扇体系和湖相体系等六种沉积体系类型。

(一)辫状三角洲体系

辫状河三角洲的概念最早是由 McPherson 等(1987)提出的,是指由辫状河体系(包括河流控制的潮湿气候冲积扇和冰水冲积扇)进积到稳定蓄水盆地中形成的富含砾石和粗砂的粗粒三角洲,其沉积物质由单条或多条底负载的辫状河流提供。在此之前,辫状河三角洲归属于扇三角洲范畴。McPherson(1988)从地貌和沉积学特征方面区别了粗粒三角洲的两种主要类型:即由冲积扇进积到稳定水体形成的含有大量重力流沉积的扇三角洲和由辫状河进积到稳定水体、沉积主要受辫状河河水径流控制的辫状河三角洲。薛良清和 Galloway(1991)根据沉积物的输入、波浪能量和潮汐能量这三种作用,提出了包括扇三角洲、辫状河三角洲、曲流河三角洲在内的三角洲完整体系的分类,讨论了扇三角洲和辫状河三角洲的成因和沉积特征。在裂谷盆地的缓坡带广泛发育辫状河三角洲沉积。

同扇三角洲和曲流河三角洲相比,辫状河三角洲与物源区的距离介于两者之间。在远离断裂带的古隆起、古构造高地的缓坡带、沿沉积盆地的长轴和短轴方向均可发育,但通常形成在湖盆的短轴方向,当盆地长轴方向的物源方向坡度较缓且距物源较近时也可发育。

在被动裂谷盆地中,辫状三角洲多分布于湖盆的缓坡带。由于其所处的层序地层位置不同,可分为进积型和退积型两种。

进积型辫状三角洲地震相表现为前积反射结构,前积层的倾角较大,平原亚相由粉砂岩、细砂岩、中粗砂岩与杂色泥岩互层沉积构成,发育分流河道微相、河道间微相;前缘亚相河口坝不发育,以砂、泥薄互层沉积为特征。

退积型辫状三角洲为被动裂谷盆地缓坡带主要的沉积相类型。该类辫状三角洲亚相分带不明显,主要由叠置的水下三角洲辫状河道组成。地震上具有中弱振幅交互、较连续、亚平行反射结构,可见河道上超充填的反射特征。在横切辫状三角洲主体的地震剖面上,辫状河道横向上频繁迁移、纵向上叠加形成丘状地震反射相。

(二)扇三角洲体系

扇三角洲是湖成三角洲的一种特殊类型。最早由 Holmes(1965)提出,原定义为从邻近山地直接推进到稳定水体(湖或海)的冲积扇。早期以 McGowen 和 Galloway 为代表,认为扇三角洲如同冲积扇有旱地扇和湿地扇一样,也有两种气候类型,既干旱气候区的扇三角洲和潮湿气候区的扇三角洲。由于后者的三角洲平原通常为辫状水系,所以 Galloway 将扇三角洲定义为由冲积扇和辫状河流注入稳定水体而形成的沉积相。1988 年,Nemec 和 Steel 认为扇三角洲是由冲积扇(包括旱地扇和湿地扇)作为供源,在活动的扇体与稳定水体交界地带沉积的沿岸沉积相。这个沉积相部分沉没于水下,它们代表含有大量沉积载荷的冲积扇与海或湖相互作用的产物。

在扇三角洲沉积相中,主要有大中型楔状交错层理、板状交错层理、高角度不规则交错层理、平行层理、小型交错层理、波状交错层理和前积斜层理,以及凹凸不平的冲刷构造等,并可见砾石的定向排列和叠瓦状构造。

在裂谷盆地中,扇三角洲主要发育在受同沉积断活动控制明显的陡坡带或次级断裂形成的断层坡折带。扇体的形成与分布受同生断层的控制,其根部紧邻断层,沿断坡坡脚分布。平面上呈扇形,多个扇体组成裙状。在地震剖面上,表现为楔状地震相,楔形体进入滨浅湖相泥岩中,扇体顶面可见泥岩的上超现象。规模较大的扇体内部可以见到叠置的退积反射特征(图6-55)。

(三)河道—冲积平原体系

在 CNODC 对 Melut 盆地钻/测井资料的总结的基础上,该体系的冲积河道相可以识别出两种类型:辫状河道和冲积河道。前者岩性为不等粒砂岩、细砂岩,厚度不大。发育正韵律层理、块状层理。钻/测井剖面上以箱形或微向上收敛的箱形为特征,砂岩厚度3~10m,地震上呈小型透镜状。

冲积河道由不等粒砂岩、中细砂岩、细砂岩、粉砂岩构成。中细砂岩的碎屑颗粒以石英为主,含量可达90%左右,呈次棱角状—次圆状,分选中等,中砂、细砂混杂分布,颗粒之间多为线接触,粒间为泥质充填。测井曲线以指形、箱形为主,构成进积叠加样式。地震剖面上的特征不明显,局部可见河道的充填反射特征。

(四)河道—近岸水下扇体系

该体系的近岸水下扇是指发育在裂谷盆地断层的下降盘,山地河流流出山口后,洪水碎屑物直接入湖、扇体全部没于水下的扇形砂砾岩体。呈楔形体插入深水湖沉积中,且分布于陡坡带的重要含油气储层的扇形体。因其没有暴露标志,而且距物源较近,故命名为近岸水下扇。这一储层类型以高密度浊流和低密度浊流沉积为主,在搬运机制和沉积作用上有别于分布在湖盆浅水区的水下冲积扇或扇三角洲(崔建,2008)。

近岸水下扇在裂谷盆地中是较有特征性和常见的一种沉积类型,包括扇根、扇中和扇端三个亚相类型。

扇根:岩性较粗,以砾岩、含砾砂岩为主,砂砾岩单层厚度大。泥岩夹层少而薄。分选差,层理不明显,厚层块状。粒度概率曲线上为三段或多段式,粒级范围大,截点不明显,具强水流快速堆积的特点。自然电位曲线呈低幅齿状。

扇中:为扇主体,有两个沉积微相,辫状沟道微相和辫状沟道间微相。辫状沟道岩性为灰绿色含砾砂岩、中细砂岩组成的正韵律。粒度概率曲线为二段式急流水道型及悬浮总体末端上翘的三段式。水道间以砂泥层为主,泥岩中常有砂、细砾不显韵律。

扇端:位于扇最前方深湖—半深湖区,以深灰色、灰质泥岩为特征、夹薄层粉砂岩。多见反映低密度浊流沉积的似鲍马序列的浊积岩。此时基本上已无水下河道形成,地形趋于平缓,并向湖盆方向逐渐过渡为湖相暗色泥岩沉积(赵俊青,2005;宋荣彩,2007)。

(五)滑塌浊积扇

滑塌浊积扇为陆源碎屑物质沿斜坡快速搬运或(扇)三角洲前缘滑塌作用在湖盆内部形成的重力流成因的沉积体。前者粒度较细,规模较小;后者规模较大,粒度较粗,它的形成条件包括气候、足够的水深和足够的坡度角等。在地震相上该类沉积相多呈丘状反射,在陡坡带层序界面上方见到河谷下切或剥蚀现象(图6-48)。其在裂谷盆地的湖盆陡岸或缓岸都可见。

(六)湖泊沉积特征

湖泊沉积相是裂谷盆地主要的沉积相类型之一,指远离三角洲或者扇体常年覆水的低洼汇水区,可具体识别出滨浅湖亚相和半深湖亚相。

1. 滨浅湖亚相

由于沉积时地形平坦,水体较浅,缺乏生物化石,难以区分滨湖沉积和浅湖沉积,故合称滨浅湖沉积(姜在兴,2003)。

滨浅湖岩性主要为互层的灰绿色粉砂岩、泥质粉砂岩与灰、绿色泥岩。滨浅湖亚相由于水动力条件复杂,湖浪等的冲刷筛选作用强烈,其沉积构造也复杂多样。砂质沉积中常见各种类型的中、小型交错层理、波状水平层理、透镜状层理和波痕等。生物潜穴、生物扰动及植物根系也是滨浅湖常见的沉积构造特征。滨浅湖沉积的泥岩多为块状,层面常见泥裂、雨痕等。古生物化石常见发育,植物有各种藻类和水草,动物主要是介形类、腹足类、双壳类等。此外,滨浅湖相常沉积大量碳化植物碎片和生物碎屑,在泥岩、粉砂质沉积中常见到大量生物遗迹如爬痕、生物扰动构造等。滨浅湖沉积在地震剖面上外形为席状,内部结构为平行反射。当沉积物为泥岩夹粉砂岩薄层时,成层性较好,呈高频、中—强振幅和连续性好的强反射。若为成层性不好的巨厚块状泥岩,则呈低频、弱振幅、不连续的弱反射或无反射。

2. 半深湖—深湖亚相

半深湖—深湖亚相主要位于浪基面以下水体较为安静的部位,处于弱还原—还原环境,沉积物主要受湖流作用为主。岩性主要为深灰、黑灰色泥岩、页岩及油页岩,偶夹薄层灰色泥岩和泥质粉砂岩。发育水平层理、块状层理以及差异压实形成的变形层理。生物化石较为丰富,保存较好。主要生物化石为深水介形类及藻类,其次为鱼类化石以及细小碳化植物屑自然电位曲线以大段的平直泥岩基线为特征。地震剖面上反射特征为平行、亚平行、弱—中振幅、低频、高连续席状相和板状相。

第三节　两种不同类型裂谷盆地石油地质条件对比研究

前人对主动裂谷盆地和被动裂谷盆地的石油地质特征以及成藏特征进行有益的探讨(窦立荣,2000),主要认识包括:

主动裂谷含油气系统:一般边界断层较缓,以铲式断层为主,沉降速率大,火山活动频繁,地热梯度高,由于多次热扰动,同裂谷期发育的粗—细—粗的旋回中形成多个次级旋回,构成良好的"自生自储自盖式成藏组合",发育滚动背斜、披覆背斜和潜山圈闭油气藏,油气储量主要富集在同裂谷期层序中。

被动裂谷含油气系统:通常边界断层较陡,以板式和阶梯式断层为主,伸展速率和沉降速率较小,火山活动不发育,地热梯度低,同裂谷期沉积旋回中的次级旋回不明显,后裂谷期的辫状河砂体是主要的储层,上覆的新生裂谷期滨、浅湖相泥岩是有效的区域盖层,形成良好的"下生上储上盖式成藏组合",构造调节带控制油气的富集,油气储量主要富集在后裂谷期层序中。

本次研究结合两种裂谷盆地的沉积充填特征—构造演化特征—热史成藏史的差异(图6-57),详细讨论了两种裂谷盆地石油地质条件的差异。

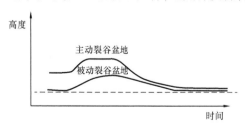

图6-57　主动裂谷盆地与被动裂谷盆地之间的热史差异

一、烃源岩特征对比

断陷伸展期快速沉降条件下形成的湖相沉积分为三种类型,它们是裂谷盆地三种有代表性的湖相组合,其中所发育的烃源岩代表了裂谷盆地烃源岩特征(表6-4)(朱光有等,2005)。

表6-4 裂谷盆地的三种湖相烃源岩成因类型特征(据朱光有等,2005)

系统名称	盐湖—咸水湖相欠充填湖泊类型	半咸水—微咸水深湖相平衡充填湖泊类型	淡水三角洲—湖相过充填湖泊类型模式
岩性特征	钙质泥岩夹油页岩,局部石灰岩、石盐和膏盐	褐灰色油页岩、深灰色钙质泥岩和泥页岩	灰色泥岩夹暗棕色薄层泥岩和杂色泥岩
地层模式	加积型	退积和加积型	进积型
沉积亚相	浅湖—半深湖	深湖	半深湖、三角洲
地球化学环境	强还原	还原	还原—氧化
有机碳含量(%)	0.6~8.2,多数>1.5	0.8~19,平均为2.5	多数在1.0左右
氯仿沥青"A"(%)	0.3~0.8,多数>0.6	0.3~2.3,平均0.48	<0.2,平均0.08
干酪根类型	I型和II_1型为主	I—II_2型,II_1型为主	II_2型和III型
有机质来源	水生生物组成为主	水生生物和陆源高等植物	陆源高等植物为主
Pr/Ph值	<0.6	0.6~1.6	>1.2
主峰碳	nC_{16}、nC_{18}或nC_{20}	nC_{16}、nC_{17}或nC_{23}	nC_{23}或nC_{29}
伽马蜡烷/C_{30}藿烷	>0.2	<0.2	不发育
典型生物标志特征	C_{35}藿烷>C_{34}藿烷,偶碳优势孕甾烷和升孕甾烷含量较高	重排甾烷和4-甲基甾烷丰富	奥利烷发育
有机质赋存状态	顺层富集型为主	分散型和局部顺层富集	分散型
运移方式	侧向运移	垂向运移	垂向运移
运移通道	不整合面	断裂和砂体	断裂和砂体

以上三种类型反映了裂谷盆地生烃系统的多样性:

(1)生油母质的多样性:既有来自陆源高等植物碎屑的有机组分,也有来自水生生物和藻类等有机组分,构成了干酪根自I型到III型均有分布的多种生油母质;并且主力生油层系具有不同种属的藻类富集层。

(2)沉积环境的多样性:既有盐湖、咸水湖沉积环境,也有淡水或半咸水湖沉积环境;有深湖、半深湖沉积环境中形成的生烃环境,也有滨—浅湖、三角洲沉积环境中形成的生烃环境;既有有利于有机质保存的强还原环境,也有弱氧化—弱还原环境。

(3)成熟度的多样性:低熟—未熟油的陆续发现,丰富了经典的成烃理论,而且不同成烃阶段形成的油气其物理、化学特征也明显不同,因此生烃过程存在多期次或连续性。

(4)运移方式的多样性:以砂体、断裂与裂缝构成的网状系统及不整合面三种油气运移通道在多数生烃凹陷并存。

(5)运移期次的多阶段性:多幕式的构造活动,造成已有油气聚集的调整和破坏,使油气运移的次数增多。

（6）成藏系统的复杂性：不同生烃系统生成的烃类和（或）不同成烃阶段所形成的烃类有可能聚集到同一个圈闭中形成混源油气藏，构成了复杂的烃类流体。

不同生烃系统的运聚成藏方式具有一定的规律性。盐湖—咸水湖相类型组成的生烃系统沿不整合面以侧向运移为主，半咸水—微咸水深湖相平衡充填湖泊类型构成生烃系统，以同生断裂、砂体贯通组成输导网络，垂向运移为主，形成了大规模断块油气藏和岩性油气藏，而淡水三角洲—湖相类型由于烃源岩品质较差，在富烃洼陷中不可能起主要作用（朱光有等，2005）。

无论是主动裂谷盆地，还是被动裂谷盆地，烃源岩主要分布在裂谷盆地强烈裂陷期形成的沉积体系中。强烈裂陷期形成半咸水—微咸水深湖相烃源岩，明显不同于另外两类烃源岩（表6-4），但主动裂谷盆地和被动裂谷盆地因沉积充填形式不同而存在明显差异。

（一）主动裂谷盆地

以渤海湾盆地为例，烃源岩主要为古近纪的暗色泥页岩。古近纪盆地规模和深度不断加大，形成了广阔的湖泊沉积环境，由于当时的气候潮湿，欠补偿湖相沉积造就了一套富有有机质的沙三段烃源岩。这种多套烃源岩的分布特征来源于岩石圈的裂陷作用受软流圈"热脉动"制约而表现为"幕式"渐进伸展，促成盆地发育多个由水进到水退沉积层序构成的沉积旋回，才出现了多层烃源岩和多套生储盖组合。

实际上除了沙三段烃源岩外，渤海湾盆地还发现古近系孔店组、沙四段及沙一段等湖相烃源岩。

渤海湾盆地烃源岩包括以下三种类型（图6-58），从下到上依次是：

（1）沙四段上部发育盐湖—咸水湖相烃源岩；

（2）沙三段下部发育半咸水—微咸水深湖相烃源岩；

（3）沙三段中部和沙三段上部发育淡水三角洲—湖相烃源岩。

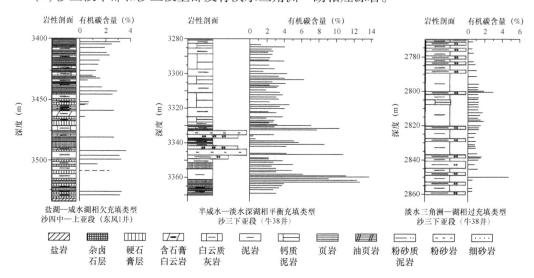

图6-58　不同生烃系统岩性和有机碳垂向分布图（据朱光有等，2005）

这三种组合模式在渤海湾盆地古近系中广泛发育，形成了复合生烃系统，根据前人研究可以发现，渤海湾盆地古近系至少存在两个三端元组合，即沙四段至沙二下亚段旋回和沙二上亚段至东营组旋回。

其中沙四段沉积—沙二下亚段旋回是在断陷伸展期快速沉降条件下形成的,三种类型发育完整。沙四上亚段烃源岩以灰质泥岩、深灰色泥岩为主,厚100～250m;有机质含量丰富,以腐泥型有机质为主,具备生成大量低成熟油及成熟油气的能力(蒋有录、谭丽娟,2003)。

沙三段沉积期和沙二下亚段沉积期,由于边界主干断层的强烈伸展活动,导致形成深陷湖盆,发育良好的深湖相生油泥岩与浊积砂岩互层。沙三段烃源岩是渤海湾盆地最重要的烃源岩,集中于其中—下亚段。下亚段以灰褐色油页岩夹深灰色泥岩为主,中亚段烃源岩主要为灰色、深灰色块状泥岩夹油页岩。沙三段烃源岩厚度大,分布广泛,有机质含量丰富,有机质类型以腐泥型为主,其次为腐殖—腐泥型,有机质演化程度较高,大多数地区的埋深超过生油门限深度2200m,可提供大量成熟油气。

而沙二上亚段至东营组旋回形成于裂陷收敛期,早期(沙二上亚段)可容纳空间相对较小,水体相对较浅,盐湖—咸水湖相欠充填湖泊类型生烃系统不发育,仅发育半咸水—微咸水深湖相类型(沙一段)和淡水三角洲—湖相类型(东营组)构成的生烃系统,而且埋藏较浅,在东营组生烃系统尚未形成烃类聚集。

在烃源岩的干酪根类型特征上,渤海湾盆地古近系烃源岩干酪根类型以混合型为主,由下向上,其中腐泥型成分由少变多再变少,而腐殖型成分则由多变少再变多,组成一个完整的旋回。沙三段中的腐泥型成分最高,腐殖型成分最低,处在旋回中部。

总之,在济阳坳陷至少存在三套生烃系统,通过断裂、不整合面或砂体等进行运移、平衡和富集,形成了多含油层系、多油藏类型的复合地质体,纵向叠合、平面连片的复式油气聚集带。

因此,复合生烃系统是具有多源复合、多阶段成烃、多期成藏、混源聚集和复式成藏的特征,其更强调有效烃源岩的特征与生烃系统组合,这也就决定了主动裂谷盆地的油气成藏条件更为复杂。

(二)被动裂谷盆地

苏丹Muglad盆地和Melut盆地是两个典型的被动裂谷盆地。

苏丹裂谷盆地多期断坳旋回明显,尽管纵向上有三期裂谷作用期的沉积,但白垩纪伸展和裂陷作用最强,占三期总伸展量的50%～70%,因此,苏丹裂谷盆地的烃源岩主要发育在下白垩统,这不同于中国渤海湾主动裂谷盆地古近系发育多套生油层系的特点。

Muglad盆地和Melut盆地早白垩世强烈伸展断陷活动,形成了断陷型深断盆;同时该期主要发育了湖相沉积为主的陆相沉积体系,由于受物源影响,大量陆源物质注入湖盆,造成陆生生物、水生生物共同发育,形成多种有机质类型,为优越的成烃环境提供了良好的基础,广泛发育富含湖生生物的半深湖—深湖相烃源岩沉积,形成下白垩统主力烃源岩。

通过大量生油岩、原油样品的综合分析,认为下白垩统同裂谷期沉积的Abu Gabra组淡水湖相泥岩是本区的主要烃源岩,富含有机质(图6-59)。Abu Gabra组泥岩干酪根类型变化较大,这主要受控于沉积相的变化。可将Abu Gabra组划分为上、中、下三个层序:

(1)下部层序形成于初始断陷充填阶段,由于被动裂谷盆地的断面陡,其断陷深度迅速加大,因此,被动裂谷的初始期盐湖—咸水湖相欠充填湖泊类型烃源岩发育不普遍。

(2)中部层序是主力烃源岩发育层序,最厚达4200m,是湖盆扩张期的产物,发育半咸水—微咸水深湖相烃源岩,是本区最发育的湖相模式。半深湖—深湖相有机质类型较好,以Ⅰ型、Ⅱ$_1$型为主,如El Toor-6井,氢指数一般大于260mg/g。

（3）上部层序以砂泥互层为主,最大厚度达1400m,是湖盆萎缩期的产物,其主要发育淡水三角洲—湖相烃源岩,有机质类型较差,以Ⅲ型为主,如Azraq-1井、Nabaq-1井、Kanga-1井,氢指数主要小于260mg/g,生烃潜力小。

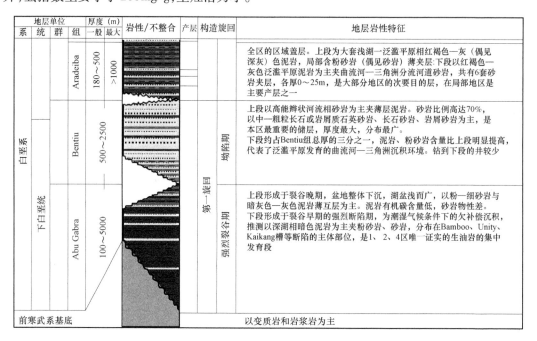

图6-59　Muglad盆地地层综合柱状图(被动裂谷阶段)

由下向上,腐泥型成分由少变多再变少,而腐殖型成分则由多变少再变多,组成一个完整旋回。中部层序的腐泥型成分最高,腐殖型成分最低。仔细分析前人对苏丹裂谷盆地沉积沉降史和热史研究发现,Muglad盆地Abu Gabra组烃源岩主要生成石蜡基石油,具有陆相原油的典型特征,即含蜡量普遍较高,多为高含蜡原油,少数为含蜡原油,普遍低含硫(含硫量<0.2%),因此Muglad盆地和Melut盆地上白垩系烃源岩,陆生高等植物的贡献较大,但往凹陷深部有机质类型会变好,生烃潜力增大,如Fula凹陷Abu Gabra组烃源岩有机质类型普遍较好,以易于生烃的Ⅰ型和Ⅱ₁型干酪根为主,生烃潜力较大。

被动裂谷的烃源岩发育特征受沉积环境的影响,形成了半深湖—深湖相烃源岩沉积,干酪根类型以混合型为主,有机质丰度一般较高(如苏丹盆地阿加组下部烃源岩TOC>1.0%),如Muglad盆地的Baleela-1井Abu Gabra组中、上段从上至下均表现有极好的生油能力,有机碳含量大于1.0%的样品占85.4%,其中有一半样品的有机碳含量大于2.0%,有机碳含量平均为2.21%,但成熟较晚(钻揭的阿加组烃源岩接近成熟或低成熟)。可见,Abu Gabra组下部层段烃源岩为好至极好烃源岩(图6-60)。

早期热液直接导致了主动裂谷盆地早期快速生烃,如渤海湾盆地辽河坳陷大民屯凹陷,烃源岩埋藏不到10Ma进入生油窗,持续时间仅15Ma;被动裂谷盆地生烃时间晚,持续时间长,如苏丹Muglad盆地AG2烃源岩埋藏75Ma才开始生油,苏丹Muglad盆地AG4烃源岩埋藏50Ma开始生油,持续至现今(图6-61)。这是因为烃源岩形成期的生油门限深度和生烃过程都直接或间接地受到盆地的构造作用和热演化特征影响。裂谷盆地在裂谷阶段的沉降—沉积速率较高,发育的烃源岩得以迅速深埋。同时由于主动裂谷盆地的岩石圈伸展及其所伴随的大量热作用使盆地的地温梯度相对较高,裂陷阶段的地温梯度可达到3.5~

4.5℃/100m,局部甚至可达到6℃/100m 左右。这些因素部有利于主动裂谷盆地烃源岩中的有机质发生热降解生成油气。

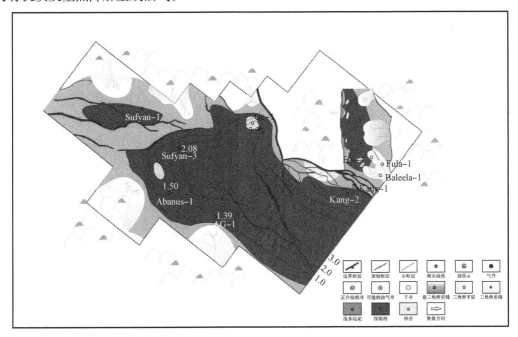

图6-60　苏丹盆地 Abu Gabra 组镜质组反射率等值线图

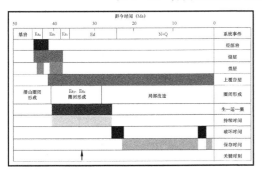

(a)渤海湾盆地大民屯凹陷油气系统事件图
(10Ma进入生油窗，持续时间仅15Ma)

(b)苏丹Muglad盆地AG4油气系统事件图
(烃源岩埋藏50Ma开始生油，持续至现今)

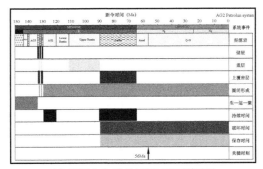

(c)苏丹Muglad盆地AG2油气系统事件图
(烃源岩埋藏不到源岩埋藏50Ma开始生油，持续至现今)

图6-61　主动裂谷盆地与被动裂谷盆地油气系统事件图

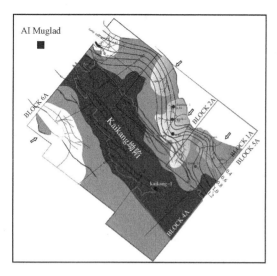

图 6 - 62　苏丹盆地 Abu Graba 组镜
质组反射率等值线图

镜质组反射率资料表明,盆地边部或构造高部位的 Abu Gabra 组烃源岩接近成熟或低成熟,如 Bamboo - 1 井、Nabaq - 1 井、Taiyib - 1 井和 Azraq - 1 井 R_o 为 0.52% ~ 0.63%。沉积中心或埋深较大的烃源岩处于生油高峰阶段,如 Kanga - 1 井、Unity - 1 井、El Toor - 6 井 R_o 为 0.81% ~ 1.1%。推测位于沉积中心或埋深更大的烃源岩应处于生油高峰阶段,甚至已达到高成熟(图 6 - 62)。

两种裂谷盆地排烃效率不同:主动裂谷盆地在 20% ~ 25%,而被动裂谷盆地较高,一般可达 50% 以上(表 6 - 5)。这是由于主动裂谷盆地烃源岩单层厚度较大,一次运移相对困难,被动裂谷盆地烃源岩单层厚度小,一次运移方便快捷,排烃彻底,且少有"死油区"。

表 6 - 5　主动裂谷盆地与被动裂谷盆地的排烃系数、聚集系数及排聚系数取值统计

地区	Muglad 盆地模拟结果		渤海湾盆地部分地区调研结果				
	苏夫焉凹陷	洛库巴和西努加拉凹陷	东营凹陷	沾化凹陷	车镇凹陷	惠民凹陷	济阳坳陷
排烃系数(%)	65.90	50.10	22.30	26.50	25.00	26.60	23.70
聚集系数(%)	8.70	11.60	59.40	55.80	48.70	43.40	54.40
排聚系数(%)	5.70	5.80	13.30	14.80	12.20	11.50	12.90

二、储层特征

两类裂谷盆地均发育多种沉积体系,主要砂体类型有河流、三角洲、扇三角洲、近岸水下扇、滑塌浊积扇、冲积扇及湖相等。砂体的分布具有较强的规模性,但被动裂谷盆地与主动裂谷盆地砂体在时间和空间上的分布存在明显差异。这些差异体现在物性、岩石学性质、相带、成岩作用等方面。

(一)物源

被动裂谷盆地狭长的地形决定了小型的横向水系是物源的主要供给渠道,如 Muglad 盆地四周山系是主要物源,盆地凹陷间的凸起是次要物源。主动裂谷盆地地"堑"大"坡"缓,强烈裂陷期的物源丰富可带来更多的外部沉积物。渤海湾盆地四周的太行山、燕山、鲁西和胶辽等大型山地向盆地提供了大量的物源区,沧县隆起、埕宁隆起、内黄隆起及其他凸起成为盆地内部物源。

(二)岩石学特征:

研究表明,由于 Muglad 盆地的储层岩性以长石砂岩为主,少量石英砂岩及岩屑石英砂岩,主要为细—粉砂岩,分选、磨圆较好。储层母岩为浅变质岩母岩区,储层中杂基含量低为 2% ~ 5%,反映了水动力条件不强。

渤海湾盆地中—新生代岩石类型主要为长石砂岩,母岩主要来自前古近系的沉积岩。

(三)沉积相带的差异

在 Muglad 盆地的沉积体系中辫状三角洲(多位于湖盆的缓坡带)、扇三角洲(多发育在受同沉积断裂活动控制明显的陡坡带或次级断裂形成的断层坡折带)、河道—冲积平原相及滑塌浊积扇可以成为良好储层。

渤海湾主动裂谷盆地古近系主要冲积扇相中的河道充填和"筛状"砾岩透镜体、三角洲相和扇三角洲相中的水下分流河道及河口坝、湖底扇相中的辫状沟道和非扇相深、浅沟道浊积岩体是形成优质储层的有利相带。

(四)成岩作用的差异

Muglad 盆地储层母岩区与渤海湾盆地储层母岩区有很大差别,造成了岩石类型差别及最终导致了成岩演化差别。

Muglad 盆地埋藏浅,上白垩统 Aradeiba 组及下白垩统 Bentiu 组储层成岩演化程度不高,处于早成岩阶段 B 期末期。

成岩序列:机械压实作用—蒙皂石绿泥石薄膜胶结作用—早期溶解作用—石英Ⅰ级加大—高岭石胶结—方解石胶结交代—油进入。

储层以早成岩期特征自生矿物为主,晚成岩期特征自生矿物不发育,自生黏土矿物以高岭石和蒙皂石为主,自生碳酸盐矿物主要是方解石,石英加大不发育,以Ⅰ级加大为主,少数为Ⅱ级加大(图 6 - 63);泥质岩中黏土矿物组合以蒙皂石为主,其次为高岭石,伊/蒙混层及伊利石等不发育(图 6 - 63);地层泥岩热解峰温(T_{max})419 ~ 427℃,干酪根镜质组反射率(R_o)介于 0.45% ~ 0.64% 之间。

(a) 长石粒内溶孔,U5井,2086m,×120　　　(b) 粒间溶孔,高岭石充填,U1井,3435m,×50

图 6 - 63　苏丹 Muglad 盆地铸体薄片特征

渤海湾盆地成岩阶段划分见表 6 - 6,进入中成岩 A 期的深度约为 2400m。渤海湾盆地为淡水—半咸水湖盆储层的成岩特征和模式。

表 6 - 6　渤海湾盆地成岩阶段划分

成岩阶段		深度范围(m)	地层
早成岩阶段		0 ~ 2400	新近系馆陶组、明化镇组
中成岩阶段	A 期	2400 ~ 3500	东营组
	B 期	3500 ~ 4000	古近系沙河街组
晚成岩阶段		>4000	古近系沙河街组

由于渤海湾盆地具有中—高地温梯度,其成岩演化仍较快,如东营凹陷从 1000 ~ 3500m 经历了早成岩到中成岩 A 期的演化阶段,3500m 以深进入了中成岩 B 期阶段。由于渤海湾盆地地温梯度比松辽盆地低,所以油气层的分布稍深,除次生油藏外,在 2000 ~ 3500m。

渤海湾盆地为淡水—半咸水湖盆,储层的成岩相序列由浅埋的弱压实成岩作用亚相—早期胶结作用亚相—深埋碳酸盐溶解作用亚相—碳酸盐再胶结作用亚相—岩石致密或紧密压实裂缝发育亚相。

(五)孔隙发育的差异

由于被动裂谷盆地地温梯度比渤海湾盆地低,再加上岩石学特征上的差异,受沉积作用和成岩作用综合的影响,导致盆地孔隙发育的差异性。

Muglad 盆地储层孔隙类型以原生粒间孔为主,其次为粒间溶孔、少量粒内溶孔、晶间孔 Aradeiba 组见微裂缝,面孔率多在 15% ~ 20% 以上,低的也在 10% 左右,最高可达 31%。

(六)物性差异

受沉积和成岩作用的双重因素控制,Fula 凹陷已发现的油藏埋深都不超过 2500m,Bentiu 组、Darfur 群和 Abu Gabra 组储层发育。

孔隙度分析资料表明,Abu Gabra 组砂岩为特高孔隙度、高渗透率储层。孔隙度随深度增大而减小,但由于砂岩中泥质含量的变化,孔隙度的变化趋势不太明显,但在 3000m 以深,储层变差,好的储层应该在 3000m 以浅(图 6 - 64)。

Bentiu 组储层的物性都非常好,为特高孔隙度、高渗透率储层及高孔隙度、高渗透率储层。一般孔隙度都大于 20%(图 6 - 65)。孔隙类型以原生孔隙为主。

渤海湾盆地 2800m 以浅的古近系储层,一般物性较好,孔隙度大于 20%,渗透率为 100 ~ 1000mD,埋藏浅的物性更好,到 3500m 或 3900m 以深物性才变差。

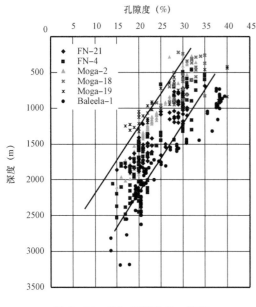

图 6 - 64　Fula 凹陷砂岩—深度
关系散点图

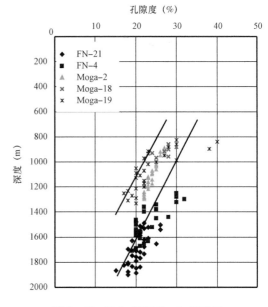

图 6 - 65　Fula 凹陷 Bentiu 组砂岩
孔隙度—深度散点图

三、盖层特征

据前人资料的钻井资料证实,Melut 盆地已发现的油气藏主要受泥岩盖层和断层的侧向封堵所控制。根据钻探结果,主要区域盖层为古近系 Adar 组泥岩,以厚层块状泥岩为主,泥岩含量在 80% 以上;Adar 组厚度大,区域分布稳定;有利的沉积背景是形成 Adar 组区域盖层的先天条件;埋深决定了其具有毛细管压力封闭和压力封闭的双重封盖机制。勘探成果表明,目前在 Melut 盆地发现的 95% 的储量是在 Adar 组盖层之下的 Yabus – Samma 组找到的,Adar 组是一套十分有效的区域盖层。

由此可见,区域性盖层是决定这种被动裂谷盆地油气聚集的关键,如苏丹 Muglad 盆地 Aradeiba 组是全区的主力盖层(图 6 – 66),70% 的储量分布在其下部的 Bentiu 组储层中。但区域盖层的有效性对油气藏的保存至关重要,Bentiu—Aradeiba 组成藏组合中主要为稠油,地层压力较低,油气比低(如储量达 4.55×10^8 bbl 的 Heiglig 油田,其压力系数为 0.78 ~ 0.83,油气比在 0 ~ 1.37),表明受构造活动等因素影响,

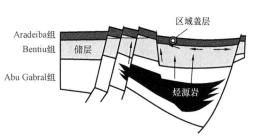

图 6 – 66　苏丹 Muglad 盆地油气运移及
主力成藏组合和成藏带示意图

盖层的保存条件欠佳。而稀油主要集中在 Abu Gabra 组大套泥岩夹杂的薄层砂岩中,表明大套烃源岩中自生自储自盖式组合对油气保存相对有利。

主动裂谷盆地普遍存在异常高压和高油气比,保存条件相对较好(渤海湾盆地、锡尔特盆地、北海盆地)。渤海湾盆地在裂陷期形成多套储盖组合,盖层条件相对较好(图 6 – 67)。如东营凹陷博兴洼陷主要发育了沙三段、沙一段和馆陶组三套重要区域盖层。其中沙一段稳定分布的泥岩盖层对博兴洼陷东部和北部地区油气的富集起到了重要的封盖作用,这些地区的油气基本被封盖于这套地层之下。馆陶组泥岩构成了高青断裂带、青城凸起和南部缓坡带的区域盖层。高青油田主要有东营组、孔店组和中生界三套含油气层系,它们均以馆陶组作为直接盖层(蒋有录等,1998)。南部缓坡带金家油田的沙一段油气主要集中在剥蚀线附近,上覆的馆陶组对油气的聚集起到重要的封盖作用,形成沙一段不整合油藏。

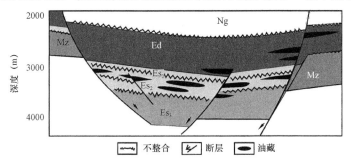

图 6 – 67　渤海湾盆地油气成藏体系图(据徐怀民、徐朝晖,2008)

四、储盖组合

(一)被动裂谷盆地成藏组合

被动裂谷盆地发育一套巨厚的烃源岩,如 Muglad 盆地 Abu Gabra 组,油气通过断层向上

运移到各个砂体中,形成了多套下生上储上盖的成藏组合;同时,由于裂谷盆地的断—坳相间,形成了砂泥互层的地层特征,油气自烃源岩一次运移就可在邻近的储层成藏,形成自生自储式的成藏组合。

以在苏丹裂谷盆地为例,Muglad 盆地上白垩统以反向断块圈闭为主,70%以上的油气探明储量主要聚集在上白垩统 Aradeiba 组区域盖层控制的 Bentiu 组中(图 6-66)。Melut 盆地上白垩统砂地比高于 Muglad 盆地,缺乏区域分布的大套泥岩作为油气聚集的盖层条件,深层生成的油气能够通过该套砂岩和深切至此的断层作垂向和横向运移,为大量油气向浅层运移聚集提供了良好通道。下白垩统烃源岩生成的油气直接运移聚集到古近系 Yabus 组和 Samma 组中,如目前在 Melut 盆地发现的中非地区最大的油田——Palogue 油田,探明地质储量达 $4 \times 10^8 t$(图 6-68)。

综合认为,白垩纪—新近纪盆地至少发育三套由粗—细的沉积旋回,最大沉积岩厚度超过 10000m。发育三套成藏组合:古近系、上白垩统、下白垩统。

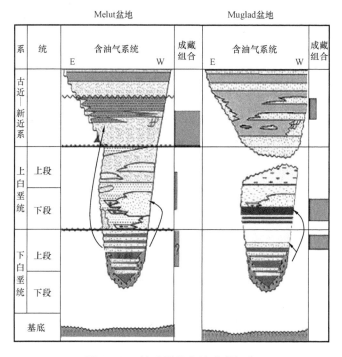

图 6-68 被动裂谷盆地成藏组合

(二)主动裂谷盆地成藏组合

渤海湾盆地在新生界发育良好的生储盖组合,生储盖组合的空间分布受构造作用控制。裂陷盆地发育具有阶段性,不同阶段造成特定的沉积环境,"幕式"发展造成在垂向上发育多套的生储盖组合。在不同结构的裂谷盆地中,生储盖的空间配置关系明显不同。

渤海湾盆地古近系为主力生油层,以此为基础发育三套生储盖组合。即:古近—新近系组合、古近系组合、古近系—前新生界组合。其中裂谷阶段主要形成的是古近系组合,这是一套"自生自储自盖式成藏组合"。古近系发育的暗色泥页岩和暗色碳酸盐岩可作为生油岩,其中的泥页岩、致密碳酸盐岩和膏盐可作为盖层,古近系中的碎屑岩、碳酸盐岩和火山岩可作为储集岩。

从平面上看,该组合在各盆地中都很发育。从纵向上看,该组合又可划分为三个次一级的生储盖组合。即:孔店组—沙四段—沙三段组合、沙三段—沙二段—沙一段组合、沙一段—东营组组合,大致与古近纪三个裂陷伸展期所发育的地层组合—致(表6-7)。

表6-7　渤海湾盆地新生代构造演化特征简表

地层层序			厚度(m)	年龄(Ma)	沉积旋回	代表性沉积相	构造演化系列	构造运动学特制
第四系	平原组		$\frac{202}{464}$	2.0		冲积平原相、河流沼泽相	晚期	区域性整体沉降,形成大尺度碟状坳陷盆地,盆地区内断块间差异升降活动不明显,走滑构造带仍有继承性活动
新近系	中新统	明化镇组	1694	15.8			中期	
		馆陶组	766				早期	
				24.0				
古近系	渐新统	东营组 东一段 东二段 东三段	300~1200	30.3 36.0		河流沼泽相、浅湖相、三角洲相	渤海湾升降	控制凹陷的边界断层继承性活动,并发育大量盖层正断层,半地堑构造斜坡上发育反向盖层正断层。北北东向深断裂带的右旋走滑作用引起的地壳断块间的走滑运动叠加在水平伸展运动之上
		沙河街组 沙一段	100~370			湖盆相、三角洲相	济阳升降	
		沙二段	150~270	38.0				以铲式正断层控制的断块掀斜运动为主,大部分凹陷在此阶段定形
	始新统	沙三段	320~1000	42.5		深陷湖盆相、浊积相、深湖相	孔店升降	
		沙四段	300~1000	45.5		深水膏盐沉积相		高角度正断层控制的断块间差异升降运动,早期断块的掀斜运动不明显,晚期有多米诺式断块掀斜运动
		孔店组 孔一段	400~1600	50.0		闭塞湖盆相		
	古新统	孔二段 孔三段		55.0 60.0				
							前裂陷阶段	多期造山运动及裂陷运动

1. 孔店组—沙四段—沙三段组合

　　在这个组合中,孔二段的烃源岩是主要生油层,孔店组和沙四段的砂岩和碳酸盐岩是主要储油层,沙三段的泥页岩为盖层,孔店组和沙四段的泥岩也可成为盖层。该套生储盖组合主要分布在潍北凹陷、东营凹陷、东淄凹陷、德州—冠县凹陷、黄骅盆地的南部和下辽河盆地的西部。

2. 沙三段—沙二段—沙一段组合(最主要的生储盖组合)

　　这个生储盖组合中,沙三段的暗色泥页岩和碳酸盐岩是主要生油岩,沙三段和沙二段的砂岩和碳酸盐岩是主要的储集岩,沙一段中的泥页岩和致密碳酸盐岩作为盖层,沙三段和沙二段中的泥页岩也可成为盖层。该套组合是渤海湾盆地区最重要的生储盖组合,广泛分布。

3. 沙一段—东营组组合

在这个生储盖组合中,沙一段中的暗色泥页岩和暗色碳酸盐岩与东营组中的泥页岩为主要的盖层。该套生储盖组合主要分布在渤海湾盆地区的中部和东部,即渤中盆地、济阳盆地、下辽河—辽东湾盆地和临清盆地的东部。

五、油气富集区及圈闭

裂谷盆地的油气富集区及圈闭多由褶皱、断裂等构造作用形成,如苏丹 1/2/4 区构造型圈闭都与断层有关。目前,已发现构造型油藏的石油地质储量为 34.7×10^8 bbl,占探明储量的 95%。

研究发现,按其卷入深度及构造环境,裂谷盆地主要划分出四种类型的油气聚集带:(1)断块圈闭与断层;(2)滚动构造带与三角洲体系;(3)断背斜圈闭与坡折带;(4)调节带与浊积扇体系。

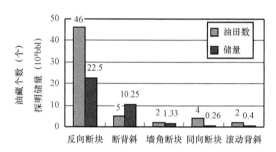

图 6 - 69 苏丹 1/2/4 区的圈闭类型统计表

以苏丹 Muglad 盆地为例,纵向上主要存在三套生储盖组合,其特定的储盖组合决定了反向断块是主要的圈闭类型(图 6 - 69)。断距与盖层厚度的匹配是控制反向断块油藏规模的主控因素。断背斜和滚动背斜圈闭的断层侧向封堵与反(顺)向断块的断层封堵分析方法相同。分析各种可能的溢出点,由其最小圈闭幅度确定可能的最大油柱高度及最大的含油面积,从而确定其合理的圈闭因素。主动裂谷以背斜和潜山圈闭为主,其中逆牵引背斜占 16%,披覆背斜占 37%。

(一)断块圈闭与断层

裂谷盆地中同裂谷期正断层呈板式或铲式卷入基底。在剖面上,正断层与区域倾向关系可以分为两类:(1)反向断层,主要与早期拱曲作用有关,断层倾向中心,构成地堑;(2)同向断层,岩块向同一方向旋转,构成顺向断块,形成半地堑结构。在平面上断层常呈锯齿状或雁列状,主要与水平剪切应力有关。

油气聚集的有利地带主要有:(1)断块的高点;(2)断块上覆披盖构造;(3)正断层与横向走滑断层交角处的活板构造(墙角构造)。

1. 反向翘倾断块与断层

在构造高背景的控制下,当断盘沿断面下掉时,断盘的旋转活动在断层上升盘形成的翘倾圈闭。由于正断层倾向与地层倾向相反,因此称之为反向翘倾断块(断鼻),见图 6 - 70a。Aradeiba 发育的区域性厚层泥岩为 Bentiu 组储层提供良好的顶盖层和侧向封堵条件,所以该圈闭类型是苏丹 1/2/4 区的主要圈闭类型。截至目前,发现该圈闭油藏为 46 个,探明石油地质储量为 22.5×10^8 bbl,占 62.7%。

2. 顺向断块与断层

顺向断块是在断盘下降时未发生明显旋转,断面与地层倾向一致。一面靠断层和三面靠地层倾斜闭合形成的圈闭。苏丹裂谷盆地 1/2 区储盖特点决定了发育顺向断块(断鼻)的主要目的层应是 Aradeiba 组、Zarqa 组和 Ghazal 组,因为顺向断块(断鼻)Bentiu 组目的层与上升盘 Bentiu 组块状砂岩接触,断层侧向封堵条件差,只有当 Aradeiba 组、Zarqa 组或 Ghazal 组砂岩储层与上升盘的 Aradeiba 组或 Zarqa 组大套泥岩接触形成较好的断层侧向封堵时才能捕集油气(图 6 – 70b)。

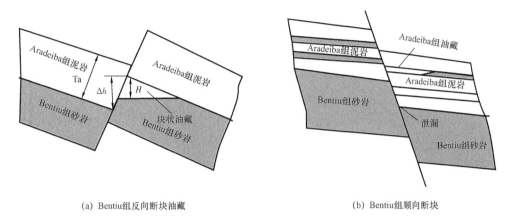

(a) Bentiu组反向断块油藏   (b) Bentiu组顺向断块

图 6 – 70 苏丹 Muglad 盆地 Bentiu 组油藏控油条件模式图

3. 断背斜与断层

前期形成的背斜(如披覆背斜),被后期断层分割形成的圈闭。断裂背斜发育在古隆起带上,构造中部形成背斜油藏,构造两翼形成反向断块油藏(图 6 – 71)。

该类圈闭一般其圈闭面积较大,含油层系多,如 Fula – 1 断背斜油田,Abu Gabra 组、Bentiu 组、Aradeiba 组等目的层都发现了油气层。1/2/4 区的断背斜油田也比较发育,比如 Unity – Talih、Heglig、Bamboo 等 5 个断背斜油藏。截至目前,1/2/4 区在该类型圈闭已发现石油地质储量约 10.2×10^8 bbl。

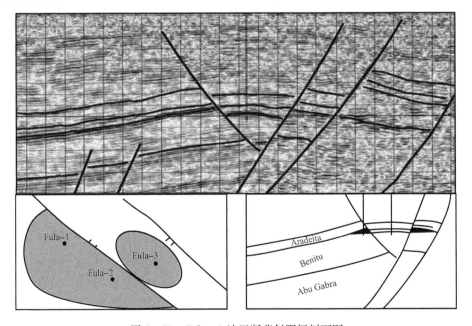

图 6 – 71 Fula – 1 油田断背斜圈闭剖面图

（二）滚动构造带与三角洲体系

铲式正断层广泛发育于裂谷盆地中，特别发育于三角洲体系的进积层序中。三角洲体系为河流携带大量碎屑物质和有机物质入海沉积体系，是河流作用与海洋作用相互影响的结果，常形成世界大型油气聚集带。如科威特布尔干油田、西非尼日尔三角洲盆地、美国墨西哥湾盆地（刘和甫，1974；侯高文；2005）。

由于伸展作用、重力作用或塑性岩层浮力作用，从盆地边缘向盆地深处伴生有三种圈闭：（1）滚动构造，发育在铲式正断层下降盘一侧；（2）拱顶构造，当铲式正断层伴生反向断层或塑性岩层浮力作用时可以形成拱顶构造；（3）远端构造，发育在铲式正断层冲起坡端，断层牵引形成背斜。如苏丹 Muglad 盆地 Fula 凹陷 Fula 北滚动背斜油藏（图 6-72），由于圈闭条件好，形成了目前六区第一个亿吨级大油田。冀中坳陷赵县滚动背斜发育，是有利的油气聚集带（图 6-73）。

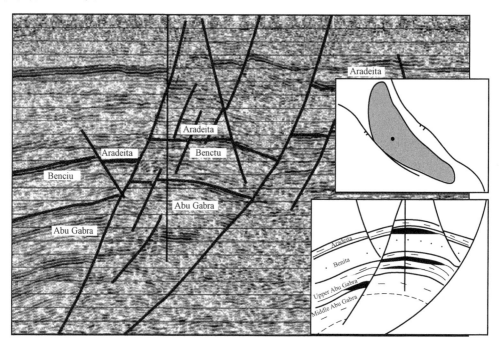

图 6-72　苏丹 Muglad 盆地 Fula 北滚动背斜圈闭

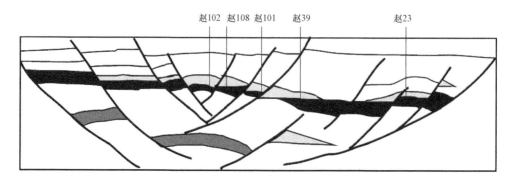

图 6-73　冀中坳陷赵县滚动背斜，断背斜油藏

(三)圈闭与断阶带

断阶带由两条以上的主断层切割基底与盖层,使基底呈断阶,节节下降,盖层呈挠曲由浅而深向断层过渡,这种构造称为断裂阶状构造带。断阶带长达数十至数百千米,宽达数千米至数十千米,控制数百平方千米,大多分布在裂谷盆地的陡坡或缓坡,可形成有利的成藏区带,如 Fula 西部陡坡带、Kaikang 坳陷西部断阶带、Nugara 东凹陷东部和西部断阶带属于此种类型(图6-74)。此类构造油气运移模式呈发散型。凹陷中心埋深较大,圈闭不发育,隆起上,离油源较远,邻近凹陷的断阶带是最有利的勘探目标。

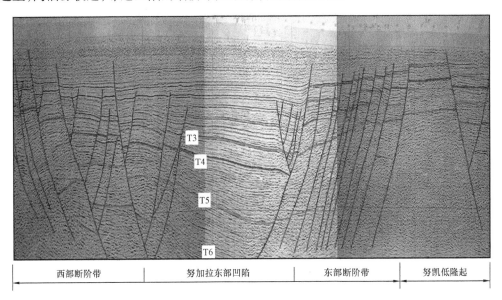

图6-74　Nugara 东部凹陷地质地震大剖面(SD76-8 二维地震剖面)

(四)圈闭与转换带

调节带(accommodation zone)也称为转移带或变换带(transfer zone),可调节裂谷系中的伸展量或冲断带中的压缩量。断层之间的位移量常不一致,可以由横向转移断层或调节带来调节位移量,以达到区域应变量守恒和三维空间平衡(图6-75)。因此调节带不仅调节断层位移,同时也调节断层下盘之间的高差。断层下盘挠曲均衡隆起是一种力学隆起,也是同裂谷期隆起,因此影响到同裂谷期的沉积样式。隆起或低地可以构成流入裂谷水系的障碍或通道,在调节带与边界区断层的相互作用下形成冲积扇和浊积扇。因此转化带通常是大量碎屑进入裂谷的通道,也是高质量储集岩的分布地带。

调节带的概念曾广泛应用于北美和东非的油气勘探。在东非根据主断裂之间的相互关系,将调节带分为同向(synthetic)和反向(anithetic)断裂组,反向的又进一步分为背向(离散型)和相向(聚合型)两种(Morley,1990;陈发景等,2004)。这样,就有三类调节带:(1)反向聚合型,常发育在地堑构造带中;(2)反向离散型,常形成在地垒构造带中;(3)同向型,常形成于半地堑构造带。其中相向聚敛型或者接近型在裂谷盆地中较为常见,如在 Fula 凹陷的南部坳陷和北部坳陷之间,即两个半地堑极性发生变化之部位,发育 Fula 中部转换带,是 Fula 凹陷中部构造带的主要组成部分(图6-76)。

在转换带部位,表现出多个断层方向,具有多样化的构造和地层组合,是有利的油气聚集区。目前在苏丹裂谷盆地中所找到的储量90%以上都集中在该带,所发现的油藏包括

（断）背斜、断鼻、断块以及复合油藏等。调节带成为有利成藏区带主要是由于：（1）坡折带与调节带的交会处成为沉积物输入点，常形成扇三角洲及浊积扇；（2）正断层与转移断层相交处可以形成活板构造或墙角构造（刘和甫等，2004）。

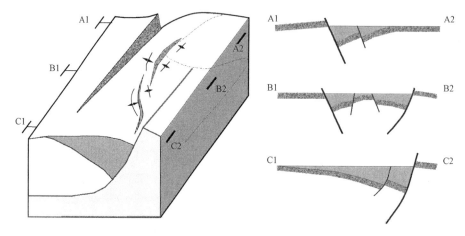

图 6 – 75　Fula 凹陷中部构造剖面特征（据 Morley，1990）

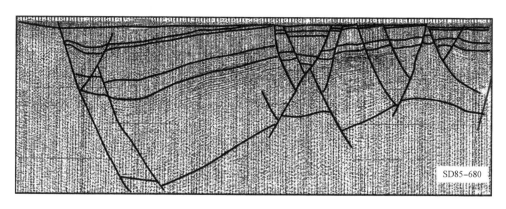

图 6 – 76　Fula 凹陷中部构造地震剖面特征

　　以上四种油气聚集带中，苏丹等被动裂谷盆地油气优先富集在坡折带，转换带有关的局部构造中，陡坡断阶带是油气运移的优势方向，转换带调节断层控制的局部构造（背斜、反向断块和断鼻）油气富集，与陡坡带、缓坡带及转换带等密切相关，或与掀斜断块有关的构造圈闭中。主动裂谷盆地，如渤海湾盆地的油气优先富集在滚动背斜构造带鱼三角洲体系中，或潜山背斜、披覆背斜等构造中。

六、成藏模式

（一）各个时期成藏模式

1. 前裂谷期型油气成藏模式

　　前裂谷期型油气成藏模式仅在有限数量的盆地中起重要作用。例如，仍在活动的苏伊士湾裂谷的油气全部来自裂谷期的烃源岩，盆地破裂的基底岩石、古生代—中生代前裂谷期 Nubian 砂岩和中新世 Nukhul 和 Kareem 同裂谷期砂岩是主要储层，在高热流条件下，烃源岩在该盆地的大部分地区现今已达到生油高峰期。同样，油气丰富的维也纳盆地是中中新世至今的阿尔派恩/喀尔巴阡塌陷带内的一部分,油气全部来自前裂谷期沉积物。在前裂谷期含油气系统中,油气主要储集在同裂谷期层序中,断块倾向坡之上的块断作用、潜山圈闭、不整合面构造和储集岩的上倾尖灭有助于圈闭的形成。

2. 同裂谷期型油气成藏模式

同裂谷期烃源岩的成熟作用取决于裂谷发育的构造背景和后裂谷期的发育程度。主动裂谷一般处于构造活动地带,高热流值和强烈的火山活动有利于烃源岩在同裂谷期沉积后期即进入生油窗,强烈的块断作用形成了大量的构造圈闭。同时,由于裂谷肩的抬升和风化淋滤作用,前裂谷期基岩中形成良好的潜山储集体,如渤海湾盆地的任丘油田等(图6-77)。

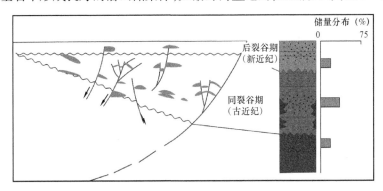

图6-77　渤海湾盆地同裂谷期含油气系统油气分布模式

而被动裂谷是在外动力作用下拉张形成的,地壳厚度相对较大,热流值低,火山活动弱,烃源岩成熟一般是被后裂谷期巨厚沉积物或新的裂谷期沉积物埋藏的结果,油气成熟时间晚,后裂谷期大面积分布的砂体成为主要储层,浅湖相泥岩成为区域盖层,反向断块是主要圈闭类型,同裂谷期虽然发育圈闭,但由于砂体薄,形成的油气藏储量丰度低(图6-78)。

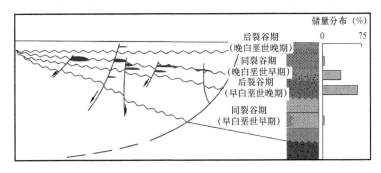

图6-78　苏丹Muglad盆地同裂谷期含油气系统油气分布模式

巨厚沉积物或新的裂谷期沉积物埋藏的结果,油气成熟时间晚,后裂谷期大面积分布的砂体成为主要储层,浅湖相泥岩成为区域盖层,反向断块是主要圈闭类型,同裂谷期虽然发育圈闭,但由于砂体薄,形成的油气藏储量丰度低(图6-78)。

3. 后裂谷期型油气成藏模式

后裂谷期同样可以形成大面积分布的烃源岩,发育大的油气区,含油气系统的形成取决于裂谷盆地的后期沉降幅度和古气候条件。例如,巨大的西西伯利亚油气区是古老的裂谷,其烃源岩、储层、盖层和成熟作用几乎全部依赖于后裂谷期沉积物,油源全部来自后裂谷期沉积层中的烃源岩,大型的披覆背斜、压实背斜和地层油气藏非常发育,形成许多大型油气田,同时下伏的同裂谷期含油气系统也可以提供油气源。

(二)成藏模式对比

尽管关于主动裂谷和被动裂谷的划分仍有争议,但对比分析中国东部和中非裂谷带的裂谷盆地发现,主动裂谷盆地和被动裂谷盆地都可以出现优越的成烃环境,重要的区别在于主动裂谷盆地的热环境要比被动裂谷盆地优越,圈闭类型更多,油气主要富集在同裂谷期层序中;而被动裂谷盆地圈闭类型相对简单,油藏油气比低,油气主要靠断层垂向运移聚集到后裂谷期层序中(表6-8,图6-79)。如 Melut 等盆地是受中非剪切带影响而发育起来的被动裂谷盆地,其地质模式与熟悉的中国东部主动裂谷盆地如松辽盆地、渤海湾盆地不同(表6-8,图6-79),快速建立与这种类型的裂谷盆地相适应的地质模式是实现高效勘探的关键之一。前裂谷期型和后裂谷期型含油气系统的成藏模式也有明显的特征。因此,在对新的裂谷盆地进行勘探时,确定其性质对于确定主要勘探目的层和主要油气藏类型非常重要。

表6-8 主动裂谷盆地与被动裂谷盆地主要差异

特征　　　盆地类型	被动裂谷	主动裂谷
盆地成因	大型走滑断层诱导下产生的拉张盆地	地幔拱升产生的拉张盆地
地温梯度	较低	高
断裂特征	发育陡断面正断层,多米诺式	发育缓断面正断层,铲式
拉张量	小(<30%)	大(>30%)
断坳结构	通常呈多旋回,断陷期沉积厚度大于坳陷期沉积厚度	通常单旋回,断陷期沉积厚度小于坳陷期沉积厚度
断块山	不发育	发育
构造圈闭类型	以断块圈闭为主,披覆背斜、潜山圈闭其次,滚动背斜不发育	圈闭类型多,潜山圈闭、披覆背斜、滚动背斜、断裂背斜、泥(盐)拱背斜及各种断块圈闭均很发育

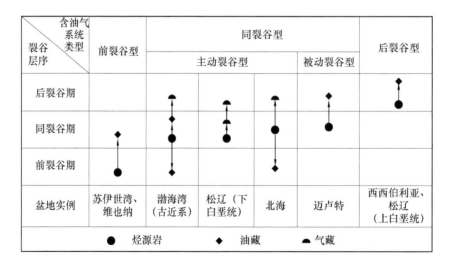

图6-79 裂谷型含油气系统的类型和成藏模式

第七章　裂谷盆地油气勘探前景

从全球范围来看,大多数裂谷盆地具有优越的油气成藏条件,包括:高沉积速率、多旋回还原环境下沉积的富含有机质的泥页岩层,多物源的三角洲砂体与浊积砂体等。因此,大多数中—新生代裂谷盆地都含有丰富的油气资源。

第一节　裂谷盆地油气勘探

一、裂谷盆地不同演化阶段油气勘探

裂谷盆地强烈断块所形成的地质结构及其油气生成条件,在勘探策略和方法上应有自己的特点。

(一)裂谷期盆地

裂谷期是裂谷盆地发育的主要阶段,其特点是大规模断块与强烈的陷落,形成一系列凹凸相间的构造格局。由于受凹陷深湖相含油气系统控制,油气成藏与分布均自成一体。所以,早期勘探要以查明凹陷湖相沉积及烃源岩与生油气条件为主要目的,地震工作要尽早查明深洼陷的位置、层系,早期探井要查明是否有烃源岩系以及烃源岩的生烃条件,在深洼陷内的有利构造背景上部署勘探。在此基础上进行盆地模拟,评价凹陷的油气资源,选择最有利的勘探目标,完成凹陷的区域勘探。

(二)裂谷后期盆地

裂谷后期是裂谷发育的晚期,一般构造运动微弱,盆地的古地形已变平缓,裂谷期形成的湖相逐渐被平原河流相替代。这类盆地一般烃源岩较差,需要借助下部裂谷期发育的烃源岩和含油气系统提供油气源。所以,要把可能作为油气纵向运移通道的大断裂带及邻近地区作为重点地区,部署地震工作和探井,寻找生于裂谷期沉积单元、储存于裂谷后期沉积单元的油气藏。

松辽盆地比较特殊,裂谷后期发育了巨型湖泊,形成了优质烃源岩。因此,该裂谷后期盆地自具生油气条件,自成含油气系统。早期勘探针对盆地中心,揭示其生油气条件,然后,在深洼陷区选择继承性隆起构造进行勘探,完成盆地的区域勘探。

(三)裂谷前期盆地

中国东部的裂谷前期,作为裂谷盆地的基础,有中生界、古生界及前寒武系多套层系。尽管古生界碳酸盐岩和煤系地层可能有一定的生烃能力,但多数情况下都需要依靠裂谷期烃源岩系提供油气。所以,早期沉积单元勘探都要以可能与裂谷期烃源岩系有联系的大型断裂、大型地层不整合面为对象部署地震工作,进而选择供油气条件最有利的基岩隆起构造、继承性断隆区带的有利圈闭部署探井。

在盆地勘探中期,也可以针对裂谷前期某些层系可能自具生烃能力、自成含油气系统的地区部署勘探工作量,从而实现对裂谷前期沉积单元的油气勘探。

二、构造区带的勘探

裂谷盆地的构造区带以裂谷期盆地的内容和类型最为丰富。在渤海湾盆地的裂谷期可以划分出十类复式油气聚集带(李德生,1992;王平,1994),它们都有各自的油气地质特点,应当采用不同的勘探方法。归纳起来,大体上可以概括为以下五种勘探目标及相应勘探方法。

(一)断裂伴生背斜带的勘探

断裂伴生背斜带多分布在凹陷陡断面一侧,一般沿断裂的下降盘发育一定规模的断裂伴生背斜逆牵引背斜。大型的牵引背斜在地震剖面上较易识别。所以,针对沿箕状凹陷陡侧的大断裂带,进行连片地震勘探;在处理上突出主要含油气层系的反射波,解释上注意由大断裂下降盘一侧由牵引形成的产状反落现象和Y形结构。这样可有效地查明区带的构造面貌,确定主要的牵引背构造。在这些构造高部位部署探井,一般都可以取得好的效果。断裂伴生背斜带紧靠生烃中心区,是油气源最充分的地区,构造带内其他圈闭也都是有利的。早期沿构造带可以勘探不同类型和不同部位的圈闭,可以较快地查明整个区带的含油气情况,完成区带勘探任务。在此基础上,采用以发现为基础的区带油气藏规模序列方法,可以较好地对区带的资源和油气前景做出科学预测。

(二)中央构造带的勘探

裂谷盆地的中央构造带包括凹陷中心的塑性张构造带、基岩继承性隆起构造带。由于处于盆的中心,在拱张和其他应力共同作用下,这类构造带的断裂都特别发育,构造面貌十分复杂。在二维地震了解区带基本面貌后,最好尽早进行三维地勘探,以查明断层、断块和区带整体面貌为目的,探井要根据对断层、断块的落实程度及总体结构,先分大的断块区选择探井,后分块和分类部署探井,以查明整个区带的含油气情况。

裂谷后期盆地中心具长垣性质的背斜带,由于断裂微弱,构造面貌比较简单,区带只要一口井见油以后,可以在整个带的每个背斜构造上钻探,以了解整个区带的含油气情况。

中央构造带由于处在盆地或凹陷的生油气中心区,油气源最充分,油气资料也最丰富。早期勘探不可能把区带的所有情况都查明,一般只能针对主要含油气系统的主要产层,其他层系和油气藏类型要等到区带勘探的中后期逐步勘探。所以,中央构造带的油气勘探潜力也是较大的,是中国东部裂谷区目前继续增加可采储量的一个主要方向。

(三)断阶带和斜坡带的勘探

裂谷盆地的箕状凹陷都有一个宽广的斜坡,连同其与深洼陷之间的断阶,可以构成一个独立的勘探单元。斜坡上的基岩隆起背景和岩性、岩相的变化是主要的勘探对象,断阶上的断裂与各种储集体、构造线变化,可以形成多类圈闭。勘探斜坡的最好办法是在连片二维地震测量的基础上,部署一定的剖面探井。鼻状构造是斜坡上最有利的油气聚集区,平行斜坡走向的断层即可以把鼻状隆起构造切割成不同幅度的区块,也可以把垂直斜坡分布的河道砂岩体和沿岸沉积相带分隔为不同的断层加岩性封闭单元。通过剖面井,可以了解不同类型和不同构造部位的含油气情况,在此基础上采用区带评价系统可以对整个区带的油气资源做出评价。

(四)洼陷带的勘探

洼陷带一般都是裂谷盆地的主要生油气区,烃源岩较厚而且埋藏相对较深。洼陷带一一般具向斜结构,构造比较简单,即使在裂谷期断裂也相对较少,特别是洼陷的中心部位。所以,烃源岩系中的砂岩透镜体形成的岩性油气藏是其主要的油气藏类型。洼陷带的勘探一般都在盆地勘探的中后期进行。由于以中小型砂岩体为主要对象,所以在常规二维地震勘探基础上,要适当地进行高分辨率地震勘探,重点地区还可以进行三维地震勘探;在处理上了解砂体的分布,尽可能提高信噪比,进行层速度分析和研究一些较新的处理方法;解释上要通过人机交互进行地质、地理、物理综合解释,从而提高洼陷的勘探效率。

(五)披覆构造带的勘探

披覆构造带是裂谷盆地凹凸相间结构在继承性基岩隆起上,由于超覆层系差异压实形成的背斜构造为主附以其他各种圈闭所组成的构造带。当披覆构造带紧靠生油洼陷时,可以得到深洼陷产自裂谷期烃源岩的油气,从而成为裂谷期盆地一种重要的油气聚集场所。勘探要选择与深洼陷靠近的凸起或隆起,特别注意选择洼陷中烃源岩特别厚,含油气系统由于储层不太发育而配套较差的部位,更易在凸起的披覆构造内成藏的区带扩展二维地震工作,并选择其有利部位部署探井,这类构造带还要区分隆起和超覆的性质,一些低凸起可以有古近系或烃源岩系的超覆。这类构造带要选择最高部位钻探,缺失古近系,甚至新近系下部也有缺失的高凸起,要根据新近系的储盖组合条件,选择储盖可以配套的凸起腰部部署钻探。另外,在勘探构造带顶部背斜油气藏的基础上,要对构造带周缘进行精细地震勘探(包括三维地震勘探),进一步勘探与披覆构造带有关的各类油气藏。

第二节　目标盆地油气勘探远景

一、Muglad 盆地勘探前景

经过多年的勘探,Muglad 盆地 1 区、2 区勘探程度较高,4 区、6 区勘探程度稍低,从盆地油气藏分布特点分析,虽然目前在该盆地已经发现了大量的储量,但是在盆地不同部位和不同层序还具有较大的勘探前景。

(一)4 区东北部滚动勘探

Azraq 隆起为临近两个生油凹陷(May25 凹陷和 Fula 凹陷)的长期继承性古隆起(图 7 - 1),该区大部分井油气显示井段长达 2000 多米,油源十分丰富。Neem 地区已发现了 8 套含油层系,探明可采储量约 7000×10^4 bbl 以上,尤其是 Abu Gabra 组已钻遇部分以多达 6 套三角洲相砂岩与厚层湖相暗色泥岩互层为特征,形成了非常好的储盖组合,并发现了高产油气藏。该区 Abu Gabra 组的有效勘探厚度超过 1000m,因此,在 Neem 地区周围滚动勘探 Abu Gabra 组多种类型油气藏具有较大潜力,尤其向东南部(向 Shelungo 地区延伸)和油源来自 Fula 生油凹陷北部地区(以 Abu Gabra 组为主要目的层)的潜在构造有一定勘探前景,但勘探难度越来越大。

Neem 地区内剩余的有利圈闭较小($0.5km^2$),增储的幅度较小,但仍是近期的滚动勘探目标。利用三维资料开展寻找多层系的复杂构造—岩性油气藏也有一定潜力。

(二)4 区西北部勘探

2002 年发现了 Diffra 白垩系原生油藏,目前已建成 100×10^4 t/a 规模油田并投入生产。2003 年南北甩开勘探相继发现了 Haraz 和 Balome 两个含油构造,虽然 Bentiu 组和 Aradeiba

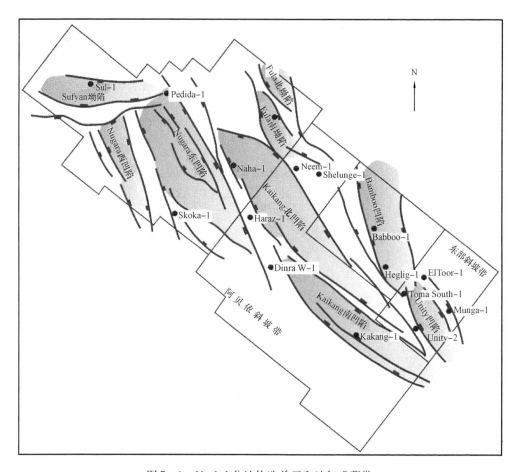

图 7 - 1　Muglad 盆地构造单元和油气成藏带

组主力目的层失利,但首次发现了 Baraka 和 Nayil 次生油藏,使得该带发现了 6 套含油层系,增加了新的勘探领域。目前在 Haraz 地区钻探的 Suttaib - 1 井和 Canar - 1 井在浅部地层都有商业发现;在 Diffra 油田与 Haraz 含油构造之间的 KN7 地区钻探的 Zabia - 1 井发现了 Aradeiba 组的薄油层。在这里进行滚动勘探,仍是较现实的工作目标。但由于构造复杂,圈闭小,Aradeiba 组泥岩薄、盖层差等不利条件,储量增长幅度有限。在 Diffra 油田以南地区,Ghazal 组和 Baraka 组储盖组合较好,埋深合适可钻达,也有一定的勘探潜力。在 Haraz 地区,Abu Gabra 组有一定勘探潜力,可利用 Haraz 地区三维地震资料进行深入研究,寻找多层系有利圈闭进行钻探。

(三)浅部次生油藏勘探

范围大但难度大且规模小。4 区第三裂谷期强烈活动,断裂发育,早期形成的 Bentiu 组为主的古油藏遭受破坏,油气沿着大断层以纵向运移为主向上再运移到浅部地层中形成次生油藏。由于次生油藏的成藏条件和分布规律复杂,油藏规模较小,目前在 Kaikang 地区钻探成功率很低且井深大,钻探成本高。但通过深入系统研究和评价,仍有可能有一些发现。

(四)6 区 Fula 坳陷 Abu Gabra 组岩性油气藏的勘探

Fula 坳陷目前的油气发现主要集中在 Bentiu 组和 Aradeiba 组,由于区域 Aradeiba 组条件没有 Kaikang 坳陷优越,加上古近纪构造活动强烈,在 Bentiu 组和 Aradeiba 组主要为稠油,

Abu Gabra 组仅发现少量轻质油。Abu Gabra 组以湖相为主,从油气成藏条件分析,Abu Gabra 组可以发育自生自储的油气藏,但是要求要有好的砂体。目前分析认为 Fula 坳陷西部陡坡带具有寻找岩性油气藏的条件。

(五)6 区西北部 Sufyan 坳陷的勘探

Muglad 盆地西北部紧邻中非剪切带,受该带的影响,西北地区构造走向基本平行与中非剪切带,走滑特征明显(图 7 – 1)。Sufyan 坳陷勘探程度很低,目前仅有 3 口井,地震测网密度一般为 3km × 3km。在完钻的 3 口井中,两口井获得工业油流,表明该坳陷具有较大的勘探潜力。然而,由于该坳陷受中非剪切带走滑活动影响较大,油气的形成和分布具有一定的独特性,需要进一步深入研究走滑背景下油气藏的形成机理和分布规律。

二、Melut 盆地勘探前景

经过多年的勘探,Melut 盆地的油气勘探已经进入后期,按照正常规律,随着勘探程度的提高,勘探的难度会越来越大。北部凹陷勘探程度较高,目前已接近精细勘探阶段,大于 $1km^2$ 的构造已基本钻完,下一步可供钻探的构造将越来越小,但是随着三维地震资料在北部凹陷的满覆盖,深层的白垩系构造、地层和岩性圈闭将成为进一步扩大储量规模主力圈闭类型。而占 Melut 盆地面积约 20% 的南部凹陷由于地面条件为沼泽环境且受雨季的影响,勘探程度较低,但是已被证实为含油凹陷,随着勘探的深入,预计会表现出良好的勘探潜力和前景。

(一)北部凹陷的精细勘探

截至 2005 年 10 月,3 区、7 区发现的石油地质储量已超过 50×10^8 bbl,基本都在北部凹陷内或周边地区(图 7 – 2)。

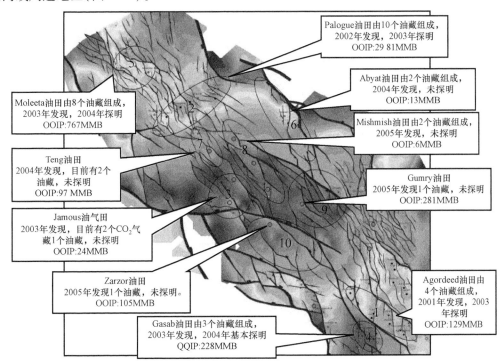

图 7 – 2　Melut 盆地北部凹陷已发现油气分布范围

如前所述,北部凹陷随着勘探程度的增高,大于 $1km^2$ 的构造已基本钻完,下一步可供钻探的构造将越来越小。但随着北部凹陷中部凹陷带 Gumry 构造和 Zazor 构造优质稀油油藏、Teng SE 构造稀油油藏以及 Gumry 三维地震区内 Geradon 构造油藏(未试油)的发现,北部凹陷已凸现"满凹含油"的态势,这一方面证实了在北部凹陷深部位储层发育,而且与上覆盖层组成了有效的成藏组合;另一方面为北部凹陷进一步的精细勘探、扩大储量规模指明了方向。

其次,北部凹陷目前的勘探空白区具有一定的潜力。Jammam 西区带是一个基底断隆构造(图7-3),位于 Jammam-1 井断块的上升盘。从有限的地震资料看,主要目的层——Ya-bus 组可能缺失,Adar 组直接覆盖在基岩上。但在其下降盘的 Jammam-1 井已见到工业油流,说明该区带有必要的油源条件,具有一定的潜力。Jamous 西带(图7-3)位于 Jamouse-1 井的上升盘,是凹陷西边界构造隆起部位。缺少地震资料,是目前钻探空白区,但在其下盘的 Jamous 构造中已发现工业油流,可能具有一定的潜力。

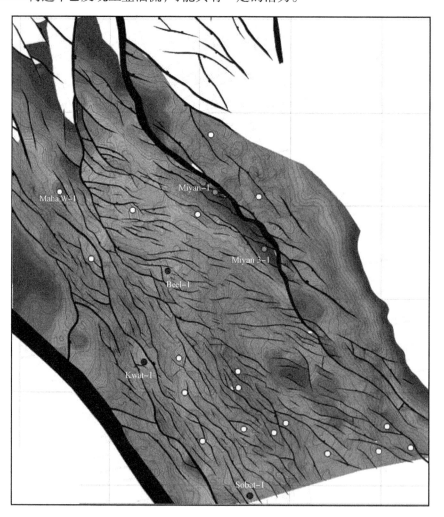

图7-3　南部凹陷构造区带划分

最后,Palogue 油田白垩系中发现的商业油流也为进一步挖掘该区深层储量提供了依据。

总之,相信随着三维地震资料在北部凹陷油区的满覆盖以及目前钻探空白区新的二维地震资料的获得,北部深层的白垩系构造圈闭以及地层和岩性圈闭等将显现出较大的潜力和前景,在钻探空白区可能会获得一定的突破。

(二)南部凹陷重点突破

南部凹陷可分为 6 个区带,即 Miyan 断裂构造带、Reel 断裂背斜带、Jedy 断裂背斜带、Sobat 断裂背斜带、凹陷西翼区带和凹陷东南翼断裂带(图 7 - 3)。其中 Miyan 断裂构造带经测试证实了在 Jimidi 组和 Galhak 组的油藏具有商业价值。Reel 断裂背斜带和 Sobat 断裂背斜带上的两口探井失利,总的来看该凹陷勘探程度相对较低,是下一步勘探需重点突破的地区。

通过对新获得的二维地震资料的处理和解释,认为凹陷西翼区带具有邻近生油凹陷,盖层条件由高部位向凹陷处变好,后期构造反转不强烈等有利条件,被认为是南部凹陷最有利的区带,目前已部署探井两口,有望实现南部凹陷油气勘探的新突破。Jedy 断裂背斜带位于南部凹陷西翼区带的上一个台阶上,具有一定的勘探潜力。东南翼断裂带位于主凹陷的上倾方向,有较好的油源条件和相对好的盖层条件,具有较高的勘探潜力,但后期的构造活动可能会对油气的聚集和保存造成一定的影响。总之,这 3 个区带和已有油气发现的 Miyan 构造带都临近深凹陷,圈闭众多,通过进一步的勘探有可能使南部地区真正成为 3 区、7 区的战略接替区。

(三)西部凹陷慎重评价

西部凹陷地处盆地西南部,呈狭长条形。最宽处约 20km,长度大于 100km,面积约 1800km^2。结合地震资料分析,该凹陷是盆地新生界的沉积中心,虽然在断层深部位基底地震也达到 4 秒深度,但白垩系厚度小,大部分是古近—新近系和第四系。而古近—新近系从盆地范围来看,不具备生油能力,因此该凹陷可能不具备基本的油源条件。

该凹陷目前分成 2 个区带,分别为 Kwat 区带和 Maha 区带。2005 年钻探的 Kwat - 1 井见到极差的油气显示,表明该区带缺乏必要的油源条件,盖层条件也差,盆地范围的区域盖层 Adar 组仅 34m,因此该区带的勘探潜力较小。Maha 区带位于西部深凹陷的东斜坡的断裂带上,是油气运移的最佳位置且是目前的钻探空白区,随着勘探活动的深入可能会有一些发现或对西部凹陷做出结论性的认识。

第三节　对其他被动裂谷盆地油气勘探的意义

一、被动裂谷盆地具有形成大油田的优越条件

苏丹裂谷盆地的勘探经历了近 30 年的历史,目前,在中非、西非裂谷带已发现油田的盆地主要有 Muglad 盆地、Doba 盆地和 Termit 盆地,其中,Muglad 盆地已发现的最大油田为 Unity 油田,主要目的层为下白垩统 Bentiu 组和上白垩统 Darfur 群,探明地质储量 8.2×10^8 bbl,可采储量 2.6×10^8 bbl。乍得的最大油田 Kome 油田,主要目的层也是白垩系,探明可采储量近 5×10^8 bbl。苏丹 1 区、2 区、4 区累计探明可采储量近 12×10^8 bbl。

Melut 盆地的 Palogue 油田是到目前为止整个中非、西非剪切带发现的最大油田,主要目的层为古近系。大型背斜构造、传递斜坡上发育的三角洲砂体、断层沟通下白垩统烃源岩、晚期充注、优质的区域 Adar 组盖层条件为跨时代油气聚集形成大油田奠定了基础。

二、对中非、西非裂谷带勘探的指导意义

2003年中国石油在中非地区新签定了尼日尔的 Tenere 组和 Bilma 区块和乍得的 H 区块,包含了 Termit、Bongor、Doba、Doseo 和 Salamat 等裂谷盆地。裂谷盆地的区块面积达到 $50 \times 10^4 km^2$ 以上。它们与 Melut 盆地具有相似的地质结构、沉积演化和石油地质条件。尤其是 Termit 盆地,是西非裂谷系的重要含油气盆地,与 Melut 盆地处于镜像对称的位置,Melut 盆地 Palogue 大油田的发现启示我们,古近系大型背斜构造与传递带叠置区是寻找大型油田的有利地区。Termit 盆地目前在古近系和上白垩统都发现了小油田,估算的石油可采资源量为 $3 \times 10^8 bbl$。在加强区域构造、沉积和成藏条件研究的基础上,Melut 盆地 Palogue 油田的成藏模式和勘探思路都将为中国石油在这些区块的勘探中发挥重要作用。

三、丰富和发展了裂谷盆地石油地质理论

对苏丹被动裂谷盆地的勘探实践和研究,不仅为该区取得了巨大的勘探发现和经济效益,而且对裂谷盆地的石油地质理论起到了丰富和补充。与中国渤海湾新生代裂谷盆地相比,它们都是内陆裂谷盆地,具有许多相似之处:陆相生油,断层十分发育,对沉积和构造变形具有控制作用;基本上都是正断层,都经过水平拉张和翘倾活动;经历过断坳旋回;油气聚集受生油中心控制,并在一定的构造背景下分布等。但是盆地的发育历史和裂谷的性质决定了它们在地质特征和油气成藏模式上存在差异(表7-1)。

表7-1 苏丹 Melut 盆地与中国渤海湾新生代裂谷盆地地质特征和油气成藏模式对比

	盆地 对比项目	苏丹 Melut 中—新生代盆地	中国渤海湾新生代盆地
地质特征	盆地面积($10^4 km^2$)	3.32	20
	盆地类型	内陆裂谷盆地	内陆裂谷盆地
	盆地形成机制	早期被动裂陷,后期主动裂陷作用	主动裂陷作用
	边界断层断面	倾角一般大于50°	变化大,有30°~40°,也有70°~80°
	边界断层拆离深度(km)	15	10~15
	裂陷初期火山岩发育程度	少	普遍
	裂陷期地温梯度(℃/100m)	低,一般为2.8	高,一般为3.3~4.5
	裂谷盆地沉积地层	白垩系、古近系和新近系	古近系和新近系
	前裂谷地层	前寒武系基底	前寒武系基底、古生界与中生界
	裂陷期次	早白垩世、晚白垩世和始新—渐新世三个裂陷期	古近系一个裂陷期,分三个伸展幕
	构造演化	裂陷作用"强—弱—强"	裂陷作用幕式渐进发展
	主要构造样式	非旋转平面式多米诺式正断层控制的复合地堑、半地堑	铲式正断层控制的复合地堑、半地堑
	储层沉积相	辫状三角洲、河道冲积平原和滑塌浊积扇	"四扇一沟"的沉积微相和砂体展布特征

对比项目 \ 盆地	苏丹 Melut 中、新生代盆地	中国渤海湾新生代盆地
生油岩	下白垩统上段	古近系的孔店组、沙三段、沙四段
储层	白垩系和古近系	古近系和新近系
主要区域盖层	古近系 Adar 组	古近系东营组三段和东营组一段
油气成藏模式 有利的成藏带	斜坡带、凹陷间的构造转换带	凹陷中央基岩隆起带、凹陷间的低凸起带、凹陷中央背斜带和逆牵引背斜带
主要成藏组合	后裂谷期的古近系,主要为古生新储组合	同裂谷期层序、前裂谷层序和后裂谷层序,有自生自储、新生古储和古生新储等组合
主要圈闭类型	断背斜、背斜、反向断块(断鼻)等	滚动背斜、披覆背斜、断块、地层—岩性、潜山圈闭等
成藏模式	跨时代垂向长距离运移聚集	垂向运移和沿不整合的侧向运移

由于盆地的构造演化历史和裂陷性质的不同,直接导致了这两个盆地地质特征的差异。Melut 盆地是由三期裂陷作用叠加而形成复合裂陷盆地,三期裂陷强度表现为强—弱—强,早期具有被动裂陷性质,后期主动裂陷机制明显;而渤海湾盆地新生代盆地只经历了古近系一期的裂陷作用,裂陷作用分为三个伸展幕,呈渐进式发展,盆地主要为主动裂陷机制。这些差异造成盆地地质特征上最大的不同表现在盆地的构造样式上,Melut 盆地主要为非旋转的多米诺式正断层控制的复合地堑和半地堑,盆地边界断层往往不只一条,而是由多条同时活动的断层组成,而且这些断层在基底处的倾角还很陡(一般大于 50°),深度比渤海湾盆地偏深;而渤海湾新生代盆地主要的构造样式为铲式正断层控制的复合地堑和半地堑,盆地边界断层由一条主干断层构成,在基底处断层倾角开始变缓,沉积盖层内其余的断层大部分是在主边界断层的控制下活动的。

Morley(1989)对比了伸展半地堑盆地边界断层的陡缓与盆地地质特征的关系,认为在边界断层倾角较大的半地堑盆地中,盆地垂直位移大于水平伸展量,裂陷期长期发育深水湖相条件,热流值低,缺乏火山活动(图 7-4a);而边界断层倾角较低的半地堑盆地中,盆地垂直位移小于水平伸展量,湖相发育期短,湖盆发育受限制,热流值高,火山活动剧烈(图 7-4b)。

根据 Melut 盆地早白垩世裂陷的特点,认为早白垩世裂陷属于 Morley 提出的边界断层较陡的情况,早白垩世晚期以泥岩沉积为主,在凹陷深部厚度可达 2000m 以上,湖盆发育广阔,裂陷作用不像渤海湾盆地呈幕式渐进发展,因此在同裂谷期没有形成砂泥互层沉积,同裂谷层序不能成为有效的成藏组合。另一方面,由于盆地在早白垩世裂陷期大地热流值较低,烃源岩不像渤海湾盆地在裂陷期末就成熟,而是到后裂谷期才成熟。晚白垩世弱的裂陷作用造就了沉积广泛的坳陷期砂岩(Yabus 组下段—Samma 组),储集砂体也没有渤海湾盆地丰富,以辫状三角洲为主;始新—渐新世的主动裂陷作用造就了盆地良好的区域盖层,同时圈闭最终定型。

以上地质特征决定了 Melut 盆地油气成藏模式与渤海湾盆地的差别,前者属于多期裂谷

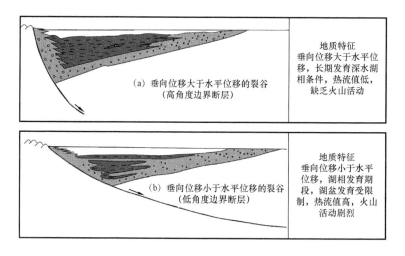

图7-4 伸展半地堑边界断层的陡缓与盆地地质特征的关系(据 Morley,1989)

叠加的复合裂谷盆地,在烃源岩发育的主裂谷之后还发育两个新的裂谷期,油气分布受后裂谷期构造活动的影响较大,表现为跨时代垂向长距离运移聚集,油气在后裂谷期另外的裂陷作用下形成的储层内聚集,同裂谷和前裂谷层序内油气分布很少(图7-5);而渤海湾盆地裂陷呈幕式渐进发展,每一伸展幕后,盆地均经历了短暂的隆升,沉积了砂泥相间的地层,高的大地热流值也使得裂谷期烃源岩迅速成熟,大部分油气聚集在同裂谷期层序中。在有断层沟通的后裂谷期层序中也有一定的油气聚集。前裂谷期地层为前寒武系基底、古生界与中生界,古近系的裂陷差异沉降较大,易形成潜山圈闭,因此在前裂陷层序内也有油气聚集,存在新生古储的成藏组合(图7-5)。

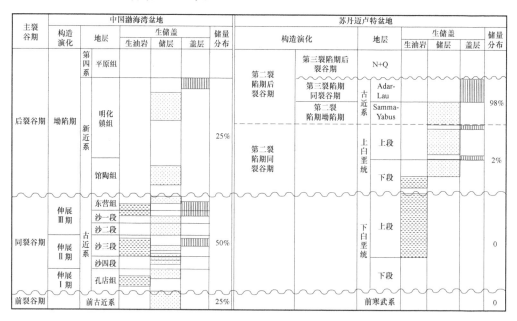

图7-5 Melut 盆地与渤海湾盆地构造发育和成藏组合对比图
(此图只是模式对比,没有考虑实际比例)

四、快速发现规模储量的勘探方法与技术有良好的应用前景

应用和发展了一批与地质条件相适应的勘探技术,如精细二维构造成图技术、有利成藏带的三维连片技术、变速构造成图技术及低阻油层识别技术等。建立了一套系统规范的圈闭评价方法,包括待钻圈闭资源量计算、风险分析和经济评价。实现技术与经济的紧密结合,探井成功率达60%以上。

跨国油气勘探受到资源国各种法律条款和石油合同的限制,短暂的勘探期、艰苦的作业条件和高成本的勘探投资决定了在海外勘探必须以最快的速度和最佳的效益发现最大规模的优质储量,为早日回收投资提供基础。本书形成的勘探方法和技术将会有效地解决中非、西非剪切带大面积低勘探程度地区的油气勘探难题,具有广泛的推广应用价值。

结　语

本书重点解剖了15个裂谷盆地(国外11个,分别为:Muglad盆地、Melut盆地、Bongor盆地、尼日尔盆地、南土尔盖盆地、莱茵盆地、切里夫盆地、贝加尔盆地、苏伊士湾盆地、死亡谷盆地、东非盆地;国内4个,分别为:松辽盆地、渤海湾盆地、中原盆地、二连盆地)。通过对以上盆地进行研究,主要取得了以下成果及认识。

一、对全球主要裂谷盆地进行了主、被动裂谷盆地的分类

在前人的研究基础上,建议将裂谷盆地按其成因分为两类:主动裂谷盆地和被动裂谷盆地。主动裂谷盆地需要有热源,如地幔柱、热点或地幔隆起,上升的热对流使岩石圈变弱、变薄产生拉伸应力,这种裂谷形成初期常伴随着区域规模的穹隆、拱起、隆升作用。被动裂谷盆地起因于板内应力,使岩石圈拉伸减薄,引起热软流的被动上拱,早期张裂表现下沉而不是上隆,张裂之后出现热事件、穹隆作用和火山活动。

以上两种裂谷盆地的主要差别在于热源和应力二者具有相反的因果关系。它们具有不同的构造演化、构造样式、岩浆活动和沉积充填方式。据此,对全球主要的裂谷盆地进行了简单分类。

二、总结并厘清了裂谷盆地沉积体系的主控因素和古地貌的沉积响应特征

通过现代裂谷盆地沉积学调研,分析现今构造单元对沉积体系的控制作用,利用将今论古的方法,研究古代裂谷盆地沉积体系的主要控制因素,主要为水系、断层、坡度、水深、转换带、坡折带等因素。

系统研究认为断层的走向决定了沉积体系的展布方向,而且断层的演化对沉积体系的迁移有明显的相关性,因此认为断层在裂谷盆地沉积体系的形成与发展过程中起到了决定性作用,单条断层控制沉积体系的分布;多条断层决定沉积体系的位置(交错断层形成断角砂;断阶决定沉积体延伸方向;断阶带往往是沉积体的边界。

与此同时,坡度和水深对裂谷盆地沉积体系的类型起到控制作用:陡坡带常发育冲积扇、近岸水下扇、扇三角洲等粗碎屑沉积体系;缓坡带常发育各种类型的三角洲沉积体系,关键因素为粒度和搬运距离。

转换带或坡折带对沉积体系的规模具有控制作用:转换带往往作为沉积物的入口,常常形成大规模的三角洲;坡折带则可控制沉积体系的边界。横向河流是盆地内主要的水系,且形成一些扇体;裂谷肩对水系有阻挡作用;盆内隆起对沉积物有阻挡作用,或提供物源。

同时研究了裂谷盆地的一般特征,建立了板块内裂陷盆地沉积模式,不同构造单元的沉积响应特征;建立了转换带对沉积的控制作用模式;建立了坡折带对沉积控制作用模式;建立了断裂组合样式对沉积控制作用模式。

三、系统总结并厘清了主动裂谷盆地与被动裂谷盆地沉积环境与沉积体系的差异

认为两类不同类型裂谷盆地的断层性质、汇水系统、控砂构造单元(转换带、坡折带)具

有明显差异,这些差异导致了沉积体系的差异,例如,主动裂谷盆地陡坡带以铲式、座墩式、马尾式为主,多发育扇三角洲,缓坡以宽缓型为主,多发育河流—三角洲体系。被动裂谷盆地陡坡带以陡立的板式和阶梯式为主,坡度相对较陡,多发育近岸水下扇沉积,而缓坡带以窄陡型为主,多发育扇三角洲。不仅如此,主动裂谷盆地以环状断裂控砂为主,而被动裂谷盆地雁列断层控砂为主。研究还认为,主动裂谷盆地早期常发育外向性水流,导致沉积物缺乏,被动裂谷盆地发育内向性水系,由于长期接受沉积,地层保存更加有利。通过对比研究发现,主动裂谷盆地缓坡坡折带控制砂体的沉积与分布具有典型意义,而被动裂谷盆地转换带的控制砂体作用更加明显。主动裂谷盆地常发育古隆起或古潜山。

四、系统地总结并厘清了被动裂谷盆地与主动裂谷盆地石油地质条件的差异

研究认为,不同的成盆机制导致了沉积体系方面的差异,这些差异不同程度地表现在石油地质条件方面(烃源岩、储层、圈闭、油气聚集、保存条件等),例如主动裂谷盆地烃源岩有机质成熟相对较早,而被动裂谷盆地排烃效率相对较高。比较而言,由于被动裂谷盆地地温梯度相对较低,储层胶结作用较弱,往往表现出更好的物性。被动裂谷盆地反向断块圈闭发育,而主动裂谷盆地发育背斜和潜山圈闭。主动裂谷盆地多见自生自储自盖式成藏组合,而被动裂谷盆地多见下生上储上盖式成藏组合,其中区域有效盖层的作用非常突出,相比之下,被动裂谷盆地保存条件较差,油层压力低,稠油普遍发育。

五、创新点

(一)建立了被动裂谷盆地不同裂谷期沉积体系新模式

研究认为被动裂谷盆地初始期(即控盆断层开始活动时期)盆地被分割成许多孤立的小盆地,盆地汇水系统是从相邻的高盆地流向低盆地,形成内向流水系。由于被动裂谷盆地直接受拉张力断裂下陷,盆地初始期沉积充填被较好地保存。因此,被动裂谷盆地初始期发育下切河谷—近岸水下扇—扇三角洲—浅湖沉积体系。

被动裂谷盆地裂谷扩张期,断层活动加大,切穿整套地层,孤立的小盆地形成联合的深盆地,断层发育,汇水系统从盆地的高部位流向低部位,在盆地中心部位,可能发育半深湖—深湖相沉积。陡坡带发育下切河谷—近岸水下扇—滑塌浊积扇—深湖沉积体系,缓坡发育冲积河道—扇三角洲(或辫状河三角洲)—缓坡浊积扇—深湖沉积体系。转换带常发育规模较大的三角洲或扇三角洲沉积体系。

被动裂谷盆地萎缩期,断层不再有强烈的活动,盆地充填趋于平缓,以砂质河及三角洲沉积为主。发育河流—三角洲—扇三角洲—浅湖沉积体系。较扩张期而言,盆地的轴向水系更为发育。

(二)建立了4种被动裂谷盆地沉积新模式

研究认为,被动裂谷盆地由于盆地形成机制不同,沉积体系也有差异,通过目标盆地间的对比研究,首次建立了4种被动裂谷盆地沉积模式,包括走滑相关的被动裂谷盆地沉积模式、造山后伸展的被动裂谷盆地沉积模式、冲断带后缘伸展被动裂谷盆地沉积模式、碰撞诱导型被动裂谷盆地沉积模式。

走滑相关的被动裂谷盆地(以苏丹 Muglad 盆地和 Melut 盆地为例):平面上呈三角形,深度大;断层及凹陷呈侧列;发育板式断层和阶梯状断层;发育多米诺半地堑;纵向上发育多期断坳旋回;陡坡发育近岸水下扇;断阶带发育滑塌沉积物或浊积扇;缓坡发育扇三角洲,

且转换带发育。

造山带后缘伸展的被动裂谷盆地(以南图尔盖盆地为例):是目标盆地中盆地形成时间最早的裂谷盆地,裂谷前有挤压背景,平面上凹陷呈发散状,垒凹相间的地质结构;独立演化;发育潜山构造;纵向上发育单期断坳旋回;断层陡立,少坡折,发育近岸水下扇,但规模小;缓坡发育扇三角洲;面积较大,但盆地较浅。

冲断带后缘伸展被动裂谷盆地(以阿尔及利亚切里夫盆地为例):裂谷前后有挤压背景,为叠合盆地,后期遭受挤压;面积小;平面上形态不规则;有中央隆起;盆地浅;发育扇三角洲;主要为海相地层,发育膏盐沉积。

碰撞诱导型被动裂谷盆地(以莱茵地堑为例):呈狭长对称状,宽度稳定,面积小;盆地浅;纵向上发育单期断坳旋回;受盐底辟干扰复杂化;同走向断裂密集;转换带发育巨大扇体;有火山岩分布;海相沉积并有冲积—河流相沉积;发育中央构造转换带并控砂,富油气。

(三)建立了主动裂谷盆地不同裂谷期沉积体系新模式

以渤海湾盆地、松辽盆地、二连盆地等主动裂谷盆地的沉积体系研究为基础,按初始期、扩张期及萎缩期建立了单断型、双断型、中央隆起型等不同类型的主动裂谷盆地沉积模式。与此同时,还根据不同的沉积主控因素,建立了断裂构造控砂模式、断层组合控砂模式、陡坡带沉积模式、缓坡带沉积模式、断阶带沉积模式、转换带沉积模式、坡折带沉积模式。

六、主动裂谷盆地与被动裂谷盆地的主要区别

(1)主动裂谷盆地以铲式正断层控制的半地堑为主,主断层位移所占比例较大,断层分支、交截现象更普遍,主动裂谷盆地控盆断层倾角一般较缓(20°~40°);被动裂谷边界断层多为板式深大断裂,陡坡断阶带普遍发育,被动裂谷盆地控盆断层倾角较陡(45°~65°)。

(2)主动裂谷盆地砂体常呈环带状分布,且规模较大;被动裂谷盆地边缘沉积体在平面上常呈带状,剖上常呈柱状,具有颗粒粗、成分复杂、相带窄等特点。

(3)主动裂谷盆地同裂谷期伸展率一般大于20%,最高可达40%以上,因此,绝大部分凹陷为大型半地堑,半地堑内部还发育大量基底次级断层和盆地盖层断层,与凹陷边界的基底主断层构成各种复杂的连锁关系;被动裂谷盆地由于断层面产状相对较陡,盆地总体伸展量较小,如 Muglad 盆地的伸展量约为17.2%。

(4)主动裂谷盆地在裂谷早期地势较高常发育外向性水系,由穹隆区向两侧的低地泄流,如东非裂谷汇水系统,流入裂谷的水系小而少,导致沉积物缺乏而形成欠补偿性沉积体系;被动裂谷盆地多为内向性水系,如莱茵地堑裂谷期为汇水体系,大量横向水系携带沉积物进入盆地内形成河流沉积体系或在盆地边缘形成扇,由于持续接受沉积,对地层保存有利。

(5)主动裂谷盆地沉积坡较缓,水深变化相对较慢,沉积体前缘坡度较缓且变化较慢,沉积体推进速度相对较慢,相带分异明显,缓坡带常可划分出明显的相带界限,深水环境中滑塌沉积体(规模小、粒度细、呈零星分布)多呈透镜体;由于水深,沉积物粒度不同,被动裂谷沉积体前缘斜坡较陡,沉积物近源堆积,由于颗粒粗,盆地边缘沉积体前缘坡度较大,因此沉积体常呈柱状,易形成滑塌体,断坡带浊积扇常见且规模较大。

(6)主动裂谷盆地陡坡带以铲式、座墩式、马尾式为主,多发育扇三角洲,缓坡以宽缓型为主,多发育河流—三角洲体系;被动裂谷盆地坡度较陡,陡坡带以陡立的板式和阶梯式为主,多发育近岸水下扇沉积,缓坡带以窄陡型为主,多发育扇三角洲。

（7）主动裂谷盆地与被动裂谷盆地之间的控砂构造单元存在较大的差异：主动裂谷盆地缓坡坡折带发育，控制砂体的沉积与分布；被动裂谷盆地转换带的控砂作用更加明显，控制物源入口及砂体分布，如福拉凹陷中部构造转换带控制了89%的储量。

（8）主动裂谷盆地牵引流特征突出，沉积物的成分成熟度和结构成熟度较高；被动裂谷盆地由于重力流形成的扇体发育，沉积物的成分成熟度和结构成熟度相对较低。

（9）主动裂谷盆地由于地温梯度较高，储层胶结作用强，储层孔隙度因此变小；被动裂谷盆地储层胶结作用弱，原生孔隙常保存良好。被动裂谷盆地（以苏丹盆地为例）陡坡带扇三角洲前缘砂体（水下分流河道砂体、前缘席状砂）或浊积扇、缓坡带扇三角洲（水下分流河道和滨浅湖滩坝砂）及转换带的三角洲可成为良好储层。在相同深度条件下，被动裂谷盆地储层物性一般好于主动裂谷。

（10）主动裂谷盆地因地幔上隆形成，古隆起或古潜山发育，盆地被分割成多个小凹陷，每个凹陷有独立的演化和沉积体系；被动裂谷盆地往往不发育古潜山构造，次级凹陷平面上斜列分布；常发育构造转换带。

（11）主动裂谷盆地断陷期烃源岩为大套泥岩，单层厚度较大，成熟早，但排烃效率在20%～25%，较低；被动裂谷盆地烃源岩排烃效率（50%以上）高于主动裂谷盆地。

（12）主动裂谷披覆背斜、潜山是油气聚集的良好场所；被动裂谷盆地转换带调节断层控制的局部构造（背斜、反向断块和断鼻）油气富集，且以反向断块圈闭为主。

（13）主动裂谷盆地发育"自生自储自盖式成藏组合"；被动裂谷盆地晚期成藏（如苏丹盆地），油气垂向运移聚集，形成下生上储上盖式成藏组合或自生自储式成藏组合，陡坡断阶带是油气运移的优势方向。

参 考 文 献

陈发景,1993. 伸展盆地分析[J]. 天然气地球科学,4(2):109 - 131.

陈发景,汪新文,张光亚,1992. 中国中新生代含油气盆地构造和动力学背景[J]. 现代地质,6(3):317 - 327.

窦立荣,2000. 二连盆地边界断层的生长模式及其对含油气系统的控制[J]. 石油勘探与开发,27(2):27 - 30.

窦立荣,2001. 油气藏地质学概论[M]. 北京:石油工业出版社.

窦立荣,Jon Turner,2000. 北海维京地堑 Beryl 湾中、晚侏罗世高分辨率沉降分析及其意义[J]. 石油学报, 32(4):26 - 31.

窦立荣,程顶胜,张志伟,2002. 利用油藏地质地球化学特征综合划分含油气系统[J]. 地质科学,37(4):495 - 501.

窦立荣,潘校华,田作基,等,2006. 苏丹裂谷盆地油气藏的形成与分布——兼与中国东部裂谷盆地对比分析[J]. 石油勘探与开发,33(3):255 - 261.

何登发,赵文智,等,2000. 中国叠合型盆地复合含油气系统的基本特征[J]. 地学前缘,7(3):23 - 36.

何起祥,等,1984. 湖泊相浊积岩的主要特征及其地质意义[J]. 沉积学报,2(4):39 - 44.

何起祥,王东坡,等,1985. 论古裂谷沉积作用[J]. 长春地质学院学报,3:39 - 48.

胡见义,等,1997. 中国含油气系统的应用与进展[M]. 北京:石油工业出版社.

胡见义,黄第藩,等,1991. 中国陆相石油地质理论基础[M]. 北京:石油工业出版社.

黄汲清,任纪舜,等,1980. 中国大地构造及其演化[M]. 北京:科学出版社.

李春光,1991. 东营盆地断裂系统对油气藏分布的控制作用[J]. 陆相石油地质,31(4):13 - 24.

李思田,1995. 沉积盆地的动力学分析[J]. 地学前缘,2(3):1 - 8.

李思田,路凤香,林畅松,等,1998. 中国东部及邻区中、新生代裂陷作用的地球动力学背景[M]. 武汉:中国地质大学出版社.

林畅松,刘景彦,张燕梅,1988. 沉积盆地动力学与模拟研究[J]. 地学前缘,5(增刊):119 - 125.

林畅松,张燕梅,1995. 拉伸盆地模拟理论基础与新进展[J]. 地学前缘,2(3):79 - 88.

刘和甫,1993. 沉积盆地球动力学分类及构造样式分析[J]. 地球科学:中国地质大学学报,18(6):699 - 724.

刘和甫,1997. 盆地演化与地球动力学旋回[J]. 地学前缘,4(3):223 - 229.

刘为付,薛培华,1998. 陆相碎屑岩储层基本地质模式[J]. 大庆石油学院学报,22(3):12 - 13.

陆克政,漆家福,戴俊生,1997. 渤海湾新生代含油气盆地构造模式[M]. 北京:石油工业出版社.

吕延仓,何碧竹,等,2001. 中非穆格莱特盆地福拉凹陷石油地质特征及勘探方向[J]. 石油勘探与开发,28 (3):95 - 98.

罗小平,沈忠民,黄飞,等,2006. 苏丹 M 盆地储集层流体地球化学特征与油藏注入史[J]. 石油勘探与开发,33(1):119 - 126.

马明福,李薇,刘亚村,2005. 苏丹 Melut 盆地北部油田储集层孔隙结构特征分析[J]. 石油勘探与开发,32 (6):121 - 124.

孟庆任,1997. 沉积盆地形成的张性模式[J]. 地球物理学进展,12(2):50 - 57.

潘生秦,王秀林,焦大庆,1995. 穆格莱德盆地石油地质特征及勘探前景[J]. 断块油气田,1995,12(21): 1 - 4.

宋建国,窦立荣,等,1994. 裂谷盆地与油气聚集[M]. 北京:石油工业出版社.

童亲光,1980. 中国东部裂谷系盆地的石油地质特征[J]. 石油学报,1(4):19 - 26.

童崇光,1982. 中国东部裂谷盆地的演化与石油地质[J]. 成都地质学院学报,(4):37 - 48.

童晓光,窦立荣,田作基,等,2004. 苏丹穆格莱特盆地的地质模式和成藏模式[J]. 石油学报,25(1): 19 - 24.

童晓光,何登发,2001. 油气勘探原理和方法[M]. 北京:石油工业出版社.

王德发,陈建文,1996. 中国中东部中、新生代盆地分布及沉积体系类型[J]. 地球科学:中国地质大学学报, 21(4):395 - 400.

王东坡,王骏,1998. 沉积盆地形成的地球动力学机制及其分类[J]. 岩相古地理,18(3):8-10.

王华,2008. 层序地层学基本原理、方法与应用[M]. 武汉:中国地质大学出版社.

王秀林,汪望泉,李素珍,等,2000. M 盆地的构造特征及与油气的关系[J]. 石油与天然气地质,21(1):76-79.

魏永佩,刘池阳,2003. 位于巨型走滑断裂端部盆地演化的地质模型——以苏丹穆格莱德盆地为例[J]. 石油实验地质,25(2):129-136.

杨继良,1983. 中国松辽盆地的构造发育特征与油气聚集[J]. 吉林大学学报(地球科学版),2(3):9-20.

曾兴球,等,2000. 中国石油天然气集团公司对外可做勘探技术论文集[M]. 北京:中国石化出版社.

翟光明,1989. 当今世界地球科学动向[M]. 北京:地质出版社.

翟光明,等,1992. 中国石油地质志[M]. 北京:石油工业出版社.

张亚敏,刘池洋,2002. 盆地走滑特征与油气富集规律[J]. 西北大学学报(自然科学版),32(6):276-277.

张永刚,许卫平,王国力,等,2006. 中国东部陆相断陷盆地油气成藏组合体[M]. 北京:石油工业出版社.

赵澄林,等,1998. 储层沉积学[M]. 北京:石油工业出版社.

赵国良,穆龙新,计智锋,等,2005. 苏丹 M 盆地 P 油田退积型辫状三角洲沉积体系储集层综合预测[J]. 石油勘探与开发,32(6):125-128.

赵海玲,邓晋福,陈发景,等,1996. 松辽盆地东南缘中生代火山岩及其盆地形成的构造背景[J]. 地球科学:中国地质大学学报,21(4):421-427.

赵文智,何登发,等,1999. 石油地质综合研究导论[M]. 北京:石油工业出版社.

周立宏,2008. 陆相断陷盆地缓坡带沉积体系与成藏动力学:以黄骅坳陷为例[M]. 北京:科学出版社.

周永胜,王绳祖,1999. 裂陷盆地成因研究现状综述与讨论[J]. 地球物理学进展,14(3):29-37.

朱夏,1983. 中国中新生代盆地构造和演化[M]. 北京:科学出版社.

A M C 森格. 1992,板块构造学和造山运动[M]. 上海:复旦大学出版社.

Allen P A,1995. 盆地分析:原理与应用[M]. 北京:石油工业出版社.

Allen P A,Allen J R,1990. Basin analysis:principles and applications[M]. Oxford,England,Blackwell Sci-entific Publications.

Bally A W,Snelson S,1980. Realms of subsidence[A]. Facts and principles of world petroleum occurrence:Canadian Society of Petroleum Geology Memoir 6:9-75.

Butcher B P,1990. Northwest shelf of Australia[A]. AAPG memorir 48:81-115.

Demaison G, Huizinga B J, 1991. Genetic classification of petroleum systems[J]. AAPG Bull, 75(10):1626-1643.

Dickinson W R,1993. Basin geodynamics[J]. Basin Research,5:195-199.

Dou Lirong,Li Jinchao,1997. Structural style,Petroleum systems of the Songliao Basin[A]. Proceedings of 30th International Geological Congress,Volume 18:33-42.

Fairhead J D,1988. Mesozoic plate tectonic reconstructions of the central South Atlantic Ocean:the role of the West and Central African rift system[J]. Tectonophysics,155:181-191.

Galloway W E,1998. Siliciclastic slop and base-of-slope depositional system:Component facies,stratigraphic architecture,and classification[J]. AAPG Bull.,82(4):569-595.

Gregory J W,1986. The great rift valley[M]. London:John Murray.

Hooper E C D,1991. Fliud migration along grouth faults in compaeting sediments[J]. Journal of Petroleum Geoloy,14(2):161-280.

Hu Jianyi,1996. Advances in PetroleumGeology and Exploration in China[M]. Beijing:Petroleum Industry Press.

Klemme H D,1980. Petroleum basins-classifications and characteristics[J]. Journal of Petroleum Geology,3:187-207.

Kusznir N J,Ziegler P A,1992. The mechanics of continental extension and sedimentary basin formation:a simpleshear/pure – shear flexural cantilever model[J]. Tectonophysics,215:117 – 131.

Lambias J J,1991. A model of tectonic control of lacustrine stratigraphic sequences in continental rift basins [J]. AAPG Memoir,50:137 – 149.

Lin C S,Li S T,Wan Y X,et al,1997. Depositional systems,sequence stratigraphy and basin filling evolution of Erlian fault lacustrine basin,Northeast China[A]. Basin analysis,global sedimentary geology and sed – imentology, Proceedings of the 30th IGC [C]. Utrecht:VSP International Science Publishers:163 – 175.

Lister G S,Etherudge M A,Symonds P A,1986. Detachment faulting and the evolution of passive continental margins[J]. Geology,14:246 – 250.

Lowell J D,1985. Structural styles in petroleum exploration[M]. Tulsa,Oklahoma:Oil and Gas Consultants Inter – national.

McHargue T R,Heidrick T L,Livingston J K,1992. Tectono – stratigraphic development of the interior Sudan rifts, Central Africa [J]. Tectonophysics,213:187 – 202.

Mckenzie D P,1978. Some remarks on the development of sedimentary basins[J]. Earth Planet Sci. Letters,40: 25 – 32.

Morgan P,Baker B H,1983. Introduction – processes of continental rifting[J]. Tectonophysics,94:1 – 10.

Morley C K,1989. Extension,detachment and sedimentation in continental rifts(with particular reference to East Aferica)[J]. Tectonics,8:1175 – 1192.

Morley C K,Nelson R A,Patton TL,et al,1990. Transfer zones in the East African rift system and their relevance to hydrocarbon exploration in rifts[J]. AAPG,74:1234 – 1253.

Perrodon A,1992. Petroleum systems:models,applications[J]. Journal of Petroleum Geology,15(3):319 – 326.

Ravnas R,Steel R J,1998. Architecture of marine rift_basin successions [J]. AAPG Bulletin,82:110 – 146.

Rosendahl B R,1987. Architecture of continental rifts with special reference to East Africa[J]. Annual Review Earth Planetary Science,15:445 – 503.

Sengor A M C,Burke K,1978. Relative timing of rifting and volcanism on Earth and its tectonic implications[J]. Geophysical Research Letters,5:419 – 421.

Thomas J S,1998. Rift basins of interior Sudan:Petroleum exploration and discovery[J]. AAPG Bull,72(10): 1128 – 1142.

Wernicke B,1981. Low – angle normal faults in the Basin and Range province:nappe tectonics in an extending orogen [J]. Nature,291:65 – 648.

Wernicke B,1985. Uniform – sensenormal simple shear of the continental lithosphere[J]. Can. J. Earth Sci,22: 108 – 125.